图解直观数学译丛

组合证明的艺术

[美] 阿瑟 T. 本杰明（Arthur T. Benjamin）
詹妮弗 J. 奎因（Jennifer J. Quinn） 著

刘佳 夏爱生 鞠涛 钟敏 译

安亚俊 校

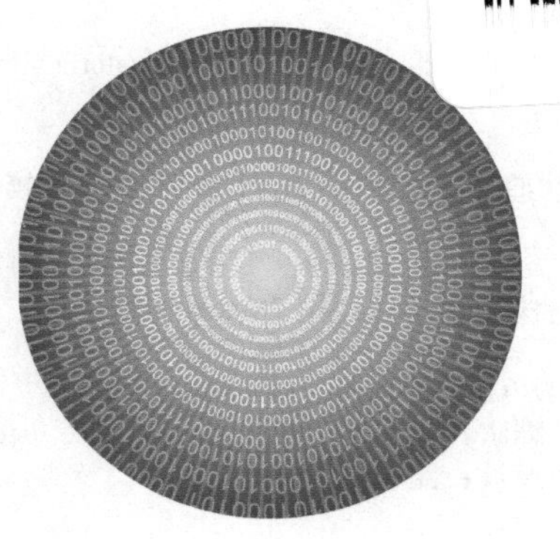

机 械 工 业 出 版 社

本书作者采取对话式的风格讲述了关于组合数学的有趣的内容，使读者能感受到阅读的愉悦。书中时不时会有一些惊喜，比如用图像化的处理方法以及用易于推广的证明方式，证明了许多组合数学中重要的恒等式。

全书共有 9 章：第 1 章介绍了斐波那契数列的组合解释；第 2 章介绍了广义斐波那契数列和卢卡斯数列；第 3 章通过对平铺进行着色，引入了线性递推的组合解释；第 4 章介绍了连分式；第 5 章介绍了有关二项式系数的内容；第 6 章讨论了正负号交错的二项式恒等式；第 7 章探究了调和数与第一类斯特林数之间的关系；第 8 章介绍了连续整数和、费马小定理、威尔逊定理以及一部分拉格朗日定理的逆定理；第 9 章介绍了进阶斐波那契恒等式和其他一些恒等式。

本书可作为组合数学课程的补充读物，读者无论是高中生还是数学方面的研究人员，均会不同程度地受益。

图书在版编目（CIP）数据

组合证明的艺术/（美）阿瑟 T. 本杰明（Arthur T. Benjamin），（美）詹妮弗 J. 奎因（Jennifer J. Quinn）著；刘佳等译. —北京：机械工业出版社，2017.3（2024.6 重印）
（图解直观数学译丛）
书名原文：Proofs that Really Count：The Art of Combinatorial Proof
ISBN 978-7-111-58552-7

Ⅰ.①组…　Ⅱ.①阿…②詹…③刘…　Ⅲ.①数列-高等学校-教材　Ⅳ.①O171

中国版本图书馆 CIP 数据核字（2017）第 289824 号

机械工业出版社（北京市百万庄大街 22 号　邮政编码 100037）
策划编辑：汤　嘉　责任编辑：汤　嘉　李　乐　王　芳　姜　凤
责任校对：王　延　封面设计：路恩中
责任印制：郜　敏
北京富资园科技发展有限公司印刷
2024 年 6 月第 1 版第 4 次印刷
169mm×239mm · 12.75 印张 · 217 千字
标准书号：ISBN 978-7-111-58552-7
定价：39.80 元

电话服务
客服电话：010-88361066
010-88379833
010-68326294
封底无防伪标均为盗版

网络服务
机 工 官 网：www.cmpbook.com
机 工 官 博：weibo.com/cmp1952
金 书 网：www.golden-book.com
机工教育服务网：www.cmpedu.com

前　言

本书的每一个证明最终都可以归纳为一个计数问题，通常用两种不同的方法数数。计数会给出美丽，通常基本，且简洁的证明。虽然它不一定是最简单的方法，但它却提供了另一种理解数学事实的途径。对于一个组合数学研究者，这种证明方法才是唯一正确的。我们把这本书献给各位读者，作为罗杰·内尔森的著作《数学写真集Ⅰ——无需语言的证明》（机械工业出版社出版）相应的计数版本。

为什么计数？

作为人类，我们在很小的时候就学会了如何数数。一般一个两岁的孩子就会自豪地数到10，以得到父母的称赞。虽然很多成年人说自己数学很差，但却没有人承认自己不会计数。计数是我们最早用到的工具之一。物理学家恩斯特·马赫甚至说："在数学中不存在不能通过直接计算解决的问题。"[36]

组合证明可以尤其强大。至今，我（A. T. B.）仍记得当我还是一名大一新生时，第一次接触组合证明时的情形。我的教授通过 $(x+y)^n = \underbrace{(x+y)(x+y)\cdots(x+y)}_{n\text{次}}$ 证明了二项式定理

$$(x+y)^n = \sum_{k=0}^{n} \binom{n}{k} x^k y^{n-k}。$$

在证明定理的过程中，他问大家有多少种方法可以得到 $x^k y^{n-k}$ 项。忽然一切都清楚了。是的，我之前见过很多种二项式定理的证明，但他们看起来十分笨拙，我那时常想一个思维正常的人是怎么创造出这么一个结果的。但现在，这看起来非常自然。我永远也不会忘记这个结果。

数什么？

我们选择了我们最喜欢的，使用数学中常出现数字的（二项式系数、斐波那契数、斯特林数等）恒等式，并且选用了优雅的计数证明。在一个典型

的恒等式中，我们提出一个计数问题，分别用两种不同的方法回答。一种方法的答案是恒等式的左边，另一种方法是恒等式右边。由于两个答案解决的是同一个计数问题，所以它们必须相等。恒等式可以看作是从两个不同的角度解决的计数问题。

我们用恒等式 $\sum_{k=0}^{n}\binom{n}{k}=2^n$ 来举例说明本书的证明结构。计算 $\binom{n}{k}$ 不需要使用公式$\frac{n!}{k!(n-k)!}$。取而代之，我们用 $\binom{n}{k}$ 表示由 n 个元素组成的集合中任意选取 k 个元素组成的子集的个数，或是更形象地，其表示从有 n 个人的班级中选出 k 名学生组成一个班委会的方法数。

问题　从有 n 个人的班级中组成一个班委会有多少种选法?

答 1　由 0 个学生组成的班委会为 $\binom{n}{0}$ 个，由 1 个学生组成的班委会为 $\binom{n}{1}$ 个，总而言之，由 k 个学生组成的班委会的种类是 $\binom{n}{k}$ 种。因此，班委会的种类的总和为 $\sum_{k=0}^{n}\binom{n}{k}$ 种。

答 2　为了组建一个任意学生数目的班委会，我们需要决定每个学生是否属于班委会。因为这 n 个学生中的每一个学生要么在班委会，要么不在，所以每个学生都有两种可能性，因此有 2^n 种方法。

我们在这两个答案上的逻辑都无懈可击，因此它们一定是相等的，即恒等式成立。

另一个有用的证明技巧是把一个恒等式的左边表示为一个集合的大小，右边表示为另一个不同的集合的大小，然后在两个集合之间建立一个一一对应关系。我们用如下恒等式说明证明结构

$$\sum_{k\geqslant 0}\binom{n}{2k}=\sum_{k\geqslant 0}\binom{n}{2k+1},\ n>0。$$

这两个求和都是有限的，因为当 $i>n$ 时，有 $\binom{n}{i}=0$。因此很容易看出等式两边计数的意义，关键是找出它们之间的对应关系。

集合 1　从有 n 个人的班里选偶数个人组成一个班委会，这个集合的大

小是 $\sum_{k\geqslant 0}\binom{n}{2k}$。

集合2 从有 n 个人的班里选奇数个人组成一个班委会，这个集合的大小是 $\sum_{k\geqslant 0}\binom{n}{2k+1}$。

对应关系：假设班里有一名学生叫作沃尔多，那么任何一个有偶数个成员的班委会都可以通过问“沃尔多在哪儿”* 变成一个有奇数个成员的班委会。如果沃尔多在班委会里，那就去掉他；如果他不在班委会里，那就加上他。无论哪种方法，班委会的成员数都将由偶数变成奇数。

由于“去掉或加上沃尔多”的过程是完全可逆的，所以我们在这些集合间得到一个一一对应的关系。因此，这两个集合必须大小相等，于是恒等式成立。

如果我们认为另一种证明方法会给问题的解决带来新的思路，通常我们会用不止一种方法证明恒等式。例如，上面的恒等式也能通过直接计算偶数子集数来证明。参见恒等式 129 及后续讨论。

在阅读本书时，你会期待看到哪些内容呢？第 1 章介绍了一种斐波那契数列的组合解释，即用方砖和多米诺砖进行平铺的问题，它是第 2 ~4 章的基础。我们从此处切入是因为斐波那契数列本身很有趣，并且作为组合学的内容，它的证明过程对于许多读者来说也将是一种意外的愉悦。与所有章节一样，本章以基本的恒等式和简单的论证开始，这将有助于读者在接触更多复杂材料前熟悉概念。推广斐波那契平铺将允许我们探究涉及广义范围的斐波那契数的恒等式，包括卢卡斯数（第 2 章）、线性递推（第 3 章）和连分式（第 4 章）。

第 5 章介绍的是二项式系数的经典组合内容。对集合计数的计重或不计重会得出有关二项式系数的恒等式。第 6 章介绍了含有交错正负号的二项式恒等式。通过在两个含有奇数个元素的集合和偶数个元素的集合间寻找对应关系，我们可以通过“容斥原理”避免使用已熟知的过度计数或计数不足的方法。

调和数，就像连分数，都不是整数。因此，组合解释需要研究具体表达式的分子和分母。调和数与第一类斯特林数是相互关联的，第 7 章探究了这种关联以及第二类斯特林恒等式。

第 8 章考虑了更多的经典结果，它们均来自算术、数论和代数学，包括连

* 校注：“沃尔多在哪儿”（Where's Waldo）是一个视觉游戏，玩家要在复杂的图形中找到沃尔多。

续整数之和、连续平方和、连续立方和及费马小定理、威尔逊定理以及拉格朗日定理的一个部分逆定理。

第 9 章我们处理了更为复杂的斐波那契恒等式和二项式恒等式。这些恒等式需要巧妙的论证，引入着色平铺或用概率模型等。它们也许是本书最具挑战性的部分，但的确值得花时间去研究。

我们偶尔会脱离恒等式去证明有趣的应用，例如，第 1 章中关于斐波那契数的可除性证明，第 2 章中一个小魔术，第 5 章中计算二项式系数奇偶性的捷径以及第 8 章中任意素数同余的推广等。

除了第 9 章，每一章节都给有兴趣的读者准备了一些对应的练习，从而帮助他们检测自己的计数技巧。大多数章节都包含了一些依然在寻求组合证明的恒等式。书中包括了习题提示，参考书目，并且在附录中列出了书中所涉及的全部恒等式。

我们希望每一章节是独立的，这样您就可以用一种非线性的方式去阅读。

谁应当计数?

这个问题最直接的答案是“每一个人!”，我们希望本书可以让没有经过数学专业训练的读者来欣赏。本书的大多数证明高中水平的学生都可以接受。另一方面，教师也许可以将这本书作为有用的教学资源，它侧重了证明的书写过程以及对问题的创造性处理技巧。我们不将这本书看成是对组合证明的完整概述。相反，这只是一个开始。阅读完之后，你再也不会用之前的方法看待斐波那契数和连分数之类的数字了，我们希望例如表示斐波那契数的恒等式

$$f_{2n+1} = \sum_{i=0}^{n} \sum_{j=0}^{n} \binom{n-i}{j}\binom{n-j}{i}$$

可以让你感觉到有些东西正在被计数并且有去计数的意愿。最后，我们希望这本书能激励那些希望发现旧恒等式的组合学解释或是新的恒等式的数学家。亲爱的读者，我们诚邀您在之后的版本中与我们分享你们喜爱的组合学证明。

我们希望为完成这本书的所有努力在某些方面是有价值的。*

---

* 校注：这里原文一语双关：“We hope all of our effort in writing this book will count for something.”原文一语双关：“Who counts?”

前　言

谁对本书的完成做出了贡献？

我们荣幸地感谢为这本书的完成做出直接贡献或间接贡献的人们。那些早于我们的，对组合学证明的兴起具有推动作用的人。以下的书籍是我们不能忽视的，有丹尼斯·斯坦顿和丹尼斯·怀特的《构造组合学》，理查德·斯坦利的《计数组合学》的第一和第二辑，伊恩·古尔登和大卫·杰克逊的《组合计算》，荣·雷姆尔特、高德纳和帕塔许尼克的《具体数学》。除了这些数学家，其他人的工作也启发了我们，包括乔治 E. 安德鲁斯、大卫·布雷苏德、理查德·布鲁阿尔迪、伦纳德·卡里茨、艾拉·盖赛尔、阿德里亚诺·盖莎、拉尔夫·格里马尔迪、理查德·盖伊、斯蒂芬·米尔恩、吉姆·普罗普、玛尔塔·斯韦德、赫伯特·维尔夫，以及多伦·泽尔博格。

寻求组合学定理证明过程的好处之一是能让本科研究者参与进来。在此感谢罗宾·鲍尔、蒂姆·加内斯、丹·奇乔、卡尔·马赫博格、格雷格·普勒斯顿以及克里斯·哈努撒、大卫·盖普勒、罗伯特·盖普勒和杰里米·劳斯，他们获得了哈维穆德学院贝克曼研究基金、霍华休斯医学研究中心以及珍妮特·迈尔的本科生研究奖励支持。我们的同行们彼得 G. 安德森、鲍勃·比尔斯、杰伊·科德斯、杜安·德·唐普勒、佩尔西·戴康尼斯、艾拉·盖塞尔、汤姆·哈尔沃森、梅尔文·豪斯特、丹·卡尔曼、格雷格·莱温、T. S. 迈克尔、迈克·欧瑞森、罗伯·普拉特、吉姆·普罗普、詹姆斯·坦顿、道格·韦斯特、比尔·兹维克尔，尤其是弗朗西斯·苏，为我们提供了思路、恒等式、结果或是其他珍贵的信息。

如果没有唐·阿尔伯斯的鼓励，丹·威尔曼的工作以及美国数学协会的道奇阿尼委员会，我们将不会完成本书。

最后，我们永远感激我们的家人所给予的爱与支持。

目 录

第 1 章

斐波那契恒等式

定义 满足 $F_0=0$，$F_1=1$，并且当 $n\geqslant 2$ 时，$F_n=F_{n-1}+F_{n-2}$的数称为斐波那契（Fibonacci）数。

斐波那契数列中的前几个数为 0，1，1，2，3，5，8，13，21，34，55，89，144，…。

1.1 斐波那契数的组合解释

有多少种由 1 和 2 组成的序列的和为 n？我们把这一计数问题的答案记为 f_n。例如，$f_4=5$，即 4 可以用以下 5 种方式加得：

$$1+1+1+1,\ 1+1+2,\ 1+2+1,\ 2+1+1,\ 2+2。$$

表 1.1 示意的是 n 较小时 f_n 的取值。显然，f_n 至少开始几项也为斐波那契数。实际上，f_n 的增长方式和斐波那契数相同，即当 $n\geqslant 2$ 时，$f_n=f_{n-1}+f_{n-2}$。从组合学的角度来看，我们考虑序列中的第一个数。如果第一个数是 1，数列中其余的数之和为 $n-1$，因此有 f_{n-1}种方法来补全这个数列；如果第一个数是 2，那么有 f_{n-2}种方法来补全这个数列。因此，$f_n=f_{n-1}+f_{n-2}$。

为了对 f_n 有一个更加直观的印象，我们可以把 1 想象成方砖，把 2 想象成多米诺砖，那么 f_n 就可以看成是将一个长为 n 的木板用方砖和多米诺砖进行平铺时的方法数。为了简单起见，我们将长为 n 的木板记为 n-板[⊖]。图 1.1 列举的是 $f_4=5$ 的平铺方式。

⊖ 校者注：方砖尺寸是 1×1，多米诺砖尺寸是 1×2。在后文中我们把尺寸为 1×3 的砖块称为三米诺，尺寸为 $1\times k$ 的砖称为 k 米诺。

n- 板的原文为 n- board。

表 1.1 f_n 和用 1 和 2 求和为 n 的方式，其中 $n=1, 2, \cdots, 6$

1	2	3	4	5	6
1	11	111	1111	11111	111111
	2	12	112	1112	11112
		21	121	1121	11121
			211	1211	11211
			22	122	1122
				2111	12111
				212	1212
				221	1221
					21111
					2112
					2121
					2211
					222
$f_1=1$	$f_2=2$	$f_3=3$	$f_4=5$	$f_5=8$	$f_6=13$

图 1.1 4-板的 5 种平铺方式

我们令 $f_0=1$，即 0-板 的平铺方法数；定义 $f_{-1}=0$。这样就可以得到斐波那契数的一种组合解释。

组合定理 1 令 f_n 为将一个 n-板用方砖和多米诺砖进行平铺的方式数，则 f_n 为斐波那契数。特别地，当 $n\geqslant -1$ 时，$f_n=F_{n+1}$。

1.2 恒等式

基本恒等式

数学是研究规律和模式的科学。如我们将要了解的，斐波那契数之间存在着奇妙的关系。虽然斐波那契恒等式可以有多种的证明方式，但我们发现通过组合的途径证明是最令人满意的。

为了方便构造组合，我们以 f_n 代替 F_n 来表示我们大部分的恒等式。虽然斐波那契数还有其他的组合解释（见习题 1-9），但在本书中，我们主要使用平铺的定义方式。

第一个恒等式和本书的大多数证明一样，都将计数问题根据一些性质分解成若干不重复的小问题。我们称其为对于此性质的考量。

恒等式1　若$n\geqslant 0$，则$f_0+f_1+f_2+\cdots+f_n=f_{n+2}-1$。

问　至少使用一块多米诺砖将$(n+2)$-板平铺，共有多少种方式？

答1　$(n+2)$-板的平铺共有f_{n+2}种方式。排除全用方砖的方式，便得到$f_{n+2}-1$种至少使用一块多米诺砖的方式。

答2　对最后一块多米诺砖的位置加以考量。若最后一块多米诺砖位于第$k+1$和$k+2$的单元格，则有f_k种方式。这是因为从单元格1到单元格k有f_k种方式平铺，单元格$k+1$和$k+2$必被一块多米诺砖平铺，单元格$k+3$到$n+2$必须被方砖平铺。因此至少用一块多米诺砖平铺共有$f_0+f_1+f_2+\cdots+f_n\left(\text{即}\sum_{k=0}^{n}f_k\right)$种方式。（见图1.2）。

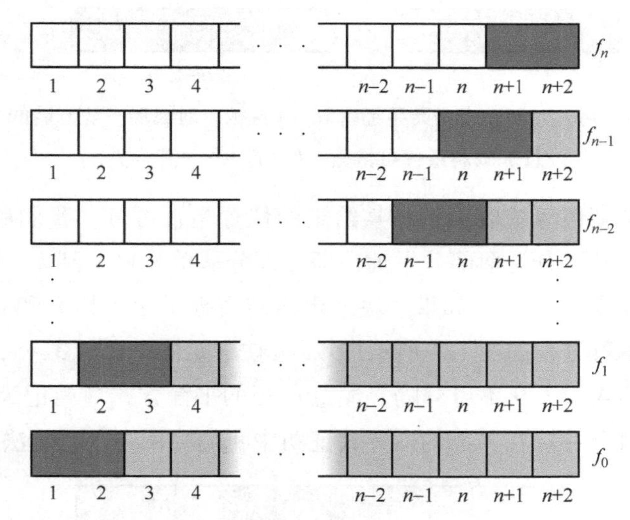

图1.2　用方砖和多米诺砖平铺$(n+2)$-板，并对最后一块多米诺砖的位置加以限制可得$f_0+f_1+f_2+\cdots+f_n=f_{n+2}-1$

恒等式2　若$n\geqslant 0$，则$f_0+f_2+f_4+\cdots+f_{2n}=f_{2n+1}$。

问　$(2n+1)$-板的平铺共有多少种方式？

答1　由定义，共有f_{2n+1}种方式。

答2　对最后一块方砖的位置加以考量。因为木板的长为奇数，所以必定至少有一块方砖并且最后一块方砖的位置在奇数单元格上。若最后一块方砖位于第 $2k+1$ 个单元格，则共有 f_{2k} 种平铺方式（见图 1.3）。因此平铺数总和为 $\sum_{k=0}^{n} f_{2k}$。

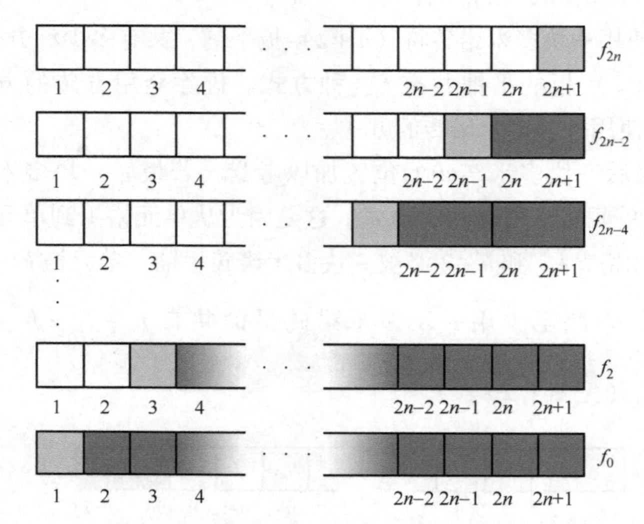

图 1.3 用方砖和多米诺砖平铺 $(2n+1)$-板，对最后一块方砖的位置加限制条件可得 $f_0+f_2+f_4+\cdots+f_{2n}=f_{2n+1}$

许多斐波那契恒等式取决于在某给定的位置是否可分。我们称 n-板在单元格 k 可分，如果其可分为两部分平铺，即一部分从单元格 1 到 k，另一部分从单元格 $k+1$ 到 n。另一方面，如果一块多米诺砖占据了单元格 k 和 $k+1$，那么就称在单元格 k 不可分。如图 1.4 所示，10-板在单元格 1，2，3，5，7，8，10 可分隔，在单元格 4，6，9 不可分隔。注意 n-板的平铺方式（简记为 n-平铺）[⊖]在单元格 n 总是可分的。在下面的恒等式证明中我们将用到这个想法。

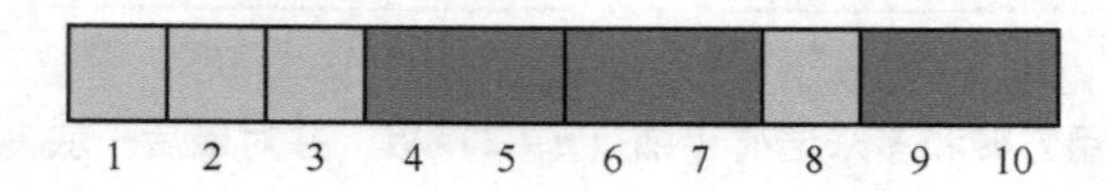

图 1.4 一个 10-平铺在单元格 1，2，3，5，7，8，10 可分隔，在单元格 4，6，9 不可分隔

恒等式 3 若 $m,n\geqslant 0$，则 $f_{m+n}=f_mf_n+f_{m-1}f_{n-1}$。

⊖ n-平铺的原文为 n-tiling。

问 $(m+n)$-板平铺有多少种方式?

答1 有f_{m+n}种。

答2 考量在单元格m是否可分。

若$(m+n)$-平铺在单元格m可分，即被分成了m-平铺和n-平铺两部分，则共有$f_m f_n$种方式。

若$(m+n)$-平铺在单元格m不可分，则必在单元格m和$m+1$平铺了一块多米诺砖，因此在多米诺砖前为$(m-1)$-平铺，在多米诺砖后为$(n-1)$-平铺。因此共有$f_{m-1}f_{n-1}$种方式。

由于在单元格m或者可分隔，或者不可分隔，因此共有$f_m f_n + f_{m-1}f_{n-1}$种平铺方式（见图1.5）。

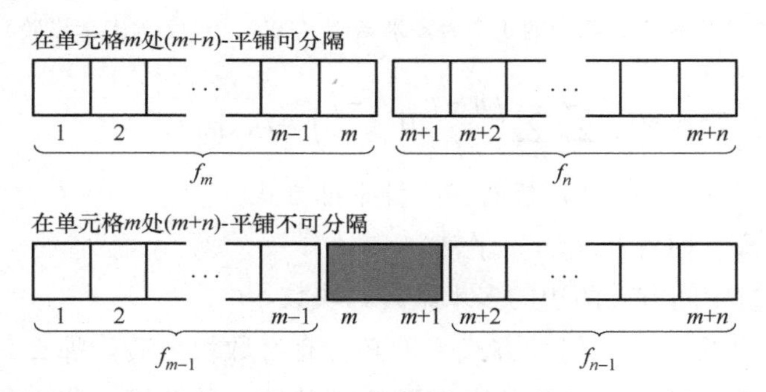

图1.5 $f_{m+n}=f_m f_n+f_{m-1}f_{n-1}$**的证明取决于$(m+n)$-平铺在单元格$m$的可分性**

接下来的两个恒等式将斐波那契数与二项式系数联系了起来。在第5章中我们将探讨更多有关二项式系数的组合证明。现在，我们回忆一下二项式系数的组合定义。

定义 二项式系数$\binom{n}{k}$是指从n个不同的元素中取出k个元素的所有组合的个数。

注意 若$k>n$，则$\binom{n}{k}=0$，因此下面的恒等式的和是有限的。

恒等式4 若$n\geqslant 0$，则$\binom{n}{0}+\binom{n-1}{1}+\binom{n-2}{2}+\cdots=f_n$。

问 对于一个n-板有多少种平铺方式?

答1 有f_n种。

答 2 考量多米诺砖的块数。如果用 i 块多米诺砖，那么有多少种平铺方式呢？答案若为非 0，那么必有 $0 \leqslant i \leqslant n/2$。这么一来就要使用 $n-2i$ 块方砖，因此共用了 n-j 块砖。例如，图 1.6 是一个恰好使用 3 块多米诺砖和 4 块方砖平铺的 10-平铺。多米诺砖是第 4，5，7 块砖。从 $n-i$ 个位置选取 i 个位置放多米诺砖的方式有 $\binom{n-i}{i}$ 种。因此共有 $\sum_{i\geqslant 0}\binom{n-i}{i}$ 种平铺方式。

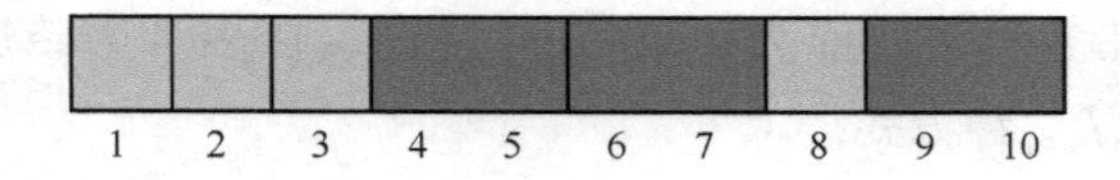

图 1.6 用 3 块多米诺砖的 10-平铺共有 $\binom{7}{3}$ 种方式，这样的 10-平铺将用 7 块砖，其中的 3 个为多米诺砖（第 4，5，7 为多米诺砖）

恒等式 5 若 $n \geqslant 0$，$\sum_{i\geqslant 0}\sum_{j\geqslant 0}\binom{n-i}{j}\binom{n-j}{i} = f_{2n+1}$。

问 对于一个（$2n+1$）-板有多少种平铺方式？

答 1 有 f_{2n+1} 种（$2n+1$）-平铺。

答 2 考量中间方砖两边的多米诺砖的块数。

（$2n+1$）-板无论采用何种方式平铺必含有奇数块方砖。那么其中有一块方砖处于中间位置，即这块方砖的左右两侧方砖的块数相同，我们称之为中间方砖。例如，图 1.7 中一个 13-平铺有 5 块方砖，中间方砖即第三块方砖位于第 9 个单元格。

若中间方砖左侧有 i 块多米诺砖，右侧有 j 块多米诺砖，那么有多少种平铺方式？按此方式进行平铺，共有（$i+j$）块多米诺砖，（$2n+1$）$-2(i+j)$ 块方砖，因此中间方砖左右两侧各有 $n-i-j$ 块方砖。这样，中间方砖左侧共有 $(n-i-j)+i=n-j$ 块砖，其中有 i 块多米诺砖，因此它左侧共有 $\binom{n-j}{i}$ 种平铺方式。同理，它右侧共有 $\binom{n-i}{j}$ 种平铺方式。因此共有 $\binom{n-j}{i}\cdot\binom{n-i}{j}$ 种平铺方式。

令 i 和 j 变化，我们可得（$2n+1$）平铺的种数为 $\sum_{i\geqslant 0}\sum_{j\geqslant 0}\binom{n-i}{j}\binom{n-j}{i}$。

下面的恒等式若表示为 $F_{2n}=\sum_{k=0}^{n}\binom{n}{k}F_k$，则更为美观。

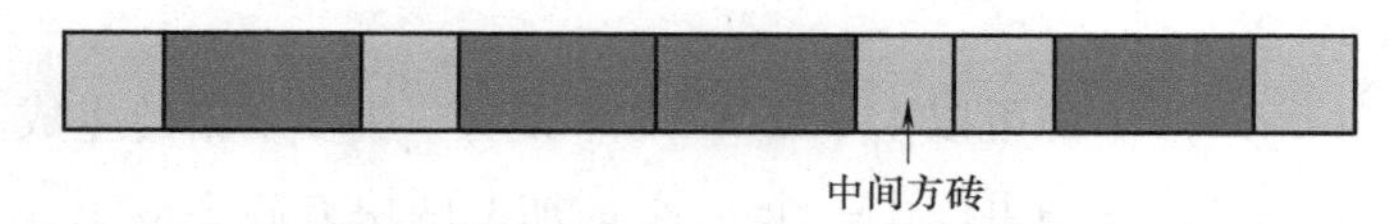

图 1.7 13- 平铺在中间方砖的左侧有 3 块多米诺砖，右侧有 1 块多米诺砖这样的平铺方式共有 $\binom{5}{3}\binom{3}{1}$ 种

恒等式 6 若 $n\geqslant 0$，则 $f_{2n-1}=\sum_{k=1}^{n}\binom{n}{k}f_{k-1}$。

问 共有多少种 $(2n-1)$- 平铺

答 1 有 f_{2n-1} 种。

答 2 考量前 n 块砖中方砖的块数。我们注意到一个 $(2n-1)$- 平铺必然至少需要 n 块砖，并且其中至少有一块方砖。如果前 n 块砖中有 k 块方砖和 $n-k$ 块多米诺砖，那么共有 $\binom{n}{k}$ 种平铺方式来填满 1 到 $2n-k$ 个单元格，剩下的 $k-1$ 个单元格有 f_{k-1} 种平铺方式（见图 1.8）。

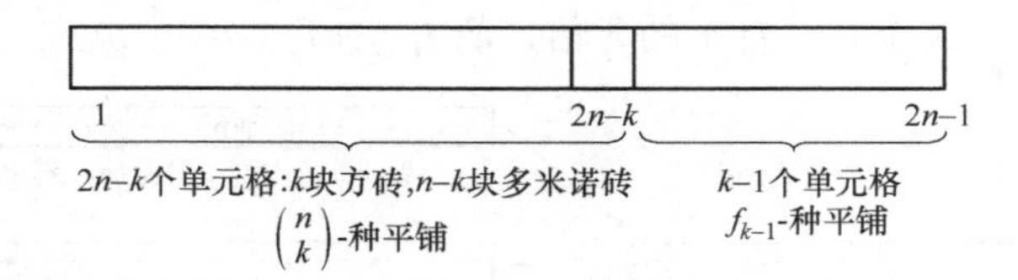

图 1.8 对于 $(2n-1)$- 板共有 $\binom{n}{k}f_{k-1}$ 种平铺方式，其中前 n 块砖中含有 k 块方砖和 $n-k$ 块多米诺砖

在下面的恒等式中，我们利用组合技巧将研究对象对应转化为两个集合，并寻找两个集合之间的对应关系特别地，我们将寻找 n- 平铺集合与集合 $(n-2)$- 平铺和 $(n+2)$- 平铺之间的一对三对应关系。

恒等式 7 若 $n\geqslant 1$，则 $3f_n=f_{n+2}+f_{n-2}$。

集合 1 n- 板平铺的集合，由定义有 f_n 个元素。

集合 2 $(n+2)$- 板或 $(n-2)$- 板平铺，有 $f_{n+2}+f_{n-2}$ 种方式。

对应关系 为了证明这个恒等式，我们要建立集合 1 与集合 2 之间的 1 对 3 的对应关系，即集合 1 中的每一个元素恰好生成集合 2 中的 3 个不同元素，且集合 2 中的元素不重复生成，因此集合 2 的大小是集合 1 的 3 倍。

具体地，对于集合 1 的 n- 平铺，我们有接下来的 3 种平铺方式，其长为

$(n+2)$ 或 $(n-2)$。

第一种：$(n+2)$- 平铺可以由一个 n- 平铺加上一块多米诺砖生成。

第二种：$(n+2)$- 平铺可以由一个 n- 平铺加上两块方砖生成。

第三种：取决于 n- 平铺的最后一块砖。如果最后一块为方砖，则在此方砖前加一块多米诺砖生成一个 $(n+2)$- 平铺，如果最后一块为多米诺砖，那么就去掉这块多米诺砖，生成一个 $(n-2)$- 平铺（见图 1.9）。

为了验证其为 1 对 3 的对应关系，我们检查每一个长为 $(n+2)$ 或 $(n-2)$ 的平铺是否都可以由某一个 n- 平铺唯一生成。对给定 $(n+2)$- 平铺，通过检查结尾和移动，我们找到生成它的 n- 平铺：

1）若最后一块砖为多米诺砖，则移除最后一块多米诺砖；

2）若最后两块砖为方砖，则移除最后两块方砖；

3）若最后一块砖为方砖，倒数第二块砖为多米诺砖，则移除最后这块多米诺砖。

对给定的 $(n-2)$- 平铺只要在结尾再加上一块多米诺砖就得到生成它的 n- 平铺。

由于集合 2 的大小是集合 1 的 3 倍，故 $f_{n+2}+f_{n-2}=3f_n$ 成立。

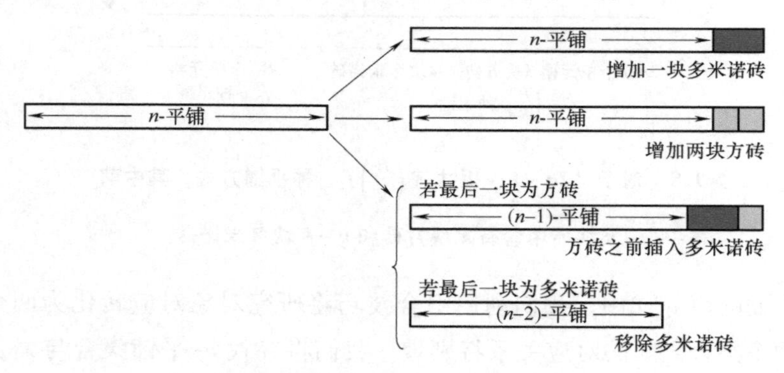

图 1.9　1 对 3 的对应关系

成对平铺

在这部分，我们引入尾部交换技巧，在很多情况下，该技巧是非常有用的。

如图 1.10 所示，考虑两个错开的 10- 平铺，其中一个平铺了第 1 到第 10 个单元格，另一个平铺了第 2 到第 11 个单元格。如果两种平铺在单元格 i 均可分隔，那么我们就称在第 i 个单元格有断层，其中 $2\leqslant i\leqslant 10$；称在第 1 个单元格有断层，如果第一种平铺方式在第一个单元格可分隔。换句话说，一对平铺在第 i

个单元格有断层（$1 \leqslant i \leqslant 10$），也意味着这对平铺都不会用多米诺砖平铺单元格 i 和 $i+1$。如图 1.10 中的这对平铺在单元格 1，2，5，7 有断层。

定义最后一个断层后面的部分为一个平铺对的“尾部”，观察到，图 1.10 进行尾部交换后即为图 1.11 的 9 平铺和 11 平铺，它们有相同的断层。

尾部交换是下面恒等式的基础，它有时被称为 Simson 公式或者 Cassini 恒等式。乍看之下，由于 $(-1)^n$ 项的出现，用组合数学证明它似乎并不妥当。不过我们会注意到这一项仅仅是“几乎”一一对应关系中的“误差项”。

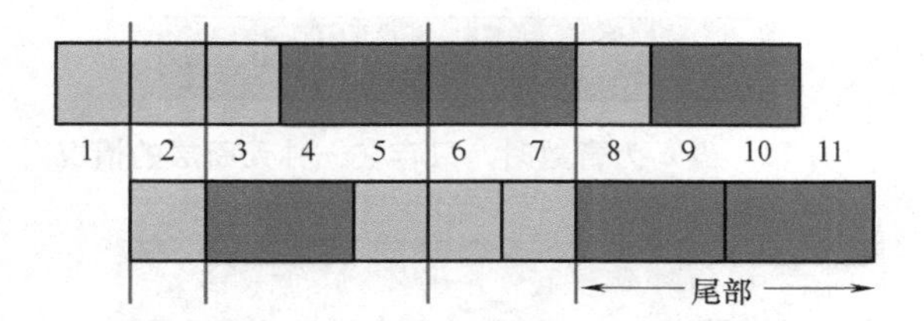

图 1.10　两个 10- 平铺以及它们的断层（灰线标出）和尾部

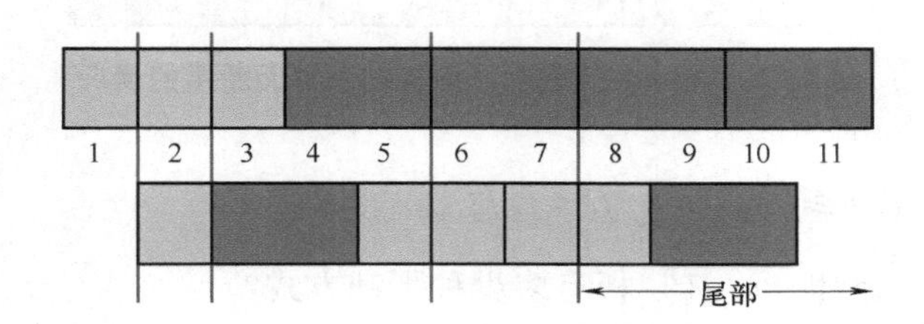

图 1.11　经过尾部交换，我们得到一个 11- 平铺和一个 9- 平铺，它们有相同的断层

恒等式 8　若 $n \geqslant 0$，$f_n^2 = f_{n+1}f_{n-1} + (-1)^n$。

集合 1　考虑两个 n- 板的平铺方式（一个位于顶部，一个位于底部），由定义可知，这个集合的大小为 f_n^2。

集合 2　一个（$n+1$）- 板和一个（$n-1$）- 板的平铺方式，这个集合的大小为 $f_{n+1}f_{n-1}$。

对应关系　首先，若 n 为奇数，则位于顶部和底部的两个木板均至少有一块方砖。两板之中任意一个在 i 单元格的方砖可以保证第 $i-1$ 或 i 个单元格处有断层。交换两个 n- 平铺的尾部，则得到了一个（$n+1$）- 平铺和一个（$n-1$）- 平铺，且它们有断层。即一对 n- 平铺与一个（$n+1$）- 平铺和一个（$n-1$）- 平铺的断层一一对应。那么有没有无断层的（$n+1$）- 平铺和（$n-1$）- 平铺对呢？如

图 1.12 所示，即为所使用的砖均为错开的多米诺砖的情况。因此，当 n 为奇数时，$f_n^2=f_{n+1}f_{n-1}-1$。

类似的，若 n 为偶数，使用尾部交换可得到一对具有一一对应关系的断层的平铺对。如图 1.13 所示还存在均使用多米诺砖从而无断层的情况。因此，当 n 为偶数时，$f_n^2=f_{n+1}f_{n-1}+1$。综合以上两种情况，得证。

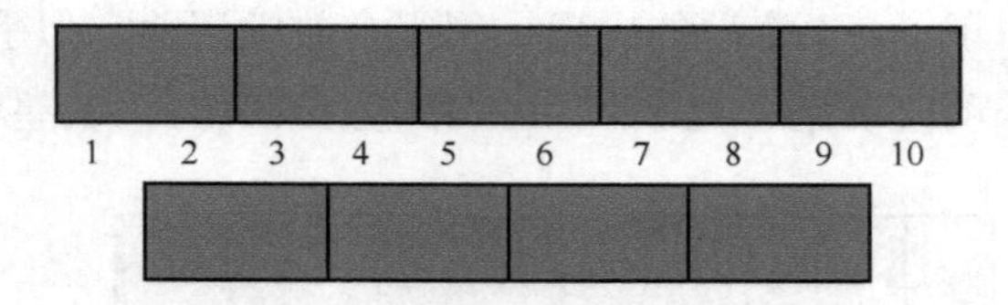

图 1.12　当 n 为奇数时，只存在一种无断层的情况

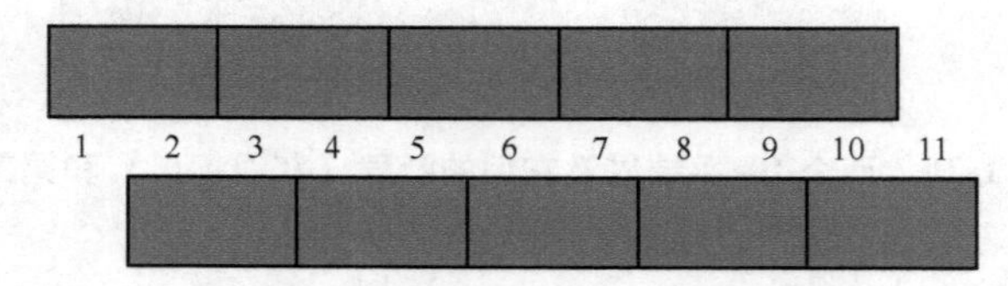

图 1.13　当 n 为偶数时，只存在一种无断层的情况

恒等式 9　若 $n\geqslant 0$，则 $\sum_{k=0}^{n} f_k^2=f_n f_{n+1}$。

问　对于 n- 板和 $(n+1)$- 板有多少种平铺方式?

答 1　有 $f_n f_{n+1}$ 种。

答 2　如图 1.14 所示，将 $(n+1)$- 板置于 n- 板的上方，而后考虑最后一个断层的位置。两个木板均在第一个单元格开始，我们可以认为两个木板在单元格 0 有断层。若最后一个断层位于单元格 k $(0\leqslant k\leqslant n)$，那么共有 f_k^2 种方式平铺前 k 个单元格。为了避免在第 k 个单元格后还存在断层，只有一种方法可以平铺，即如图 1.15 进行平铺（尾部为奇数的木板在第 k 个单元格后除了第 $k+1$ 个单元格为方砖外，其余全是多米诺砖）。综合 k 的取值，得证。

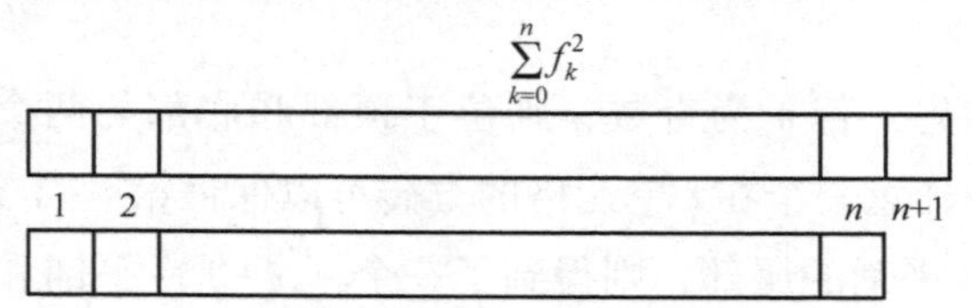

图 1.14　平铺这两块板共有 $f_n f_{n+1}$ 种方式

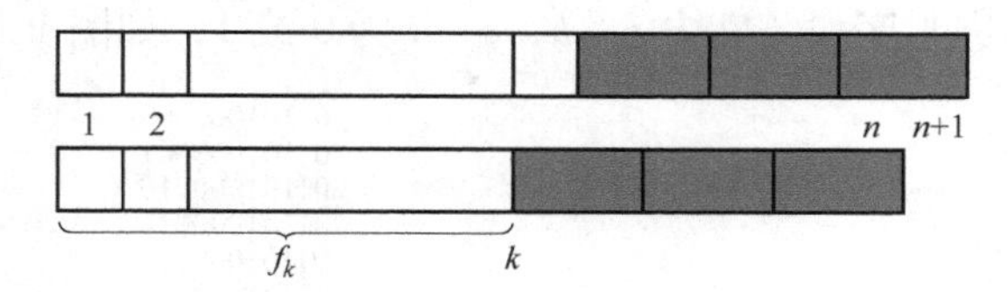

图 1.15 最后一个断层位于单元格 k，共有 f_k^2 种平铺方式

进阶斐波那契恒等式

在这部分，我们展示一些恒等式，在我们看来，这需要额外的独创性。我们将使用二进制序列编码的方式证明。

特别地，对于任意 m- 平铺，通过将方砖转化为“1”，多米诺砖转化为“01”建立一个长为 m 的二进制序列。相应地，二进制序列中的第 i 个位置为 1，当且仅当在第 i 个单元格可分隔。因此，二进制序列将含有不相邻的“0”，且总以“1”结尾。例如图 1.16 的 9- 平铺转化为二进制序列为 011101011。

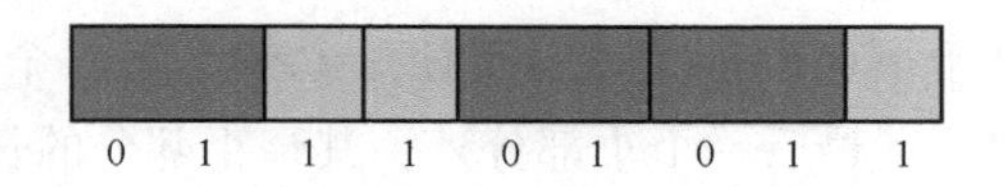

图 1.16 一个 9- 平铺有二进制序列 011101011

相反地，一个无相邻“0”元且以“1”结尾的长为 n 的二进制序列代表一个唯一的 n- 平铺。如果序列以“0”结尾，则它代表一个 $(n-1)$- 平铺（因为最后一个 0 忽略）。

我们现在考虑以下恒等式

恒等式 10 若 $n \geqslant 0$，$f_n + f_{n-1} + \sum_{k=0}^{n-2} f_k 2^{n-2-k} = 2^n$。

问 长为 n 的二进制序列有多少种？

答 1 有 2^n 种。

答 2 对于每一个二进制序列，我们对应一种平铺方式。若序列中含有不相邻的“0”，我们以结尾是否为 1 可以唯一确定长为 n 或 $n-1$ 的平铺方式。相反，序列中含有相邻的“00”，且第一个相邻的“00”位于第“$k+1$”和第“$k+2$”个单元格（$0 \leqslant k \leqslant n-2$）。我们将二进制序列中的前 k 项与 k- 平铺联系在一起（若 $k>0$，则第 k 个数位为 1）。例如，长为 11 的二进制序列 01101001001 是由 5- 平铺，即“多米诺砖—方砖—多米诺砖”形成形如

0110100$abcd$ 的二进制序列，其中 a，b，c，d 为 0 或 1，如图 1.17 所示。

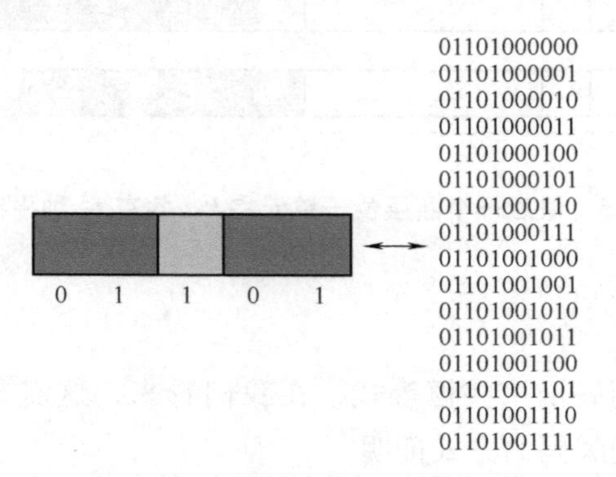

图 1.17　5-平铺是由 16 种不同的长为 11 的二进制序列生成，且均始于 0110100

一般地，对 $0 \leqslant k \leqslant n-2$，每一个固定的 k-平铺有 2^{n-2-k} 种全排列。特别地，若 k 为 0，则有 2^{n-2} 种全排列。

下面的恒等式基于下面的事实，对于任意 $t \geqslant 0$，每一个木板均可以被分成若干个小部分，使得除了最后一个小部分外，其余小部分的长度为 t 或 $t+1$。

恒等式 11　若 m，p，$t \geqslant 0$，则 $f_{m+(t+1)p} = \sum_{i=0}^{p} \binom{p}{i} f_t^i f_{t-1}^{p-i} f_{m+i}$。

问　对于 $[m+(t+1)p]$-平铺有多少种平铺方式？

答 1　有 $f_{m+(t+1)p}$ 种。

答 2　对于任意长为 $m+(t+1)p$ 的木板，我们将其分成长度分别为 j_1，j_2，…，j_{p+1} 的 $p+1$ 个部分。若 $1 \leqslant i \leqslant p$，其中若第 i 个位置为方砖，则令 $j_i = t$；若第 i 个位置为多米诺砖，则令 $j_i = t+1$。第 $p+1$ 个部分包括木板剩余的位置。数一下，前 p 个部分中有 i 个长度为 t 的平铺，剩下的 $p-i$ 个部分的长度为 $t+1$，因此这 p 个部分的总长为 $it+(p-i)(t+1) = (t+1)p-i$。因此，$j_{p+1} = m+i$。因为长为 t 的部分有 f_t 种平铺方式，长为 $t+1$ 的部分必以一块多米诺砖结尾，因此有 f_{t-1} 种平铺方式，因此共有 $\binom{p}{i} f_t^i f_{t-1}^{p-i} f_{m+i}$ 种平铺方式。如图 1.18 所示，得证。

下面的恒等式用传统意义的斐波那契数来表述更好（即 $F_0 = 0$，$F_1 = 1$，对于 $n \geqslant 0$，有 $f_{n-1} = F_n$）。

定理 1　当 $m \geqslant 1$，$n \geqslant 0$，若 $m \mid n$，则 $F_m \mid F_n$。

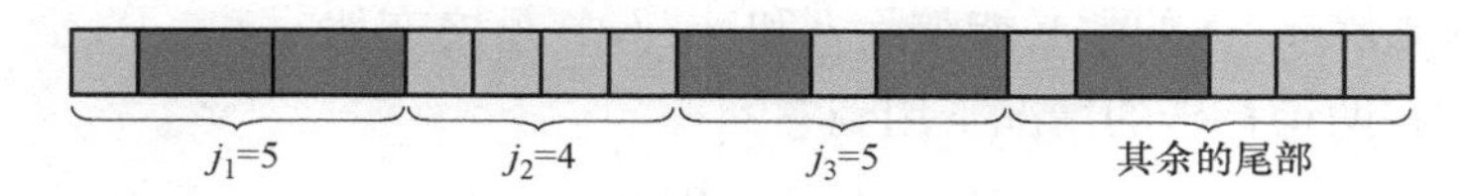

图 1.18 当 $t=4$，$p=3$ 时，图中的平铺可以分成长度分别为 $j_1=5$，$j_2=4$，$j_3=5$ 和 $j_4=6$ 四部分

我们的组合数学方式可以给出更多的结果

定理 2 当 $m\geqslant 1$，$n\geqslant 0$，若 m 整除 n，则 f_{m-1} 整除 f_{n-1}。事实上，若 $n=qm$，则 $f_{n-1}=f_{m-1}\sum_{j=1}^{q}f_{m-2}^{j-1}f_{n-jm}$。

问 当 $n=qm$ 时，共存在多少 $(n-1)$-平铺？

答 1 f_{n-1} 个。

答 2 我们对使 $jm-1$ 处可分隔的最小 j 进行考量若平铺在第 $j-1$ 个单元格可分隔，其中 j 为最小的整数。这样的 j 必存在，且 $j\leqslant q$ 因为平铺在第 $n-1=qm-1$ 个单元格可分隔。对于给定的 j，有 $j-1$ 个单元格以多米诺砖结尾，分别是单元格 m，$2m$，…，$(j-1)m$，这样的单元格共有 f_{m-2}^{j-1} 种方式平铺。单元格 $(j-1)m+1$，$(j-1)m+2$，…，$(jm-1)$ 共有 f_{m-1} 种平铺方式，木板的剩余部分有 f_{n-jm} 种方式平铺。如图 1.19 所示，得证。

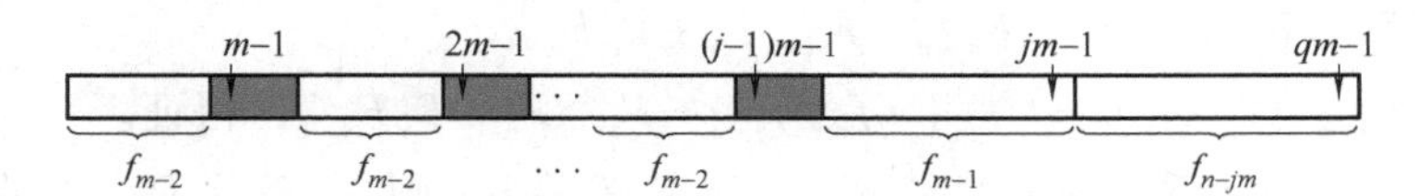

图 1.19 当 j 为使得在 $jm-1$ 单元格可分隔的最小值时，共有 $f_{m-2}^{j-1}f_{m-1}f_{n-jm}$ 种方式平铺 $(n-1)$-板

1.3 有趣的应用

尽管这部分中的应用在组合意义上并没有完整的证明，但它已经运用了本章的部分恒等式。因为我们已经完成了大部分工作的证明，忽略掉这些是很可惜的。

对整数 a，b，其最大公因数记为 $\gcd(a, b)$，即同时整除 a，b 的最大正数。不难看到，对于任意整数 x，有

$$\gcd(a, b)=\gcd(b, a-bx) \tag{1.1}$$

即任何同时整除 a，b 的数必能整除 b 和 $a-bx$，反之亦然。

我们常在两种特殊的情况下用到它：

$$\gcd(a, b)=\gcd(b, a-b) \tag{1.2}$$

和

定理 3 （欧几里得算法（辗转相除法）） 若 $n=qm+r$，则 $\gcd(n, m)=\gcd(m, r)$。

在欧几里得算法中我们通常选取 $q=\left[\frac{n}{m}\right]$，$0\leqslant r<m$。例如，我们应用欧几里得算法去寻找 $\gcd(255, 68)$，有

$$\gcd(255, 68)=\gcd(68, 51)=\gcd(51, 17)=\gcd(17, 0)=17,$$

因此，我们随即知道两个相邻的斐波那契数互素，即

引理 4 若 $n\geqslant 1$，则 $\gcd(F_n, F_{n-1})=1$。

证 这是一个相当短的归纳法证明。当 $n=1$ 时，$\gcd(F_1, F_0)=\gcd(1, 0)=1$。假设引理对 n 成立，再使用式（1.2），有

$$\gcd(F_{n+1}, F_n)=\gcd(F_n, F_{n+1}-F_n)=\gcd(F_n, F_{n-1})=1,$$

得证。

接下来，我们利用恒等式 3 可得

引理 5 若 m，$n\geqslant 0$，$F_{m+n}=F_{m+1}F_n+F_mF_{n-1}$。

证 $F_{m+n}=f_{m+(n-1)}=f_mf_{n-1}+f_{m-1}f_{n-2}=F_{m+1}F_n+F_mF_{n-1}$，得证。

最后，我们回看定理 1 的叙述，如果 m 整除 n，则 F_m 整除 F_n。现在我们可以证明关于斐波那契数列性质的最优美的定理之一。

定理 6 若 $m\geqslant 1$，$n\geqslant 0$，则 $\gcd(F_n, F_m)=F_{\gcd(n,m)}$。

证 假设 $n=qm+r$，其中 $0\leqslant r<m$。由引理 5 可得 $F_n=F_{qm+r}=F_{qm+1}F_r+F_{qm}F_{r-1}$。得

$$\gcd(F_n, F_m)=\gcd(F_m, F_{qm+1}F_r+F_{qm}F_{r-1}),$$

由式（1.1）可知在第二项中减去 F_m 的整数倍不改变它的最大公因数。由定理 1 可得 F_{qm} 是 F_m 的整数倍，则可得

$$\gcd(F_n, F_m)=\gcd(F_m, F_{qm+1}F_r)=\gcd(F_m, F_r), \tag{1.3}$$

其中，最后一个恒等式成立。因为由引理 4，F_m（整除 F_{qm}）与 F_{qm+1} 互质。[⊖]

⊖ 互质即互素。

我们现在得到什么了呢？等式（1.3）与辗转相除法相同，但结果是关于斐波那契数 F_n 的例如

$$\gcd(F_{255}, F_{68}) = \gcd(F_{68}, F_{51}) = \gcd(F_{51}, F_{17}) = \gcd(F_{17}, F_0) = F_{17},$$

其中 $F_0 = 0$，得证。

对于想要了解更进阶斐波那契恒等式的读者，我们推荐阅读第 2 章和第 9 章，其中会涉及 Binet 公式，由递推关系，我们可以得到第 n 个斐波那契数的精确公式为

$$F_n = \frac{1}{\sqrt{5}}\left[\left(\frac{1+\sqrt{5}}{2}\right)^n - \left(\frac{1-\sqrt{5}}{2}\right)^n\right]。$$

读者已经有了所有必要的组合证明的工具来处理这一问题，具体的证明我们将在恒等式的相关内容中给出。

1.4 注记

斐波那契数有着悠久并且丰富的历史。它起源于生小兔问题，是由斐波那契于 13 世纪首先提出来的。现在斐波那契数已经被数学家、艺术家、自然学家、音乐家等广泛使用。对于它历史的简介，我们推荐 Ron Knott 创建的骄人网站，斐波那契数以及黄金截面［32］。Vajda 的 *Fibonacci & Lucas Numbers, and the Golden Section: Theory and Applications*（斐波那契数和卢卡斯数以及黄金分割：理论与应用）和 Koshy 的 *Fibonacci and Lucas Numbers with Applications*（斐波那契和卢卡斯数的应用）中收集了很多斐波那契恒等式。

斐波那契协会是一个聚焦斐波那契数及相关数学问题的专业组织，侧重新结果，研究课题，挑战问题以及经典问题的新的证明方法。他们出版了专业的杂志，*The Fibonacci Quarterly*（斐波那契季刊），并每两年举办一次国际会议。

斐波那契数的组合解释由来已久，可参见 *The Fibonacci Quarterly*（斐波那契季刊）的创刊号中 Basin and Hoggatt ［1］ 的文章，或 Stanley 的《计数组合学》第一卷第一章的练习 14 ［51］。我们选择了沿用 Brigham et. al ［15］ 的记号和平铺的解释，并在［8］中进行了进一步推广。

最后，Cassni 法则的双射证明与 Werman and Zeilberger ［60］ 中所给出的恒等式 8 的证明类似，其并没有用到平铺方法。

1.5 练习

通过直接的组合推论证明下述恒等式。

恒等式 12 若 $n\geqslant 1$，则 $f_1+f_3+\cdots+f_{2n-1}=f_{2n}-1$。

恒等式 13 若 $n\geqslant 0$，则 $f_n^2+f_{n+1}^2=f_{2n+2}$。

恒等式 14 若 $n\geqslant 1$，则 $f_n^2-f_{n-2}^2=f_{2n-1}$。

恒等式 15 若 $n\geqslant 0$，则 $f_{2n+2}=f_{n+1}f_{n+2}-f_{n-1}f_n$。

恒等式 16 若 $n\geqslant 2$，则 $2f_n=f_{n+1}+f_{n-2}$。

恒等式 17 若 $n\geqslant 2$，则 $3f_n=f_{n+2}+f_{n-2}$。

恒等式 18 若 $n\geqslant 2$，则 $4f_n=f_{n+2}+f_n+f_{n-2}$。

恒等式 19 表明任意 4 个连续的斐波那契数如何衍生出勾股数的关系。

恒等式 19 若 $n\geqslant 1$，则 $(f_{n-1}f_{n+2})^2+(2f_nf_{n+1})^2=(f_{n+1}f_{n+2}-f_{n-1}f_n)^2=(f_{2n+2})^2$。

恒等式 20 若 $n\geqslant p$，则 $f_{n+p}=\sum_{i=0}^{p}\binom{p}{i}f_{n-i}$。

恒等式 21 若 $n\geqslant 0$，则 $\sum_{k=0}^{n}(-1)^k f_k=1+(-1)^n f_{n-1}$。

恒等式 22 若 $n\geqslant 0$，则 $\prod_{k=1}^{n}\left(1+\frac{(-1)^{k+1}}{f_k^2}\right)=\frac{f_{n+1}}{f_n}$。

恒等式 23 若 $n\geqslant 0$，则 $f_0+f_3+f_6+\cdots+f_{3n}=\frac{1}{2}f_{3n+2}$。

恒等式 24 若 $n\geqslant 1$，则 $f_1+f_4+f_7+\cdots+f_{3n-2}=\frac{1}{2}(f_{3n}-1)$。

恒等式 25 若 $n\geqslant 1$，则 $f_2+f_5+f_8+\cdots+f_{3n-1}=\frac{1}{2}(f_{3n+1}-1)$。

恒等式 26 若 $n\geqslant 0$，则 $f_0+f_4+f_8+\cdots+f_{4n}=f_{2n}f_{2n+1}$。

恒等式 27 若 $n\geqslant 1$，则 $f_1+f_5+f_9+\cdots+f_{4n-3}=f_{2n-1}^2$。

恒等式 28 若 $n\geqslant 1$，则 $f_2+f_6+f_{10}+\cdots+f_{4n-2}=f_{2n-1}f_{2n}$。

恒等式 29 若 $n\geqslant 1$，则 $f_3+f_7+f_{11}+\cdots+f_{4n-1}=f_{2n-1}f_{2n+1}$。

恒等式 30 若 $n\geqslant 0$，则 $f_{n+3}^2+f_n^2=2f_{n+1}^2+2f_{n+2}^2$。

恒等式 31 若 $n\geqslant 1$，则 $f_n^4=f_{n+2}f_{n+1}f_{n-1}f_{n-2}+1$。

斐波那契数有着多种组合解释。通过建立一个一一对应关系，证明下面的解释与将木板用方砖和多米诺砖平铺的解释等价。

1. 当 $n\geqslant 0$，f_{n+1}表示由不连续的 0 构成的二进制 n 元数组。

2. 当 $n\geqslant 0$，f_{n+1}表示集合 $\{1, 2, \cdots, n\}$ 的子集数 S，其中 S 不包含两个连续整数。

3. 当 $n\geqslant 2$，f_{n-2}表示 n-板的平铺数，其中所有平铺的长度均大于等于 2。

4. 当 $n\geqslant 1$，f_{n-1}表示 n-板的平铺数，其中所有平铺的长度为奇数。

5. 当 $n\geqslant 1$，f_n 表示将数字 1 到 n 排列的方法数，其中对于任意的 $1\leqslant i\leqslant n$，第 i 个数字为 $i-1$，i 或 $i+1$ 三者之一。

6. 当 $n\geqslant 0$，f_{2n+1}表示由 0，1，2 构成的长为 n 的序列的方法数，其中 0 不会紧接着 2 出现。

7. 当 $n\geqslant 1$，$f_{2n-1}=\sum a_1a_2\cdots a_r$，其中 $r\geqslant 1$，a_1，$\cdots$，a_r 均为正整数且和为 n，例如 $f_5=3+2\cdot 1+1\cdot 2+1\cdot 1\cdot 1=8$。（提示：$a_1a_2\cdots a_r$ 表示由任意长度的平铺方式构成的 n-tilings，其中 a_j 表示第 j 个平铺的长度，并且每种平铺被覆盖的单元格均被突出显示）。

8. 当 $n\geqslant 1$，f_{2n}表示$\sum 2$ 值为 1 的 a_i 的个数，其中 a_i 为正整数且和为 n，例如 $n=3=2+1=1+2=1+1+1$，$f_6=2^0+2^1+2^1+2^3=13$。

9. 当 $n\geqslant 1$，f_{n+1}表示二进制序列（b_1，b_2，$\cdots$，b_n）的方式数，其中：$b_1\leqslant b_2\geqslant b_3\leqslant b_4\geqslant b_5\cdots$。

未证明的恒等式㊀

下列恒等式需要组合证明。

1. 若 $n\geqslant 1$，则 $f_0^3+f_1^3+\cdots+f_n^3=\dfrac{f_{3n+4}+(-1)^n 6f_{n-1}+5}{10}$。

2. 若 $n\geqslant 0$，则 $f_1+2f_2+\cdots+nf_n=(n+1)f_{n+2}-f_{n+4}+3$。

3. 对于每一个整数 m，下列形如 mf_n 的恒等式与恒等式 16—18 类似。

（a）若 $n\geqslant 4$，则 $5f_n=f_{n+3}+f_{n-1}+f_{n-4}$。

（b）若 $n\geqslant 4$，则 $6f_n=f_{n+3}+f_{n+1}+f_{n-4}$。

（c）若 $n\geqslant 4$，则 $7f_n=f_{n+4}+f_{n-4}$。

㊀ 未证明的恒等式为截止 2003 年未证明的，本书英文版 2003 年出版之后，有些不等式已经得到了证明。

(d) 若 $n \geqslant 4$，则 $8f_n = f_{n+4} + f_n + f_{n-4}$。

(e) 若 $n \geqslant 4$，则 $9f_n = f_{n+4} + f_{n+1} + f_{n-2} + f_{n-4}$。

(f) 若 $n \geqslant 4$，则 $10f_n = f_{n+4} + f_{n+2} + f_{n-2} + f_{n-4}$。

(g) 若 $n \geqslant 4$，则 $11f_n = f_{n+4} + f_{n+2} + f_n + f_{n-2} + f_{n-4}$。

(h) 若 $n \geqslant 6$，则 $12f_n = f_{n+5} + f_{n-1} + f_{n-3} + f_{n-6}$。

这些恒等式是齐肯多夫（Zeckendorf）定理的特例，该定理可表述为每一个整数均可唯一地表示为不连续的斐波那契数的和。上述恒等式中的系数同正整数的展开式是一致的。正整数也可以由 $\varphi = (1+\sqrt{5})/2$ 的不连续整数次幂的和表示。例如，$5 = \varphi^3 + \varphi^{-1} + \varphi^{-4}$ 和 $6 = \varphi^3 + \varphi^1 + \varphi^{-4}$。对于这些恒等式有没有一种统一的组合方法来证明呢?

4. 若 $n \geqslant 4$，$f_n^3 + 3f_{n-3}^3 + f_{n-4}^3 = 3f_{n-1}^2 + 6f_{n-2}^3$。Jay Cordes 给了我们一个组合的证明。他将平铺三元组转化为十几种不同的情况。还有简单一点的方法吗?

5. 为斐波那契系数 $\binom{n}{m}_F = \dfrac{(n!)_F}{(m!)_F((n-m)!)_F}$ 寻找一种组合意义的解释，其中 $(0!)_F = 1$，且当 $k \geqslant 1$，$(k!)_F = F_k F_{k-1} \cdots F_1$。

第2章

广义斐波那契恒等式和卢卡斯恒等式

定义 满足如下关系的数称为广义斐波那契（Gibonacci）㊀数，记为 G_n：已知 G_0、G_1 为非负整数，并且当 $n \geqslant 2$ 时，$G_n = G_{n-1} + G_{n-2}$。

定义 满足如下关系的数称为卢卡斯（Lucas）数 L_n：已知 $L_0 = 2$，$L_1 = 1$，并且当 $n \geqslant 2$ 时，$L_n = L_{n-1} + L_{n-2}$。

在卢卡斯数列中前面的一串数字是2，1，3，4，7，11，18，29，47，76，123，199，…。

本章我们将对广义斐波那契数（简写为Gibonacci数）的性质进行研究。有很多种方法可以推广斐波那契数，下一章中我们将进一步介绍这些推广方法中的一部分。目前对我们而言，如果对于所有的 $n \geqslant 2$，有 $G_n = G_{n-1} + G_{n-2}$ 成立，则称之为Gibonacci数列，其中 G_0，G_1，G_2，…是非负整数。

在所有广义斐波那契数列当中，初始条件给出最美的恒等式的就是斐波那契数和卢卡斯数数列了。

2.1 卢卡斯数的组合解释

正如我们将看到的，卢卡斯数的作用如同斐波那契数在环形木板中的作用。定义 l_n 为对环形木板进行平铺的方法数，这个环形木板是由 n 块弯曲的方砖和多米诺砖平铺而成。$l_4 = 7$ 的情况如图2.1所示。显然，平铺一个环形 n-板的方法要比平铺直 n-板的方法多，因为现在一块多米诺砖可以用来覆盖单元格 n 和单元格1。我们定义 n-环平铺为环形平铺 n-板的方法。当用一块多米诺砖覆盖单元格 n 和单元格1时，我们称这个3环平铺是异相位的，否则是同相位的。在

㊀ 校者注：我们称Gibonacci数为“广义斐波那契数”，但斐波那契数有其他的推广。

图 2.1 中，我们看到有五个同相位的 4- 环平铺和 2 个异相位的 4- 环平铺。如图 2.2 所示，$\ell_1=1$，$\ell_2=3$ 和 $\ell_3=4$。注意到用一块多米诺砖有两种方法平铺 2- 环平铺，一种是同相位的，一种是异相位的。

从目前的几个数据可知 n- 环平铺的数目看上去像是卢卡斯数列。为了证明它们仍可以像卢卡斯数列那样递增，我们必须证明对于 $n\geqslant 3$，

$$l_n=l_{n-1}+l_{n-2}。$$

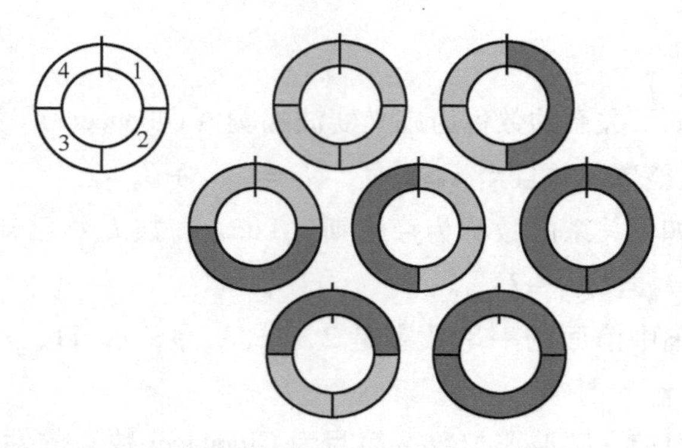

图 2.1　一个环形 4- 板有 7 种环平铺，其中前 5 种是同相位的，后 2 种是异相位的

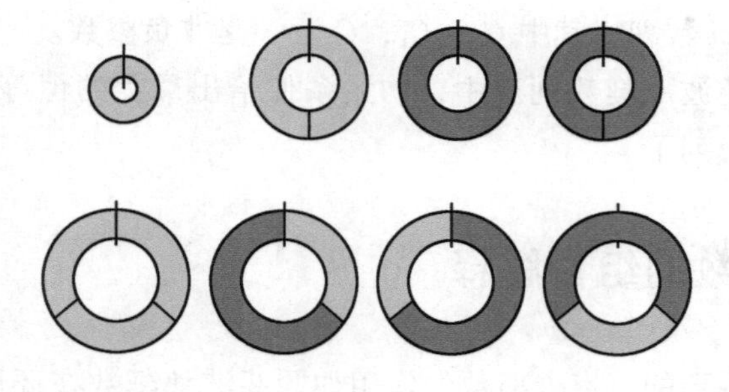

图 2.2　有 1 个 1- 环平铺，3 个 2- 环平铺以及 4 个 3- 环平铺

要证明这一关系，我们仅需要考虑环形平铺的最后一块砖。我们把覆盖了单元格 1 的砖定义为第一块砖，它或者是一块方砖，或者是一块覆盖了单元格 1 和 2 的多米诺砖，或者是一块覆盖了单元格 n 和 1 的多米诺砖。第二块砖是顺时针方向的下一个，诸如此类。最后一块砖是在第一块之前的那一块。由于第一块砖（而非最后一块）决定平铺的相位，于是有 ℓ_{n-1} 种 n- 环平铺以方砖结尾，

有 ℓ_{n-2}种 n- 环平铺以多米诺砖结尾。通过移除最后一块砖并且衔接断口，我们得到了比较小的环平铺。

为了证明上式当 $n=2$ 时也成立，我们定义 $l_0=2$ 并且解释其意思为平铺环形0- 板有两种空覆盖方式，一种是同相位 0- 环平铺，一种是异相位 0- 环平铺。这便产生了卢卡斯数的组合解释。

组合定理 2　对于 $n \geqslant 0$，令 ℓ_n 表示用方砖和多米诺砖平铺一个环形 n- 板的方法数，则 ℓ_n 是第 n 个卢卡斯数，即

$$\ell_n = L_n。$$

正如我们所料想的，卢卡斯数的许多性质与斐波那契数的性质类似。另外，卢卡斯数和斐波那契数之间也有许多优美的特性。

2.2　卢卡斯恒等式

恒等式 32　若 $n \geqslant 1$，则 $L_n = f_n + f_{n-2}$。

问　平铺一个环形 n- 板有多少种方法?

答 1　由组合定理 2，有 L_n 个 n- 环平铺。

答 2　考量平铺是同相位的还是异相位的。因为一个同相位的圆环可以被拉直为一个 n- 平铺，因此有 f_n 个同相位环平铺。同样地，一个异相位的n- 环平铺一定有一块多米诺砖覆盖单元格 n 和 1。单元格 2 到 $n-1$ 可以被 $(n-2)$- 平铺，有 f_{n-2}种方法。因此，n- 环平铺的总数是 $f_n + f_{n-2}$，如图 2.3 所示。

下一个恒等式把长为奇数的平铺与成对的直平铺与环平铺联系在一起。

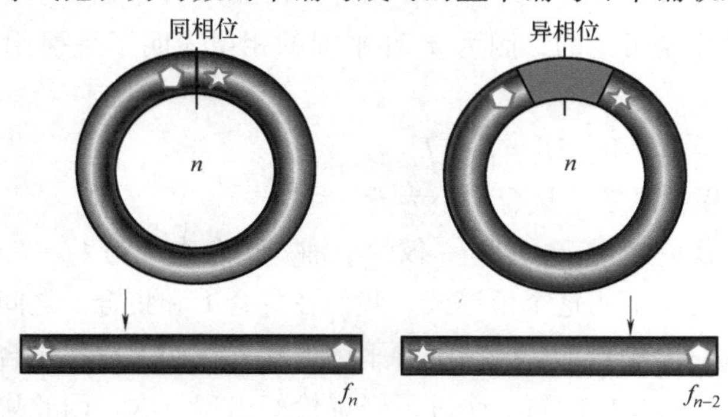

图 2.3　依相位不同每一个 n- 环平铺可以转化为一个 n- 平铺或一个 $(n-2)$- 平铺

恒等式 33 若 $n \geqslant 0$，则 $f_{2n-1}=L_n f_{n-1}$。

集合 1 平铺 $(2n-1)$-板的集合中有 f_{2n-1} 个元素。

集合 2 由环平铺和直平铺组成的平铺对 (B, T)，其中环平铺的长度为 n，直平铺的长度为 $n-1$，集合中有 $L_n f_{n-1}$ 个元素。

对应关系 给定一个 $(2n-1)$-板，记为 T^*，有两种情况需要考虑，如图 2.4所示。

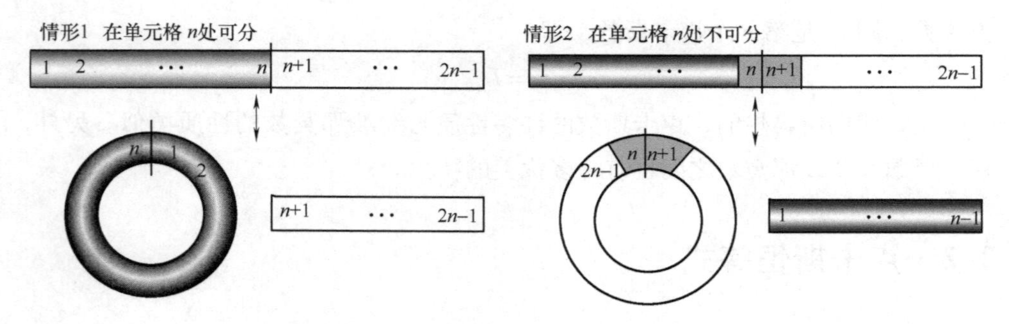

图 2.4 一个 $(2n-1)$-平铺可转化为一个 n-环平铺和一个 $(n-1)$-平铺。相应的，这个 n-环平铺是同相位的，当且仅当 $(2n-1)$-平铺在单元格 n 处可分

情形 1 如果 T^* 在第 n 个单元格可分，把第 n 个单元格的右侧与第一个单元格的左侧粘住创建一个同相位的 n-环平铺 B，则单元格 $n+1$ 到单元格 $2n-1$ 形成了一个 $(n-1)$-平铺 T。

情形 2 如果 T^* 在第 n 个单元格不可分，把单元格 n 和单元格 $n+1$ 用一块多米诺砖（表示为 d）覆盖，单元格 1 到 $n-1$ 成了一个 $(n-1)$-平铺 T，如果 d 为第一个覆盖，则单元格 n 到 $2n-1$ 成为异相位 n-环平铺。

这种对应关系是可逆的，因为 n-环平铺的相位表明了是引用了情形 1 还是情形 2。

恒等式 34 若 $n \geqslant 0$，$5f_n=L_n+L_{n+2}$。

集合 1 n-板的平铺，集合大小为 f_n。

集合 2 环形 n-板或 $(n+2)$-板的平铺，集合大小为 L_n+L_{n+2}。

对应关系 为了证明这个恒等式，我们在集合 1 和集合 2 之间建立 1 对 5 的对应关系。即，对于集合 1 中的每一种平铺方式，我们可以在集合 2 中创建 5 个环形平铺，使得集合 2 中的每一个环形平铺恰好出现一次。因此集合 2 的大小是集合 1 的 5 倍。

对于给定的 n-平铺，5 个环形平铺中的 4 个可以自然产生。如图 2.5 所示，我们可以创建：

1. 由粘合单元格 n 到单元格 1 形成的 1 个同相位 n-环平铺，或者——

2. 以两块插入的方砖结束的 1 个同相位 $(n+2)$-环平铺，或者——

3. 以 1 块插入的多米诺砖结束的 1 个同相位 $(n+2)$-环平铺，或者——

4. 以 1 块插入的多米诺砖结束的异相位 $(n+2)$-环平铺。

现在我们先去研究哪一种环形平铺还没有被做出来。我们没有做异相位 n-环平铺和以 1 块多米诺砖粘合方砖为结束的 $(n+2)$-环平铺。

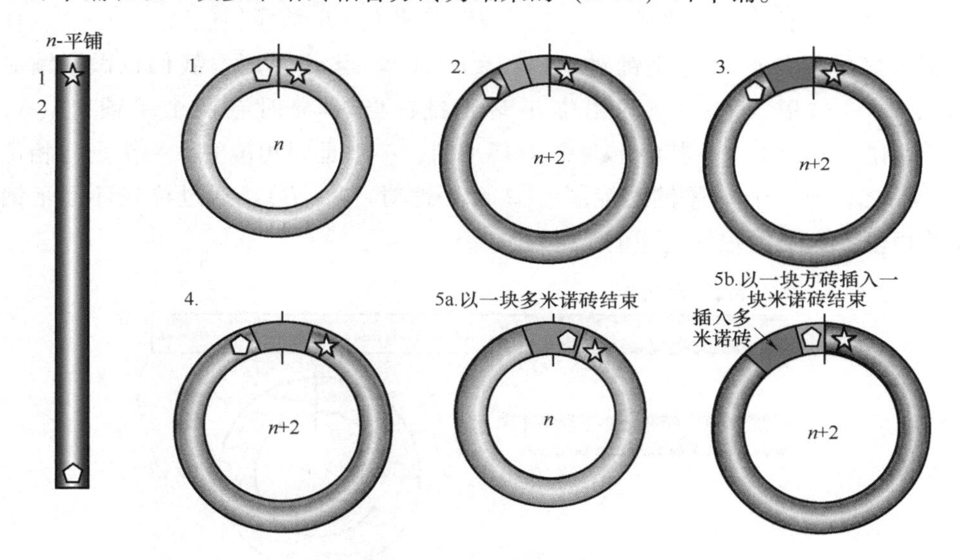

图 2.5　每一个 n-平铺对应了 5 个单元格数为 n 或 $n+2$ 的环形平铺

所以第五个环形平铺取决于最初的 n-平铺是以一块方砖还是以一块多米诺砖结束。如果它以一块多米诺砖结束，我们创建——

5a. 通过将情形 1 顺时针旋转一个单元格得到的一个异相位 n-环平铺。

如果它以一块方砖结束，我们构造——

5b. 以一块方砖前插入一块多米诺砖结束的一个同相位 $(n+2)$-环平铺。如图 2.5 所示。

恒等式 35　对于 $n \geqslant 0$，

$$\sum_{r=0}^{n} f_r L_{n-r} = (n+2) f_n \text{。}$$

集合 1　由 n-平铺构成的集合，这个集合的大小为 f_n。

集合 2　有序对 (A, B) 的集合。对于 $0 \leqslant r \leqslant n$，$A$ 是一个 r-平铺，B 是一

个 $(n-r)$-环平铺。这个集合的大小为 $\sum_{r=0}^{n} f_r L_{n-r}$。

对应关系 我们给出了在集合 1 和集合 2 之间 1 到 $n+2$ 的对应关系。给定一个 n-平铺 X，我们首先检查对于每一个 $1 \leqslant r \leqslant n-1$，$X$ 是否在第 r 个单元格处可分。如图 2.6 所示，如果 X 可分，那么 $X=AB$，这里 A 是一个 r-平铺，B 是一个 $(n-r)$-平铺，我们结合平铺对 (A, B)，此处 B 是同相位 $(n-r)$-环平铺；如果 X 不可分，那么，$X=AdB$，这里 A 为 $(r-1)$-平铺，B 为一个 $(n-r-1)$-平铺，我们做平铺对 (A, dB)，此处 dB 是异相位 $(n-r+1)$-环平铺，这样共有 $n-1$ 个平铺对 $(1 \leqslant r \leqslant n-1)$。当 $r=0$ 时，我们也做平铺对 $(\varnothing, X)$，这里 X 是一个同相位 n-环平铺；当 $r=n$ 时有两个平铺对 $(X, \varnothing^{+})$ 和 $(X, \varnothing^{-})$，其中有两个 0-环平铺，一个是同相位的，一个是异相位的。总之，每一个 n-平铺对应了 $n+2$ 个平铺对 (A, B)。通过检查环形平铺 B 的相位，这个过程是可逆的。

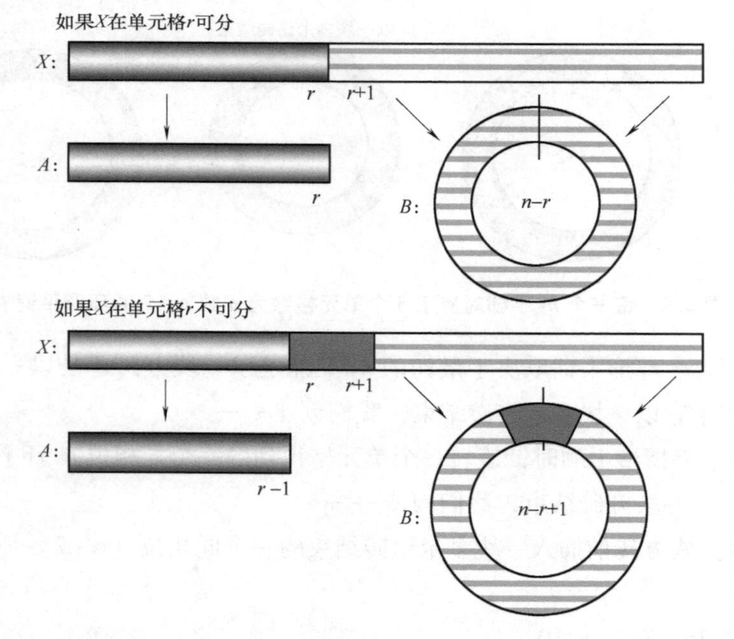

图 2.6　给定一个 n-平铺 X，对于每一个单元格 r $(0 \leqslant r \leqslant n-1)$，我们对应一个平铺-环平铺对 (A, B)，平铺对的总长度为 n。第 n 个单元格对应两个平铺对，因为有两个空的 0-环平铺

恒等式 36　对于 $n \geqslant 0$，$L_n^2 = L_{2n} + (-1)^n \cdot 2$。

集合 1　构建同心 n- 环平铺有序对集合。这种集合的大小为 L_n^2。

集合 2　构建 $2n$- 环平铺。

对应关系　对于 n 为奇数的情况，我们在集合 1 和集合 2 之间构建一个几乎一对一的对应关系。我们把偶数的情况留给读者完成。

因为 n 是奇数，每个 n- 环平铺一定包含至少一块方砖，因此同心环形平铺一定在某个单元格 k（$1 \leqslant k \leqslant n$）处包含第一个断层，换言之，这两个环形平铺都在单元格 k 处可分，而不是在单元格 1，2，…，$k-1$ 处可分。由此我们创建一个如下的 $2n$- 环平铺：以外部的环形平铺开始平铺单元格 1（这样，新的环形平铺与外部的环形平铺有相同的相位），以外部环形平铺的形式平铺单元格 1 到 k，然后用内部环形平铺的单元格 $k+1$，$k+2$，…，n，1，2，…，k 平铺新的环形平铺的单元格 $k+1$ 到 $k+n$。最后，我们用外部环形平铺剩下的单元格平铺单元格 $k+n+1$ 到 $2n$，如图 2.7 所示。

这样的 $2n$- 环平铺具有分隔径可以穿过它的性质，分隔径从单元格 k 和$k+1$ 间进入，从单元格 $n+k$ 和 $n+k+1$ 间穿出。进一步，当 $1 \leqslant j \leqslant k-1$，则在 j 和 $j+1$ 之间不存在分隔径，因此只要 $2n$- 环平铺中存在一条分隔径，那么这个过程就完全是可逆的。因为在新的环形平铺中第 j 个单元格处的一块方砖保证了一条分隔径在单元格 j 和单元格 $j-1$ 或单元格 $j+1$ 间进入。$2n$- 环平铺只有两种情况没有分隔径，即全多米诺砖平铺（注意所有的全多米诺砖平铺都没有分隔径，因为 n 是奇数）。因此，$L_n^2 = L_{2n} - 2$。

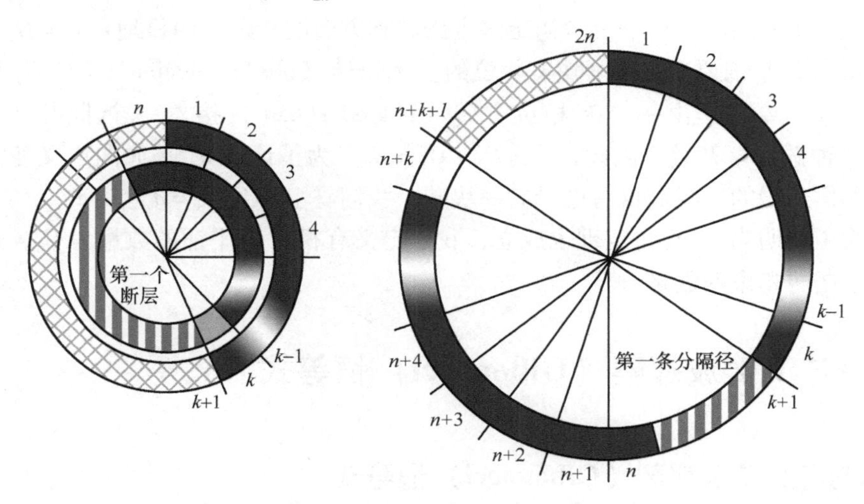

图 2.7　同心 n- 环平铺对应一个 $2n$- 环平铺

2.3 广义斐波那契数（Gibonacci 数）的组合解释

为了理解如何用组合的方法解释广义斐波那契数，我们再回头看卢卡斯数。由组合定理 2，我们知道 L_n 表示用方砖和多米诺砖平铺一个环形 n-板的方法数。我们可以将一个 n-环平铺拉直，将其视为一个 n-平铺，不过需要对第一个平铺（覆盖第一个单元格的砖）做一说明。这个说明是：如果第一个单元格处是一块多米诺砖，我们需要指出它是一块同相位的还是异相位的多米诺砖。例如，图 2.1中的 7 个 4-环平铺被拉直为图 2.8 中所示的有相位的平铺（phased tiling）。总结起来，L_n 表示了有相位的 n-平铺（phased n-平铺）的数量，其中初始的多米诺砖有两种可能的相位，初始的方砖有一种可能的相位。由此引出下面的定理。

组合定理 3 令 G_0，G_1，G_2，…，G_n 表示一列非负整数型的广义斐波那契数列。对于 $n \geqslant 1$，G_n 表示 n-平铺的数量，其中初始平铺被指定一个相位。对于一块多米诺砖的相位有 G_0 种选择，对于一块方砖的相位有 G_1 种选择。

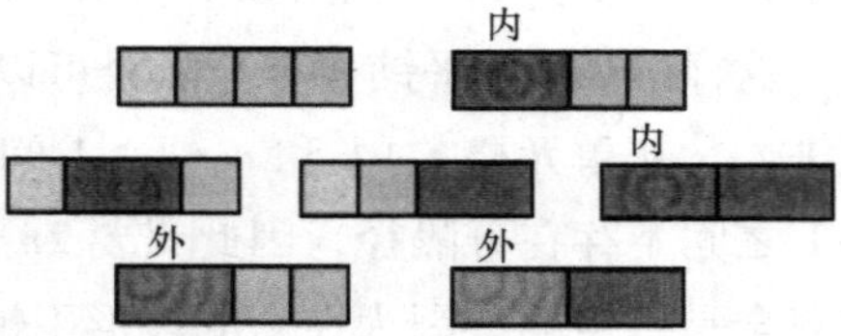

内
内
外
外

图 2.8 这 7 个 4-环平铺可以拉直为“有相位”4-环平铺

证明 令 a_n 表示有相位 n-平铺的数量，其中 G_0 和 G_1 分别表示初始多米诺砖和方砖的相位。明显地，$a_1 = G_1$。一个有相位 2-平铺要么是由一块有相位的多米诺砖（phased domino）（有 G_0 种选择）开始，要么是由一个有相位方砖（phased square）接着一个非相位方砖（有 G_1 种选择）开始。因此，$a_2 = G_0 + G_1 = G_2$。为了证明 a_n 是如同广义斐波那契数那样递增的，我们仅考虑最后一块砖，我们马上得到 $a_n = a_{n-1} + a_{n-2}$。

为了说明当 $n = 0$ 时定理也成立，我们定义有相位 0-平铺的数量为 G_0，这也是多米诺砖相位的数量。

2.4 广义斐波那契（Gibonacci）恒等式

基本的广义斐波那契（Gibonacci）恒等式

有了 G_n 的组合解释，许多等式就很显然了。例如，考虑有相位平铺的第一

块砖（见图 2.9），我们立刻得到

恒等式 37　若 $n\geqslant1$，$G_n=G_0f_{n-2}+G_1f_{n-1}$。

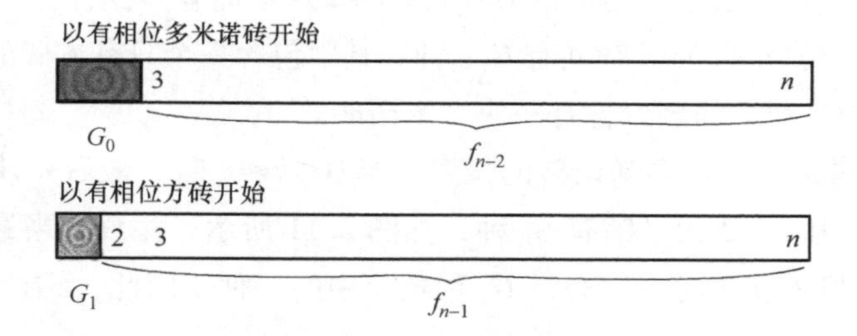

图 2.9　有相位 n- 平铺要么以有相位多米诺砖开始要么以有相位方砖开始

下一个恒等式就是第 1 章恒等式 3 的推广。

恒等式 38　若 $m\geqslant1$，$n\geqslant0$，则 $G_{m+n}=G_mf_n+G_{m-1}f_{n-1}$。

问　有多少种有相位 $(m+n)$- 平铺?

答 1　由定义可知一共有 G_{m+n} 种。

答 2　考量有相位 $(m+n)$- 平铺在第 m 个单元格是否可分，如图 2.10 所示。若可分，则有 G_mf_n 种平铺方式，该平铺由一个有相位 m- 平铺和其后的一个标准 n- 平铺组成；若不可分，则有 $G_{m-1}f_{n-1}$ 种平铺方式，该平铺包含一个有相位 $(m-1)$- 平铺，紧接着在第 m 和第 $m+1$ 个单元格处为一块多米诺砖，后面是一个标准（$n-1$）- 平铺。注意到如果 $m=1$，则 0- 平铺的相位指的是平铺第一和第二个单元格的多米诺砖。全部算起来，有 $G_mf_n+G_{m-1}f_{n-1}$ 种（$m+n$）- 平铺。

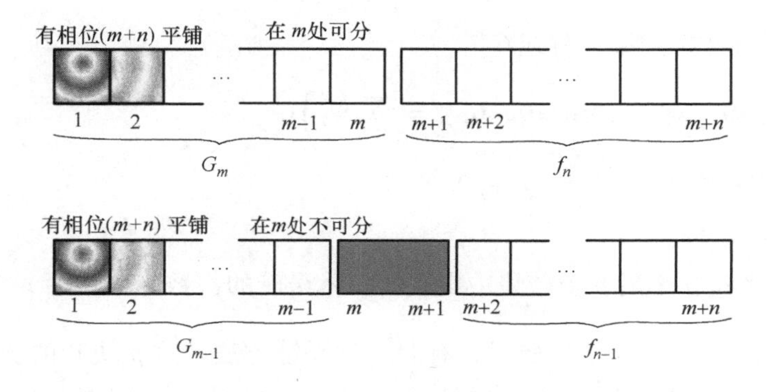

图 2.10　一个有相位 $(m+n)$- 平铺在单元格 m 是否可分

恒等式 39 对于 $n \geqslant 0$，$\sum_{k=0}^{n} G_k = G_{n+2} - G_1$。

问 至少包含一块多米诺砖的有相位$(n+2)$-平铺有多少种？

答 1 有相位$(n+2)$-平铺共有 G_{n+2}种，其中包含一个只有方砖的有相位平铺因此有 $G_{n+2} - G_1$ 种平铺至少含有一块多米诺砖。

答 2 考量最后一块多米诺砖的位置，当$0 \leqslant k \leqslant n$ 时，最后一块多米诺砖覆盖单元格 $k+1$ 和 $k+2$ 的平铺有 G_k 种，如图 2.11 所示。注意到当最后一块多米诺砖覆盖单元格 1 和 2 时，它必是 G_0 种相位中的一种。因此，结论仍然成立。

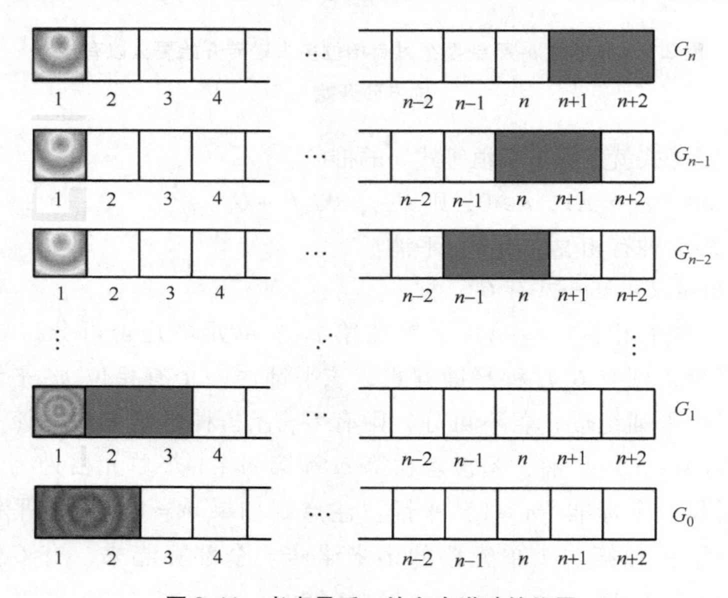

图 2.11 考虑最后一块多米诺砖的位置

以下恒等式推广第一章式 6

恒等式 40 对于 $n \geqslant p \geqslant 0$，$G_{n+p} = \sum_{i=0}^{p} \binom{p}{i} G_{n-i}$。

问 存在多少种有相位$(n+p)$-平铺？

答 1 G_{n+p}种。

答 2 考量在最后 p 个砖块中出现的多米诺砖的次数。当最后 p 个砖块中存在 i 块多米诺砖和 $p-i$ 块方砖时，有 $\binom{p}{i}$ 种平铺方法。这 p 块砖的长度为 $p+i$。平铺后剩下的单元格数为 $(n+p)-(p+i)=n-i$，有 G_{n-i} 种平铺方式（见

图2.12）。

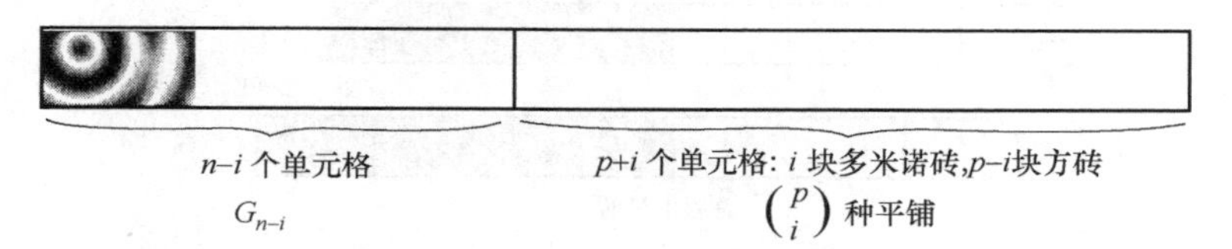

图2.12　一个有相位$(n+p)$-平铺在最后p块平铺砖中有i块多米诺砖

相似的恒等式在练习中将会出现。

成对平铺

这部分本身有一点技巧性，因为我们在这里同时平铺两块木板。为了方便起见，我们将其中的一块木板作为顶部，另一块木板作为底部。

恒等式41　对于$n\geqslant 0$，$\sum_{i=1}^{2n} G_i G_{i-1} = G_{2n}^2 - G_0^2$。

问　将两块单元格数为$2n$的木板进行相位平铺有多少种方法使得平铺对中至少含有多米诺方砖？

答1　有$G_{2n}^2 - G_0^2$种方法。因为每一块木板有G_{2n}种平铺方式，然后减去G_0^2种两块木板都仅含有多米诺砖的情况。

答2　令顶部的木板有单元格1到单元格$2n$，底部的木板有单元格2到单元格$2n+1$，如图2.13所示。因为我们考虑的相位平铺对至少包含一块方砖，则平铺对中至少有一个断面。考虑最后一个断面的位置。如果最后一个断面位于单元格i，即平铺对在单元格i处可分，则其后的单元格均不可分。如果最后一个断面位于单元格i（$i\geqslant 2$）：在断面之前，平铺顶部的木板有G_i种方式，平铺底部的木板有G_{i-1}种方式；在断面之后，两块木板均只有一种平铺方式。所有断面右侧的砖均为多米诺砖，只有一种情况除外，即当尾部长度为奇数时，在第$i+1$个单元格有一块方砖。当$i=1$时，结论稍有不同，这时平铺对有G_1G_0种。故而，当$1\leqslant i\leqslant 2n$时，最后一个断面在第i个单元格处的成对相位平铺有$G_{i-1}G_i$种。总结起来，至少含有一块方砖的成对相位平铺有$\sum_{i=1}^{2n} G_i G_{i-1}$种。

如果木板的单元格数为奇数，类似的讨论可以证明练习中的恒等式64。

这部分的恒等式基于顶部和底部有相同的初始条件（分别为G_0和G_1）的相位平铺对。然而，这些恒等式也可以推广到初始条件不一致的情况。在下文中，

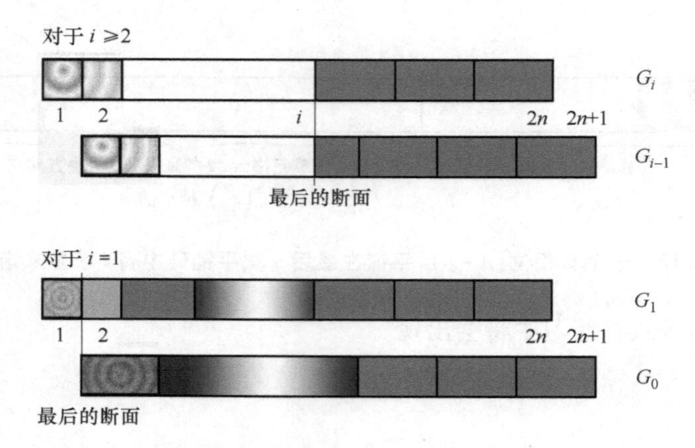

图 2.13　最后一个断面位于单元格 i

我们假定 G_0，G_1，G_2，…，G_n 和 H_0，H_1，H_2，…，H_n 均为广义斐波那契数列，但是初始条件不一定相同。例如，下一个恒等式就是恒等式 9 的推广。

恒等式 42　若 $n\geqslant 1$，$G_0H_1+\sum_{i=1}^{2n-1}G_iH_i=G_{2n}H_{2n-1}$。

问　将一个有相位 $2n$- 板和一个有相位 $(2n-1)$- 板平铺，有多少种方法，其中第一块木板有 G_0 块初始多米诺砖相位和 G_1 块初始方砖相位，第二块木板有 H_0 块初始多米诺砖相位和 H_1 块初始方砖相位？

答 1　有 $G_{2n}H_{2n-1}$ 种。

答 2　我们让顶部的木板处于单元格 1 到单元格 $2n$，底部的木板处于单元格 1 到单元格 $2n-1$。如果有断面的话，考虑最后。因为第一个木板的长为偶数，所以唯一无断面的情况就是底部木板上有一块相位方砖，其余的两块木板中都是多米诺砖，因此共有 G_0H_1 种无断面平铺。否则，与上个恒等式一样的方法，最后一个断面位于单元格 i 的平铺方法共有 G_iH_i 种，其中 $1\leqslant i\leqslant 2n-1$。

总结起来，共有 $G_0H_1+\sum_{i=1}^{2n-1}G_iH_i$ 种平铺方式，如图 2.14 所示。

长板长度为奇数时，我们可以得到类似的结果

尾部交换恒等式

这部分的恒等式利用了第一章的尾部交换技术。

恒等式 43　令 G_0，G_1，G_2，…和 H_0，H_1，H_2，…为广义斐波那契数列。则当 $0\leqslant m\leqslant n$，$G_mH_n-G_nH_m=(-1)^m(G_0H_{n-m}-G_{n-m}H_0)$。

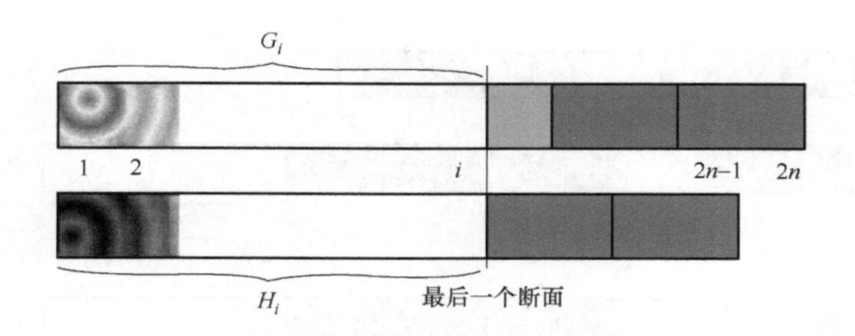

图 2.14　最后一个断面在单元格 i 处的平铺有 G_iH_i 种

集合 1　由一个有相位 m- 板和一个有相位 n- 板组成的平铺对，其中 m- 板的初始条件由 G_0，G_1 确定，n- 板的初始条件由 H_0，H_1 确定。集合的大小为 G_mH_n。

集合 2　由一个有相位 n- 板和一个有相位 m- 板组成的平铺对，其中 n- 板的初始条件由 G_0，G_1 确定，m-板的初始条件由 H_0，H_1 确定。集合的大小为 G_nH_m。

对应关系　一旦我们画出适当的图，这个恒等式的意义就会很明显。将 m-板放置于 n- 板的上方，如图 2.15 所示。尾部交换提供了两个集合中有断面平铺对的一一对应关系。无断面的平铺取决于 m。如图 2.15 所示，当 m 为偶数，集合 1 中的无断面平铺对是这样的：上方的木板中有 $m/2$ 块多米诺砖，下方木板的开始位置为一块相位方砖，紧接着为 $m/2$ 块多米诺砖，然后是非相位 $(n-m-1)$-平铺。因此，集合 1 中无断面平铺对的数量为 $G_0H_1f_{n-m-1}$。同理，集合 2 中无断面平铺的数量为 $G_1H_0f_{n-m-1}$。于是，当 m 为偶数时，集合 1 与集合 2 在平铺对数量上的差值为集合 1 的无断面平铺的数目减去集合 2 的无断面平铺的数目。即

$$G_mH_n - G_nH_m = G_0H_1f_{n-m-1} - H_0G_1f_{n-m-1}。$$

其中，因为两个 $(n-m)$- 平铺均以相位方砖开始，所以 $H_1f_{n-m-1} = H_{n-m} - H_0f_{n-m-2}$。

同理 $G_1f_{n-m-1} = G_{n-m} - G_0f_{n-m-2}$。因此，

$$G_mH_n - G_nH_m = G_0H_{n-m} - H_0G_{n-m},$$

其中 $G_0H_0f_{n-m-2}$ 项相抵消了。

乍一看，下一个恒等式看起来像恒等式 43 的推广，但它只不过是变量发生变化。如果我们将广义斐波那契数列 H_0，H_1，H_2，…转化到 H_k，H_{k+1}，H_{k+2}，…，我们得到另一个广义斐波那契数列。然后令 $n = m + h$，可以得到

恒等式 44　令 G_0，G_1，G_2，…和 H_0，H_1，H_2，…为广义斐波那契数列。则当 m，h，$k \geqslant 0$，$G_mH_{m+h+k} - G_{m+h}H_{m+k} = (-1)^m(G_0H_{h+k} - G_hH_k)$。

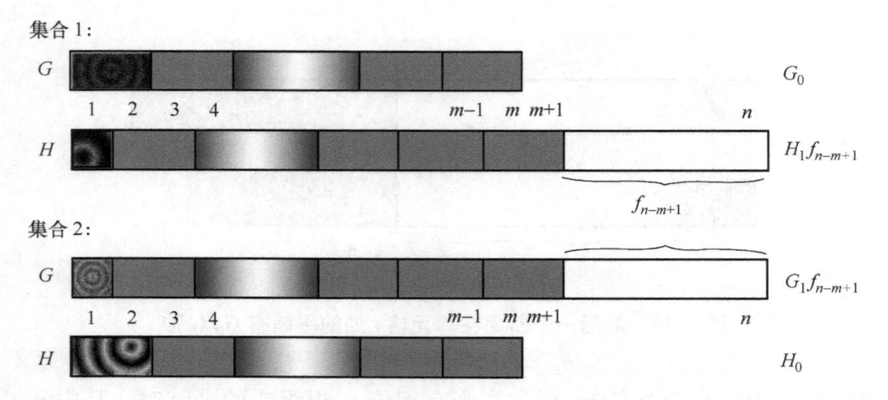

图 2.15 当 m 是偶数，集合 1 中有 $G_0H_1f_{n-m-1}$ 种无断层平铺，集合 2 中有 $G_1H_0f_{n-m-1}$ 种无断面平铺

如下对恒等式 33 的推广，可以引出一个神奇的应用。

恒等式 45 若 $0 \leqslant m \leqslant n$，则 $G_{n+m} + (-1)^m G_{n-m} = G_n L_m$。

集合 1 由有相位 $(n+m)$- 平铺组成的集合，集合大小为 G_{n+m}。

集合 2 有序对（A，B）的集合，这里 A 为有相位 n- 平铺，B 为一个 m- 环平铺，这个集合大小为 $G_n L_m$。

对应关系 当 $m=0$ 时，这个恒等式无疑是正确的，所以我们假定 $m \geqslant 1$，我们在这两个集合中创建一个几乎一一对应关系。令 P 为一个有相位 $(n+m)$- 平铺，如果 P 在单元格 n 处可分，则将 P 的前 n 个单元格构建一个有相位 n- 平铺 A，将单元格 $n+1$ 到 $n+m$ 构建同相位 m- 环平铺 B，如图 2.16 所示。如果 P

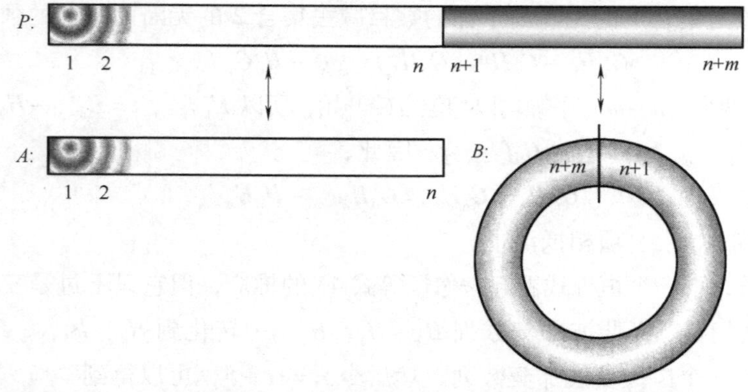

图 2.16 可分有相位 $(n+m)$- 平铺转化为有相位 n- 平铺和同相 m- 环平铺

在单元格 n 处不可分，则创建如图 2.17 所示的平铺对，即顶部为将 P 中的单元格 1 到单元格 $n-1$ 取出构建一个有相位$(n-1)$-平铺，底部平铺为一个非相位$(m+1)$-平铺，开始为一块多米诺砖，紧接着为 P 中的单元格 n 到单元格 $n+m$。现在进行尾部交换，如果可能的话，创建大小分别为 n 和 m 的平铺对，其中 n-平铺为标明相位的，m-平铺无相位，但以多米诺砖为开始。这样就自然得到一个有相位平铺和一个异相位 m-环平铺。

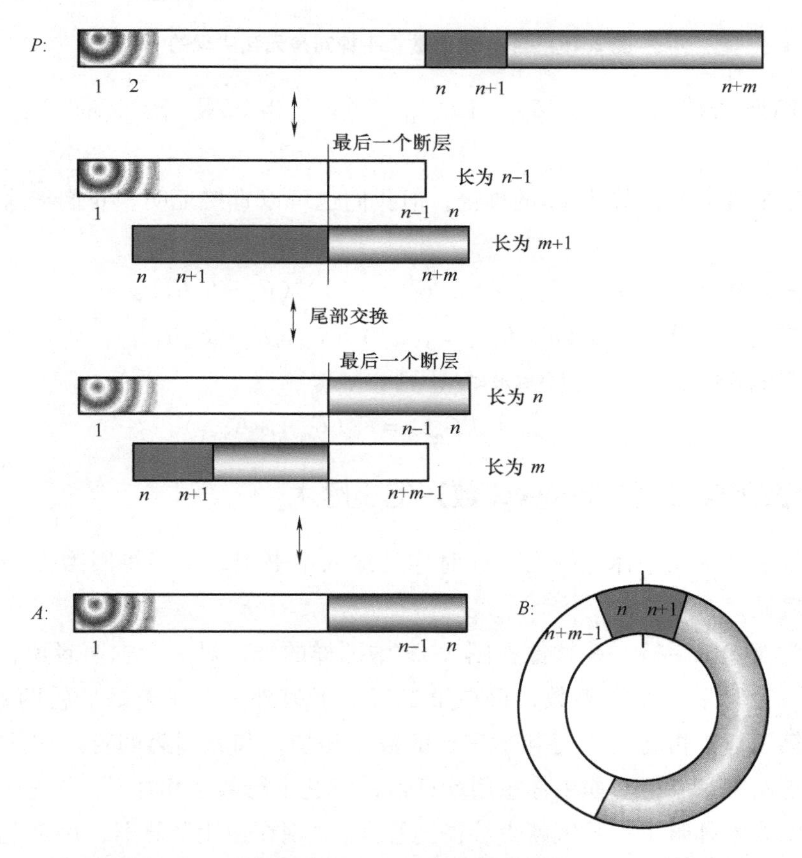

图 2.17　不可分有相位$(n+m)$-平铺转化为有相位 n-平铺和异相位m-环平铺

什么时候不能进行尾部交换？当 m 是偶数，$(m+1)$-平铺一定至少有一块方砖，于是至少有一个断层。所以当 m 是偶数，我们经常可以尾部交换，但是有 G_{n-m} 种情况不能构成平铺对，即底部的 m-平铺均为多米诺砖，且有相位 n-平铺从单元格 $n-m+1$ 到单元格 n 仅铺多米诺砖（见图 2.18）。因此，当 m 为偶数时，

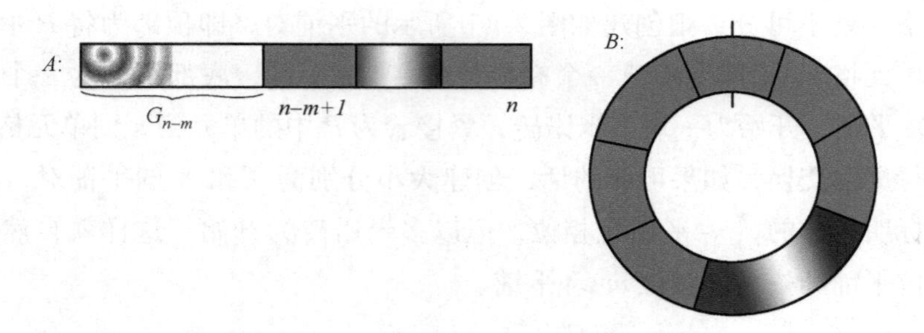

图 2.18　当 m 是偶数，平铺对是无法实现的

正如我们所期待的 $G_nL_m = G_{n+m} + G_{n-m}$，同理，当 m 是奇数，有 $G_{n+m} = G_nL_m + G_{n-m}$。

如下的性质是恒等式 44 的推论，但我们也可以直接证明。我们把这些留给读者。

恒等式 46　若 $n \geqslant 1$，$G_{n+1}G_{n-1} - G_n^2 = (-1)^n(G_1^2 - G_0G_2)$。

恒等式 47　若 $0 \leqslant m \leqslant n$，$H_{n-m} = (-1)^m(F_{m+1}H_n - F_mH_{n+1})$。

恒等式 48　若 $n \geqslant 1$ 和 $0 \leqslant m \leqslant n$，则

$$G_{n+m} - (-1)^mG_{n-m} = F_m(G_{n-1} + G_{n+1})。$$

广义斐波那契数（Gibonacci 数）的小魔术

让我们从证明中休息一会。此时你已深入本书中，我们将回赠你一些数学中的小魔法。

数学魔术师手握一叠就像在图 2.19 中那样的纸，对一个志愿者说："悄悄地在第一行写下一个正整数，再在第二行写下另外一个正整数。将两数相加，和写到第三行，再将第二行和第三行的数字相加，和写到第四行。如此进行下去，直至写到第十行。如果你想用计算器，将这十行数字相加。"当观众正相加时，数学魔术师瞥了一眼纸就直接得到答案。"现在使用计算器，用第九行的数字去除第十行的数字，然后宣布你答案的前三个数字。你说什么？1.61？现在翻开纸看我之前写的。"在纸的背面写着"我预测答案是 1.61"。

这个魔术的原因很简单。首先，观察图 2.20，设第一行为 x，第二行为 y，则从第一行到第十行总数是 $55x + 88y$，幸运地（实际上，通过下一个恒等式），在第七行的数是 $5x + 8y$。即最后的结果为第七行的 11 倍。

至于这个比例，它和一个代数错误密切相关，对于任意两个满足这个关系

的分数$\frac{a}{b}<\frac{c}{d}$（其中的分子分母都是正数）我们称$\frac{a+c}{b+d}$为中间数（有时称为新生和[⊖]），不难得到

$$\frac{a}{b}<\frac{a+c}{b+d}<\frac{c}{d}$$

于是，比值（第十行）/（第九行）满足

$$1.615\cdots=\frac{21}{13}=\frac{21x}{13x}<\frac{21x+34y}{13x+21y}<\frac{34y}{21y}=\frac{34}{21}=1.619\cdots$$

魔术的第一部分是恒等式49的特殊情况，可以根据恒等式39和恒等式45直接得到。

恒等式49　若$n\geqslant 0$，$\sum_{i=0}^{4n+1}G_i=G_{2n+2}L_{2n+1}$。

1	
2	
3	
4	
5	
6	
7	
8	
9	
10	
总和	

图2.19　给定一个G序列，第一行和第二行为正整数

1	x
2	y
3	$x+y$
4	$x+2y$
5	$2x+3y$
6	$3x+5y$
7	**$5x+8y$**
8	$8x+13y$
9	$13x+21y$
10	$21x+34y$
总和	**$55x+88y$**

图2.20　十行数的总和为第七行的11倍

⊖　校者注：这是新生计算分数和时常犯的错误，所以称为“新生和”。

2.5 注记

爱德华·卢卡斯[1]是第一个将数列0，1，1，2，3，5，8…称为斐波那契数列的人。卢卡斯数的组合学解释出现在[8，20，44，54]，包括回路图（cycle graph）中独立顶点的独立集合、没有连续0出现的二进制循环序列以及不以多米诺砖为开端或结尾的平铺。

广义斐波那契数的组合学解释出现在文献[13]，斐波那契数的其他推广将会出现在下一章。

2.6 练习

通过直接的组合意义论证证明下列恒等式。

恒等式 50 若 $n\geqslant 2$，则 $L_n = f_{n-1} + 2f_{n-2}$。

恒等式 51 若 $n\geqslant 0$，则 $f_{n-1} + L_n = 2f_n$。

恒等式 52 若 $n\geqslant 0$，则 $5f_n = L_{n+1} + 2L_n$。

恒等式 53 若 $n\geqslant 0$，则 $5f_n^2 = L_{n+1}^2 + 4(-1)^n$。

恒等式 54 若 $n\geqslant 1$，则 $L_1^2 + L_3^2 + \cdots + L_{2n-1}^2 = f_{4n-1} - 2n$。

恒等式 55 若 $n\geqslant 0$，则 $L_{2n+1} - L_{2n-1} + L_{2n-3} - L_{2n-5} + \cdots \pm L_3 \mp L_1 = f_{2n+1}$。

恒等式 56 若 $n\geqslant 2$，则 $L_n^4 = L_{n-2}L_{n-1}L_{n+1}L_{n+2} + 25$。

恒等式 57 若 $n\geqslant 0$，$\sum\limits_{r=0}^{n} L_r L_{n-r} = (n+1)L_n + 2f_n$。

恒等式 58 若 $n\geqslant 2$，$5\sum\limits_{r=0}^{n-2} f_r f_{n-2-r} = nL_n - f_{n-1}$。

恒等式 59 若 $n\geqslant 2$，$G_n^4 = G_{n+2}G_{n+1}G_{n-1}G_{n-2} + (G_2G_0 - G_1^2)^2$。

恒等式 60 若 $n\geqslant 1$，$L_n^2 = L_{n+1}L_{n-1} + (-1)^n \cdot 5$。

恒等式 61 若 $n\geqslant 0$，$\sum\limits_{k=1}^{n} G_{2k-1} = G_{2n} - G_0$。

恒等式 62 若 $n\geqslant 0$，$G_1 + \sum\limits_{k=1}^{n} G_{2k} = G_{2n+1}$。

---

[1] Edouard Lucas，Lucas 发音为卢卡。

恒等式63 若m，p，$t\geqslant 0$，$G_{m+(t+1)p}=\sum_{i=0}^{p}\binom{p}{i}f_t^i f_{t-1}^{p-i}G_{m+i}$。

恒等式64 若$i\geqslant 1$，$\sum_{i=1}^{n-1}G_{i-1}G_{i+2}=G_n^2-G_1^2$。

恒等式65 若$n\geqslant 2$，$G_{n+1}^2=4G_{n-1}G_n+G_{n-2}^2$。

恒等式66 若$n\geqslant 1$，$\sum_{i=1}^{n-1}G_{i-1}G_{i+2}=G_n^2-G_1^2$。

恒等式67 若$n\geqslant 1$，$G_0G_1+\sum_{i=1}^{n-1}G_i^2=G_nG_{n-1}$。

恒等式68 令G_0，G_1，G_2，…和H_0，H_1，H_2，…为广义斐波那契数（Gibonacci数）列，当$1\leqslant m\leqslant n$时，有$G_mH_n-G_{m-1}H_{n+1}=(-1)^m(G_0H_{n-m+2}-G_1H_{n-m+1})$。

恒等式69 $G_{n+1}+G_n+G_{n-1}+2G_{n-2}+4G_{n-3}+8G_{n-4}+\cdots+2^{n-1}G_0=2^n(G_0+G_1)$。

恒等式70 若$n\geqslant 0$，$G_{n+3}^2+G_n^2=2G_{n+1}^2+2G_{n+2}^2$。

更多的练习

1. 将广义斐波那契数（Gibonacci 数）列G_0，G_1，G_2，…按m进行转换得到另一个广义斐波那契数（Gibonacci 数）列G_m，G_{m+1}，G_{m+2}，…。证明将G_i转换成G_{i+m}可以从恒等式37得到恒等式38。

2. 卢卡斯数有多种组合解释。通过建立一个一一对应，证明下面的解释与用方砖和多米诺砖进行环形平铺的解释是等价的。

（a）当$n\geqslant 2$，L_n表示由不连续的0构成的环形二进制序列，且这些环形二进制序列中不含相邻的0。

（b）当$n\geqslant 1$，L_n表示将$(n+1)$-板进行平铺的平铺数，其中平铺不以多米诺砖开始和结束。

第3章

线性递推

定义　给定整数c_1，…，c_k，k阶线性递推为已知a_0，a_1，…，a_{k-1}对于任意的$n \geqslant k$，$a_n = c_1 a_{n-1} + c_2 a_{n-2} + \cdots + c_k a_{n-k}$。

定义　给定整数s，t，定义第一类卢卡斯数列为设$U_0 = 0$，$U_1 = 1$，当$n \geqslant 2$，$U_n = sU_{n-1} + tU_{n-2}$。为方便起见，我们仍可以表示为当$n \geqslant -1$，$u_n = U_{n+1}$。特别地，当$s = t = 1$时，即为斐波那契数，即$U_n = F_n$和$u_n = f_n$。

定义　给定整数s，t，定义第二类卢卡斯数列为设$V_0 = 2$，$V_1 = s$，当$n \geqslant 2$，$V_n = sV_{n-1} + tV_{n-2}$。特别地，当$s = t = 1$时，即为卢卡斯数，$V_n = L_n$。

对斐波那契数的推广

斐波那契数的递推可以延伸到多个方向。根据初始条件的不同，对斐波那契数的推广可以由以下的递推生成。

$a_n = a_{n-1} + a_{n-2}$，

$a_n = a_{n-1} + a_{n-2} + \cdots + a_{n-k}$，

$a_n = a_{n-1} + a_{n-k}$，

$a_n = sa_{n-1} + ta_{n-2}$。

在本章，我们将进一步从组合的角度解释k阶线性递推

$$a_n = c_1 a_{n-1} + c_2 a_{n-2} + \cdots + c_k a_{n-k}。$$

其中c_1，c_2，…，c_k为非负整数。为了组合的目的，我们首先在理想的初始条件下描述这些数，之后，我们再处理其他初始条件的情况。在本章的最后，我们还会对在任意初始条件下系数c_1，c_2，…，c_k为负数、无理数或复数的恒等式进行组合说明。

3.1　线性递推的组合解释

当初始条件刚刚好时，K阶线性递推的组合解释格外简单。

组合定理4　设 c_1，c_2，…，c_k 为非负整数，令 u_0，u_1，…为满足以下递推关系的序列：对于 $n\geqslant 1$，

$$u_n = c_1u_{n-1} + c_2u_{n-2} + \cdots + c_ku_{n-k} \tag{3.1}$$

其中，我们取“理想的”初始条件 $u_0=1$，且当 $j<0$，$u_j=0$。那么对所有 $n\geqslant 0$，u_n 可以看作是对长为 n 的木板进行着色平铺的方法数，且使用的砖最大长度为 k。当 $1\leqslant i\leqslant k$ 时，对长为 i 的砖可选 c_i 种颜色中的一种。

证　若 $n\leqslant 0$，则定理为真。与之前的证明相类似，考量最后一块砖。对于 $n\geqslant 1$ 和 $1\leqslant i\leqslant k$，n-板中长为 i 的最后一块砖有 c_iu_{n-i}种方式取得。综合 i 的取值，则可得式（3.1）。

当 $k=2$ 时，在理想的初始条件下可以得到第一类卢卡斯数，则定理4可以简化为

组合定理5　令 s，t 为非负整数，设 $u_0=1$，$u_1=s$，当 $n\geqslant 2$ 时，有

$$u_n = su_{n-1} + tu_{n-2} \tag{3.2}$$

那么当 $n\geqslant 0$，u_n 表示对 n-板用方砖和多米诺砖进行着色平铺的方法数，其中有 s 种颜色的方砖和 t 种颜色的多米诺砖。

当 $s=t=1$，u_n 为斐波那契数：$u_n=f_n=F_{n-1}$。

在上一章，我们已经看到卢卡斯数和斐波那契数之间的密切联系。类似地，序列 u_n 也有一个“伙伴”，即为第二类卢卡斯数。当 $s=t=1$，V_n 为传统的卢卡斯数，即 $V_n=L_n$。我们将以下定理的证明留给读者。

组合定理6　令 s，t 为非负整数，设 $V_0=2$，$V_1=s$，当 $n\geqslant 2$ 时，有

$$V_n = sV_{n-1} + tV_{n-2} \tag{3.3}$$

那么当 $n\geqslant 0$ 时，V_n 表示对环形 n 板的着色平铺，其中我们使用有 s 种颜色的方砖和 t 种颜色的多米诺砖。

前两章的所有定理都可以通过染色而自然的推广。例如斐波那契-卢卡斯恒等式 $f_{2n-1}=f_{n-1}L_n$ 在进行着色时仍然成立。

恒等式71　若 $n\geqslant 1$，$u_{2n-1}=u_{n-1}V_n$。

此恒等式的证明过程与恒等式33的证明过程相同。我们只需用有颜色的方砖和多米诺砖代替无颜色的方砖和多米诺砖。

回顾第二章的恒等式34，若 $n\geqslant 0$，则 $5f_n=L_n+L_{n+2}$。在我们的证明中，每一个 n-平铺可以衍生出5个环平铺（bracelet），每一个长为 n 或 $n+2$ 的环平铺（bracelet）确保使用一次。若加入颜色的话，可得

恒等式 72 若 $n \geqslant 0$，$(s^2+4t)u_n = tV_n + V_{n+2}$。

此恒等式的证明与恒等式 34 类似，区别是每个着色 n- 平铺产生 s^2+4t 个环平铺（bracelets）。在此过程中，每个着色 n- 环平铺产生 t 次，每个着色 $(n+2)$- 环平铺恰好产生一次。更多的证明细节详见附录。另外，s^2+4t 会频繁地出现在斐波那契推广恒等式和卢卡斯恒等式中，可称之为判别式。

在第八章，我们证明就连斐波那契数的最大公因子性质也可以非常自然地推广：设 s，t 为互素的非负整数，U_m，U_n 为第一类卢卡斯数。

那么
$$\gcd(m, n) = g \Rightarrow \gcd(U_m, U_n) = U_g。$$

更多的恒等式可参考本章末的练习。

我们如何处理任意初始条件呢？好比上一章的广义斐波那契（Gibonacci）数，初始条件引入了初始砖块的相位。下面我们从二阶线性递推着手。

组合定理 7 令 s，t，a_0，a_1 为非负整数，若 $n \geqslant 2$，定义 $a_n = sa_{n-1} + ta_{n-2}$。若 $n \geqslant 1$，a_n 可看作是将 n- 板用方砖和多米诺砖进行平铺的方法数，其中方砖有 s 种颜色和多米诺砖 t 种颜色但第一块砖无色。初始砖[⊖]有相位：初始方砖有 a_1 种相位，初始多米诺砖有 ta_0 种相位。

证 平铺 1- 板的方法有 a_1 种（仅用一块相位方砖）。平铺 2- 板（用两块方砖或仅用一块相位多米诺砖）的方法有 $sa_1 + ta_0 = a_2$ 种。由此进行归纳，考量最后一块砖，我们得到对于 $n \geqslant 2$，平铺 n- 板的方法有 $sa_{n-1} + ta_{n-2} = a_n$ 种，得证。

我们称此种平铺为相位着色平铺，并规定 0- 板有 a_0 种相位着色平铺。

最后，我们将组合定理 4 进行推广，调整其初始条件得

组合定理 8 令 c_1，c_2，…，c_k，a_0，a_1，…，a_{k-1} 为非负整数，若 $n \geqslant k$，定义

$$a_n = c_1 a_{n-1} + c_2 a_{n-2} + \cdots + c_k a_{n-k} \tag{3.4}$$

若初始条件满足

$$a_i \geqslant \sum_{j=1}^{i-1} c_j a_{i-j} \tag{3.5}$$

其中 $1 \leqslant i \leqslant k$，

那么对于 $n \geqslant 1$，a_n 可以看作用长度至多为 k 的着色砖平铺 n- 板的方法数，

⊖ 校者注：这里作者特意称“第一块砖”为“初始砖”，以引导读者用其他数学分支（例如动力系统）的语言思考。

除了第一块砖，每一块砖都有（一种）颜色。特别地，对于$1\leqslant i\leqslant k$，每一种长为i的砖可赋予c_i种不同的颜色，但是长为i的初始砖被赋予p_i个相位的一种，其中

$$p_i=a_i-\sum_{j=1}^{i-1}c_ja_{i-j} \tag{3.6}$$

证 由不等式（3.5），p_i为非负整数，其中$1\leqslant i\leqslant k$。当$1\leqslant n\leqslant k$时，一个n-板的相位着色平铺或者是由一块长度为n的相位砖组成，或者以长为i的着色砖结束，其中$1\leqslant i\leqslant n-1$。此类的平铺数为

$$p_n+\sum_{i=1}^{n-1}c_ia_{n-i}=\left(a_n-\sum_{j=1}^{n-1}c_ja_{n-j}\right)+\sum_{i=1}^{n-1}c_ia_{n-i}=a_n。$$

当$n>k$时，平铺必然至少有两块砖。因此，最后一块砖（称其长为i）可被赋予c_i种颜色中的一种，前面是长为$n-i$的相位着色n平铺。因此，相位着色n平铺（有相位着色n-平铺）满足递推式（3.4）。得证。

我们注意到由k次线性递推方程（3.6）和（3.4）可得到以下非负条件：

$$p_k=a_k-\sum_{i=1}^{k-1}c_ia_{k-i}=c_ka_0 \tag{3.7}$$

故而不等式（3.5）对于$i=k$和$i=1$都是成立的。这正是二次递推式的初始条件没有限制的原因。

尽管对于$k>2$，组合定理8的初始条件需要满足不等式（3.5），建立在不等式（3.5）之上的恒等式对所有初始条件都是成立的。此证明可由［4］中的线性代数方法或者本章最后的组合解释得到。

需要注意的是，组合定理4的理想初始条件使得对于任意$1\leqslant i\leqslant k$，$p_i=u_i-\sum_{j=1}^{i-1}c_ju_{i-j}=c_iu_0=c_i$。因此，长为$i$的初始砖块与其他长为$i$的砖有同样多的选择。故而，$u_n$为长为$n$的非相位着色平铺的方式数，正如组合定理4所述。

3.2 二阶递推恒等式

这一部分的恒等式和证明是对第2章所出现的恒等式的推广。设序列a_0，a_1，a_2，…由如下递推关系生成：当$n\geqslant 2$，$a_n=sa_{n-1}+ta_{n-2}$，其中a_0和a_1为任意非负整数。由组合定理7，a_n表示相位着色n平铺（phased colored n-tiling）的方法数，其中初始方砖有$p_1=a_1$种可能的相位，初始多米诺砖有$p_2=ta_0$种可

能的相位。令 u_n 为非相位着色 n- 平铺（unphased colored n- tiling）平铺的方法数，其中 u_n 满足同一递推关系，这里 $u_0=1$ 和 $u_1=s$。令 s 和 t 为非负整数。当 $s=t=1$ 时，$a_n=G_n$（n 阶广义斐波那契 Gibonacci 数）且 $u_n=f_n$。

第一个恒等式是恒等式 38 的推广，$G_{m+n}=G_m f_n+G_{m-1}f_{n-1}$。

恒等式 73 若 m，$n\geqslant 1$，则 $a_{m+n}=a_m u_n+ta_{m-1}u_{n-1}$。

问 有多少相位着色（$m+n$）平铺（其中，初始方砖有 a_1 个相位，初始多米诺砖有 ta_0 个相位)？

答 1 由组合定理 7，有 a_{m+n}种方法。

答 2 考量相位着色（$m+n$)- 平铺在单元格 m 是否可分。如图 3.1 所示，如果可分，则平铺数为 $a_m u_n$，因为平铺包含一个相位着色 m- 平铺，其后为非相位着色 n- 平铺(unphased colored n- 平铺)。如果不可分，则平铺数为$a_{m-1}tu_{n-1}$，即平铺包含一个有相位($m-1$)- 平铺，其后覆盖单元格 m 和 $m+1$ 的是一块着色多米诺砖，然后为一个非相位着色($n-1$)- 平铺。（当 $m=1$ 时，论证略有不同)。总共有 $a_m u_n+ta_{m-1}u_{n-1}$ 相位着色（$m+n$)- 平铺。

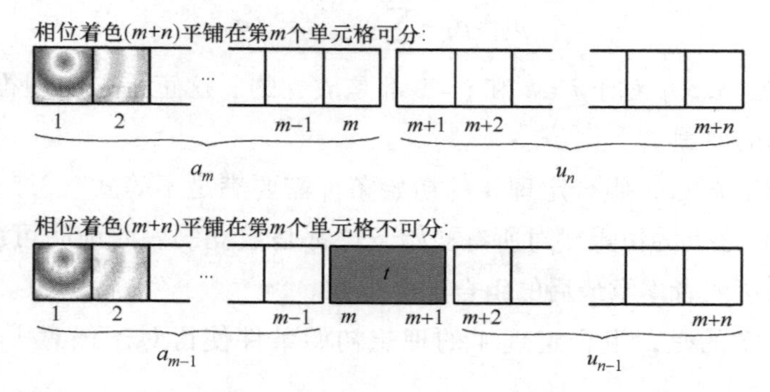

图 3.1 一个相位着色（$m+n$)- 平铺在第 m 个单元格是否可分

接下来，我们将恒等式 39 推广到非相位着色平铺，其中 $a_0=1$，$a_1=s$，当 $n\geqslant 2$ 时，$a_n=sa_{n-1}+ta_{n-2}$。

恒等式 74 若 $n\geqslant 2$，则

$$a_n-1=(s-1)a_{n-1}+(s+t-1)(a_0+a_1+\cdots+a_{n-2})。$$

问 着色 n- 平铺有多少种平铺方法，其中不包含只有白色方砖的情况？

答 1 令 $a_0=1$，$a_1=s$ 为理想的初始条件，有 a_n-1 种平铺。

答 2 根据最后一个非白色方砖的砖，我们可将平铺进行分割。假设最后一个非白色砖出现在第 k 个单元格。若 $k=n$，则最后一个砖为方砖且有$s-1$种颜

色的选择。因此，在它之前有 a_{n-1} 种着色平铺，进而以非白色方砖结尾的平铺总数为 $(s-1)a_{n-1}$。当 $1\leqslant k\leqslant n-1$ 时，覆盖单元格 k 的砖可以是任意颜色的多米诺砖或者非白色方砖。因此，这块砖有 $s+t-1$ 种选择，而之前的单元格有 a_{k-1} 种平铺方式。全部相加有 $(s-1)a_{n-1}+\sum_{k=1}^{n-1}(s+t-1)a_{k-1}$ 种着色 n-平铺，得证。

注意到，我们可以根据最后一块砖不是颜色为 1，2，…c 的方砖分割平铺，这使以上的证明非常容易推广。于是我们可得

恒等式 75 对于任意 $1\leqslant c\leqslant s$，当 $n\geqslant 0$ 时，

$$a_n-c^n=(s-c)a_{n-1}+[(s-c)c+t](a_0c^{n-2}+a_1c^{n-3}+\cdots+a_{n-2})。$$

对于非着色平铺，成对着色平铺恒等式可通过考量最后一个断层和尾部交换得到。更多的例子见练习。

3.3 三阶递推恒等式

现在我们考虑由以下递推产生的序列 a_0，a_1，a_2，…：对于 $n\geqslant 3$，有 $a_n=c_1a_{n-1}+c_2a_{n-2}+c_3a_{n-3}$，其中 a_0，a_1，a_2 为非负整数。为了最简便地组合解释，我们需要规定 c_1，c_2，c_3 为非负数且满足不等式（3.5），即 $a_2\geqslant c_1a_1$。由组合定理 8 和等式（3.7），a_n 为用方砖，多米诺砖和三米诺（长为 3）平铺有相位着色 n 平铺的数量，其中方砖有 c_1 种颜色，多米诺砖有 c_2 种颜色，三米诺有 c_3 种颜色，并且初始方砖有 $p_1=a_1$ 种可能的相位，初始多米诺砖有 $p_2=a_2-c_1a_1$ 种可能的相位，初始三米诺有 $p_3=c_3a_0$ 种可能的相位。令 u_n 为非相位着色 n-平铺的平铺数量，其中 u_n 满足如下递推关系：$u_0=1$，$u_1=c_1$ 和 $u_2=c_1^2+c_2$。

恒等式 76 若 m，$n\geqslant 2$，则

$$a_{m+n}=a_mu_n+c_2a_{m-1}u_{n-1}+c_3(a_{m-2}u_{n-1}+a_{m-1}u_{n-2})。$$

问 用方砖，多米诺砖和三米诺平铺有相位着色 $(m+n)$-平铺有多少种方法，其中方砖有 c_1 种颜色，多米诺砖有 c_2 种颜色，三米诺砖有 c_3 种颜色，并且初始方砖有 $p_1=a_1$ 种可能的相位，初始多米诺砖有 $p_2=a_2-c_1a_1$ 种可能的相位，初始三米诺有 $p_3=c_3a_0$ 种可能的相位。

答 1 由组合定理 8，有 a_{m+n} 种。

答 2 考量覆盖单元格 m 和 $m+1$ 的砖的长。如图 3.2 所示，如同恒等式 73

的证明，如果可分，则有 $a_m u_n$ 种平铺方式；如果第 m 和第 $m+1$ 个单元格被多米诺砖覆盖，则有 $a_{m-1}c_2u_{n-1}$ 种平铺方式；如果第 m 和第 $m+1$ 个单元格被三米诺砖覆盖，则有两种方式。如图 3.2 所示。这样的平铺有 $a_{m-2}c_3u_{n-1}+a_{m-1}c_3u_{n-2}$ 种。全部算起来，共有 $a_mu_n+c_2a_{m-1}u_{n-1}+c_3(a_{m-2}u_{n-1}+a_{m-1}u_{n-2})$ 种有相位的着色 $(m+n)$ 平铺。

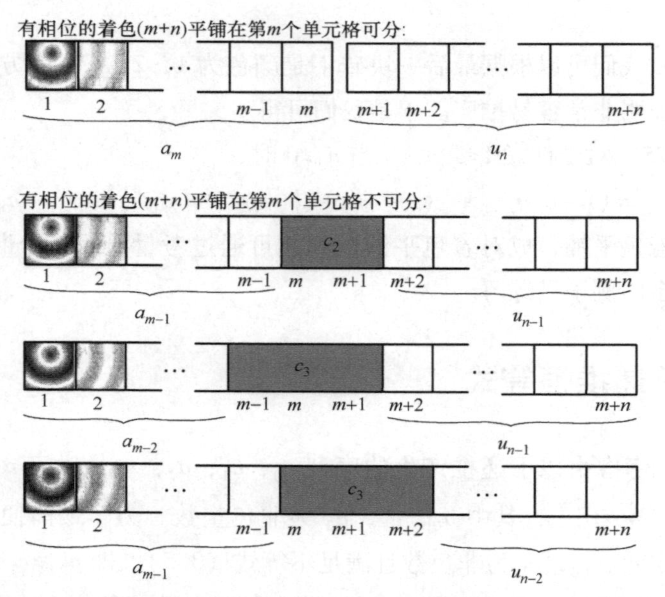

图 3.2　一个有相位的着色 $(m+n)$ 平铺或者在单元格 m 处可分，或者一块多米诺砖覆盖单元格 m 和 $m+1$，或者一块三米诺以两种方式覆盖单元格 m 和 $m+1$

下一个恒等式是对一个泰波那契数（Tribonacci 数）恒等式的推广（定义 $T_n=T_{n-1}+T_{n-2}+T_{n-3}$，其中 $T_0=T_1=1$，$T_2=2$）：

$$\sum_{i=1}^{n}T_i=\frac{1}{2}(T_{n+2}+T_n-3)。$$

更一般地，对于三阶递推，我们有

恒等式 77　若 $n\geqslant 0$，则

$$c_1^n(c_1a_2+c_3a_0)+(c_1c_2+c_3)\sum_{i=1}^{n}c_1^{n-i}a_i=c_1a_{n+2}+c_3a_n。$$

问　有多少种相位着色 $(n+3)$-平铺，其中有 c_1 种着色方砖，c_2 种着色多米诺砖和 c_3 种着色三米诺，初始相位如同组合定理 8 的情况，并以方砖或三米诺砖结尾。

答1 考量最后一个平铺，有 $c_1a_{n+2}+c_3a_n$ 种平铺方式。

答2 考量最后一块多米诺砖或三米诺的位置。如图3.3所示我们假设最后一块砖为多米诺砖或三米诺的有相位着色 $(n+3)$ 平铺在单元格 $i+1$ 处出现其中 $1\leqslant i\leqslant n$。注意，我们的最终条件不允许最后一块多米诺砖在单元格 $n+2$ 处出现。因此覆盖单元格 $i+1$，$i+2$，$i+3$ 的平铺有 $(c_1c_2+c_3)c_1^{n-i}a_i$ 种，它可能为一个单独的三米诺，或者为多米诺砖加一块方砖（$c_3+c_2c_1$ 种选择），紧接着第 $i+3$ 个单元格之后的必为方砖（c_1^{n-i} 种选择）覆盖单元格1到 i 的任意平铺方式（a_i 种选择）。还有没有被计算到的平铺为以一个相位砖开始，其后全为方砖的情况。这样的平铺有 $p_3c_1^n=c_3a_0c_1^n$ 种以三米诺为开端的。另外，我们有一个2-平铺，随后全部为方砖（故有 $a_2c_1^{n+1}$ 种方式），这些平铺有 $c_1^n(c_3a_0+c_1a_2)$ 种方法。

总之，我们可有 $c_1^n(c_1a_2+c_3a_0)+(c_1c_2+c_3)\sum_{i=1}^{n}c_1^{n-i}a_i$ 种方法。

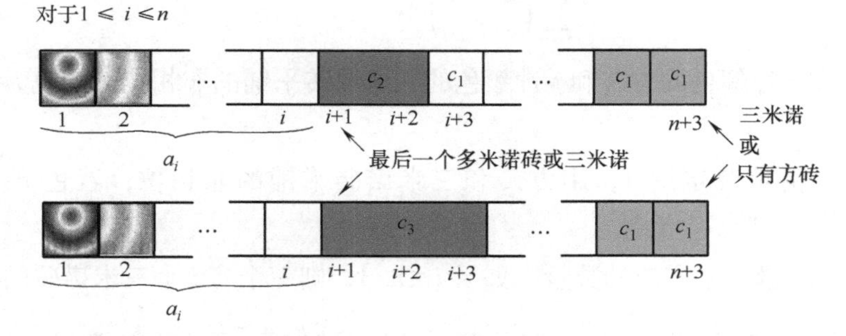

图3.3 如果最后一个平铺为方砖或三米诺，则考量最后一块多米诺砖或三米诺的位置

我们以由三次线性递推决定的整数序列的特殊形式作为这一部分的结束。三波那契数[⊖]（3-bonacci）被定义为 $u_n=u_{n-1}+u_{n-3}$，其中初始条件为 $u_0=1$，且当 $j<0$ 时，$u_j=0$。则开始的一些3-bonacci数为

1，1，1，2，3，4，6，9，13，19，28，41，60，88，129，189，…。

下面的恒等式是第一章恒等式4的推广。

恒等式78 令 u_n 为对于 $n\geqslant 1$，$u_n=u_{n-1}+u_{n-3}$。其中 $u_0=1$，且当 $j<0$ 时，

⊖ 注：我们将3-bonacci数翻译成三波那契数。后文中提到的 k 波那契数来自于 k-bonacci

$u_j=0$。于是，当 $n\geqslant 0$，有

$$\sum_{i\geqslant 0}\binom{n-2i}{i}=u_n。$$

问 仅用方砖和三米诺砖平铺的非相位，非着色 n-平铺有多少种？

答 1 由组合定理 4，用方砖和三米诺砖平铺的非相位，非着色 n-平铺有 u_n 种。

答 2 考量三米诺砖的数量。如果 $i\leqslant n/3$，则一个有 i 个三米诺砖的 n-板必有 $n-3i$ 块方砖，因此共有 $n-2i$ 块砖。这里共有 $\binom{n-2i}{i}$ 种方式来排列这些砖块。

加以着色推广，我们考虑三波那契数。

恒等式 79 定义 u_n 为当 $n\geqslant 1$ 时，$u_n=su_{n-1}+tu_{n-3}$。其中 $u_0=1$，且当 $j<0$ 时，$u_j=0$，则

$$\sum_{i\geqslant 0}\binom{n-2i}{i}t^i s^{n-3i}=u_n。$$

问 用 s 种颜色的方砖和 t 种颜色的三米诺砖平铺的非相位，着色 n-平铺有多少种？

答 1 由组合定理 4，用方砖和三米诺砖平铺的非相位，着色 n-平铺有 u_n 种。

答 2 考量三米诺砖的数量。如果 $i\leqslant n/3$，则一个有 i 个三米诺砖的 n-板必有 $n-3i$ 块方砖，因此共有 $n-2i$ 块砖。这里共有 $\binom{n-2i}{i}$ 种方式来排列这些砖块，进而有 $t^i s^{n-3i}$ 种方式来上色。

我们以下面第 1 章恒等式 5 的推广来结束本节。

恒等式 80 令 u_n 为对于 $n\geqslant 1$，$u_n=u_{n-1}+u_{n-3}$。其中 $u_0=1$，且当 $j<0$ 时，$u_j=0$。于是，

$$\sum_{a=0}^{n}\sum_{b=0}^{n}\sum_{c=0}^{n}\binom{n-b-c}{a}\binom{n-a-c}{b}\binom{n-a-b}{c}=u_{3n+2}。$$

问 仅用方砖和三米诺砖平铺的非相位，非着色 $(3n+2)$-平铺有多少种？

答 1 u_{3n+2} 种。

答 2 任意 $(3n+2)$-板的平铺中方砖的数量必然比 3 的倍数多 2。因此将会在某单元格 x，y 处有两个目标方砖，在目标方砖 x 的左侧，x 与 y 之间，以

及 y 的右侧有相等数量的方砖。

例如有 8 块方砖构成的平铺，x 和 y 分别在第 3，第 6 块方砖处（见图 3.4）。我们考量由目标方砖确定的三个区域中三米诺的数量。如果每个区域的三米诺的数量（从左向右）分别为 a，b，c，则一共有（$a+b+c$）块三米诺砖和 $(3n+2)-3(a+b+c)$块方砖，包含两块目标方砖。这样每个区域有 $n-(a+b+c)$ 块方砖。最左侧区域有 $n-b-c$ 块砖，其中 a 是三米诺砖的数量。因此共有 $\binom{n-b-c}{a}$ 种排列方式。同样地，在第二区域和第三区域的排列分别有 $\binom{n-a-c}{b}$ 种方法和 $\binom{n-a-b}{c}$ 种方法。

令 a，b，c 从 0 到 n 中取值，则可得到 $(3n+2)$-平铺的总数为

$$\sum_{a=0}^{n}\sum_{b=0}^{n}\sum_{c=0}^{n}\binom{n-b-c}{a}\binom{n-a-c}{b}\binom{n-a-b}{c}。$$

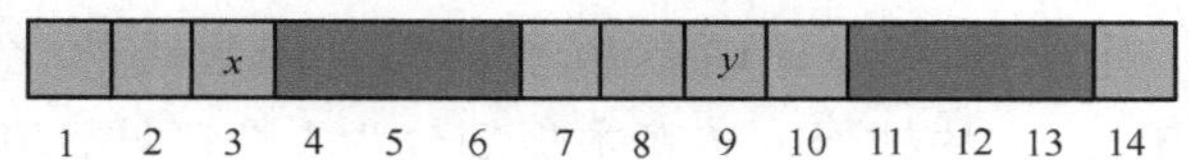

图 3.4 由目标方砖 x 和 y 确定的三个分区的平铺数为 $\binom{2}{0}\binom{3}{1}\binom{3}{1}$

3.4 k 阶递推恒等式

前面我们所得到的所有恒等式都可以推广为 k 阶递推恒等式，其中有一些会在练习中给出扩展。下面我们给出两个典型恒等式来结束此部分的学习。

恒等式 81 令 g_n 为 k 阶斐波那契数列，我们定义当 $j<0$ 时，$g_j=0$，$g_0=1$，当 $n\geqslant 1$ 时，$g_n=g_{n-1}+g_{n-2}+\cdots+g_{n-k}$。对于所有整数 n，

$$g_n=\sum_{n_1}\sum_{n_2}\cdots\sum_{n_k}\frac{(n_1+n_2+\cdots+n_k)!}{n_1!n_2!\cdots n_k!},$$

其中 n_1，n_2，$\cdots$，n_k 为所有使 $n_1+2n_2+\cdots+kn_k=n$ 成立的非负整数。

问 当平铺的长度至多为 k 时，共有多少种非相位，非着色 n-平铺？

答 1 由组合定理 4，有 g_n 种。

答 2 考量每个长度的平铺数。若 $1\leqslant i\leqslant k$，长度为 i 的平铺有 n_i 块，因此我们必会得到 $n_1+2n_2+\cdots+kn_k=n$。通过多项式系数

$$\binom{n_1+n_2+\cdots+n_k}{n_1, n_2, \cdots, n_k}=\frac{(n_1+n_2+\cdots+n_k)!}{n_1!n_2!\cdots n_k!},$$

我们可以得到排列这些砖块的方法数。

最后我们将恒等式 80 推广到 k 波那契数（k-bonacci 数）。

恒等式 82 令 u_n 为 k 波那契数，我们定义当 $n\geqslant 1$ 时，$u_n=u_{n-1}+u_{n-k}$，其中 $u_0=1$，当 $j<0$，有 $u_j=0$。那么，若 $n\geqslant 0$，$u_{kn+(k-1)}$ 为

$$\sum_{x_1=0}^{n}\sum_{x_2=0}^{n}\cdots\sum_{x_k=0}^{n}\binom{n-(x_2+x_3+\cdots+x_k)}{x_1}\binom{n-(x_1+x_3+\cdots+x_k)}{x_2}\cdots$$

$$\binom{n-(x_1+x_2+\cdots+x_{k-1})}{x_k}。$$

问 当我们只允许方砖和（长为 k）k-米诺出现时，共有多少种非相位，非着色 $[kn+(k-1)]$-平铺？

答 1 $u_{kn+(k-1)}$ 种。

答 2 任意一个 $[kn+(k-1)]$-板平铺的方砖数必然比 k 的倍数要大 $k-1$。现在这里有 $k-1$ 块柱形方砖将木板划分为 k 个区域，其中每一个区域含有相同数量的方砖。对于 $1\leqslant i\leqslant k$，若 x_i 表示区域 i 中 k-米诺的数量，则每一区域方砖的数量为 $n-(x_1+x_2+\cdots+x_k)$。由多项式系数 $\binom{n-(x_1+x_2+\cdots+x_k)+x_i}{x_i}$，可得到区域 i 砖块的排列数，得证。

3.5 来点实在的！[⊖] 任意权重与初始条件

本章我们已经通过 k 次线性递推对任意序列 a_n 进行了组合解释。总结起来，我们有初始条件 a_0，a_1，$\cdots$，a_{k-1}，对于 $n\geqslant k$，有

$$a_n=c_1a_{n-1}+c_2a_{n-2}+\cdots+c_ka_{n-k}。$$

由组合定理 8 可知 a_n 为长度为 n 的着色相位砖的数量，其中除了第一个砖以外，余下的每一个平铺都被赋予了一种颜色。当 $1\leqslant i\leqslant k$ 时，长度为 i 的砖可被赋予 c_i 种颜色中的一种。第一块砖指定一个相位。对于 $1\leqslant i\leqslant k$，长为 i 的第

⊖ 校者注：这一节和之后的 4.4 节把之前一些结果推广到实数（Real numbers），所以小节题目是一语双关。

一块砖可被赋予 p_i 种相位中的一种，其中 $p_i = a_i - \sum_{j=1}^{i-1} c_j a_{i-j}$。

上述解释仅在 a_0，…，a_{k-1}，c_1，…，c_k 和 p_1，…，p_k 为非负整数时成立。然而本书中的大多数恒等式在它们是负数，无理数或者复数（或任意交换环中的元素）时依旧成立。这一部分会对这些情况做出组合解释。

设每一个 c_i，a_i 和 p_i 为复数。（它们中的一些可以为非负整数，但我们不要求）我们用权重来代替每一块砖出现的颜色数。对于 $1 \leqslant i \leqslant k$，除了初始条件如上面给出的权重为 p_i 之外，长度为 i 的砖权重为 c_i。我们规定一个n-平铺的权重是它本身砖块权重。例如，13-平铺“三米诺-方砖-多米诺砖-多米诺砖-方砖-三米诺-方砖”在理想初始条件下的权重为 $(c_1)^3(c_2)^2(c_3)^2$，在任意初始条件下的权重为 $p_3(c_1)^3(c_2)^2(c_3)$。从本质上看，在组合定理 8 的证明过程中出现过相同的论证。它的证明过程是对于 $n \geqslant 1$，a_n 是所有加权 n-平铺的权重之和，我们称之为 n-板的总权重。

如果 X 为一个 m-平铺，权重为 w_X，Y 为一个 n-平铺，权重为 w_Y，则 X 和 Y 可合并为（$m+n$)-平铺，权重为 $w_X w_Y$。如果一个 m-板有 s 种不同的平铺方式，且总权重为 $a_m = w_1 + w_2 + \cdots + w_s$，一个 n-板有 t 种不同的平铺方式，且总权重为 $a_n = x_1 + x_2 + \cdots + x_t$，那么在单元格 m 处可分的加权（$m+n$)-平铺的权重之和为

$$\sum_{i=1}^{s} \sum_{j=1}^{t} w_i x_j = (w_1 + w_2 + \cdots + w_s)(x_1 + x_2 + \cdots + x_t) = a_m a_n。$$

现在，我们用权重的方法来回顾一下我们之前的恒等式。对于恒等式 73，令方砖的权重为 s，多米诺砖的权重为 t，我们可以用两种方法得到一个（$m+n$)-板的总权重。由定义可知总权重为 a_{m+n}。另一方面，总权重是由在单元格 m 处可分的平铺的总权重（$a_m u_n$）加上在单元格 m 处不可分的平铺的总权重（$a_{m-1} t u_{n-1}$）得到的。

对与恒等式 87 类似的恒等式，我们定义平铺对的权重是所有砖块的权重之积。接下来，我们注意到尾部交换的进行不改变平铺对的权重，因为整个过程没有砖块的增加或减少。因此，当 X，Y 均为 n-平铺的断层平铺对时（X，Y）的总权重等于断层平铺对（X'，Y'）的总权重，其中 X'是一个（$n+1$)-平铺，Y'是一个（$n-1$)-平铺。无论是奇数还是偶数，无断层平铺对将由 n 块多米诺砖组成，因此权重为 t^n。因此，当 s，t 为非正数时，恒等式 87 仍然成立。

3.6 注记

本章的一些内容最初出现在文献［4］和文献［10］，并由本科生 Chris Hanusa 合作整理。恒等式 104 和 105 的代数证明方法最初出现在文献［59］。Peter G. Anderson 向我们推荐了练习 3，4。练习 5 由 Daniel Velleman 和 Bill Zwicker 推荐，它是另一个对 k 阶线性递推的着色平铺解释，此递推回避了不等式（3.5）对 a_i 的限制。

相同内容的分析方法详见文献［30］。

3.7 练习

请给出下列恒等式的组合意义的证明。

对于恒等式 83 到 96，u_n 和 V_n 已在公式（3.2）和（3.3）中给出定义。即 s 和 t 均为非负整数，$u_0=1$，$u_1=s$，$V_0=2$，$V_1=s$，且当 $n\geqslant 2$ 时，$u_n=su_{n-1}+tu_{n-2}$，$V_n=sV_{n-1}+tV_{n-2}$。

恒等式 83 若 $n\geqslant 2$，$V_n=u_n+tu_{n-2}$。

恒等式 84 若 $n\geqslant 0$，有

$$u_{2n+1}=s(u_0+u_2+\cdots+u_{2n})+(t-1)(u_1+u_3+\cdots+u_{2n-1})。$$

恒等式 85 若 $n\geqslant 0$，有

$$u_{2n}-1=s(u_1+u_3+\cdots+u_{2n-1})+(t-1)(u_0+u_2+\cdots+u_{2n-2})。$$

恒等式 86 若 $n\geqslant 0$，有

$$s\sum_{k=0}^{n}u_k^2t^{n-k}=u_nu_{n+1}。$$

恒等式 87 若 $n\geqslant 0$，$u_n^2=u_{n+1}u_{n-1}+(-1)^nt^n$。

恒等式 88 若 $n\geqslant r\geqslant 1$，$u_n^2-u_{n-r}u_{n+r}=(-t)^{n-r+1}u_{r-1}^2$。

恒等式 89 若 $n\geqslant 1$，$V_n^2=V_{n+1}V_{n-1}+(s^2+4t)(-t)^n$。

恒等式 90 若 $n\geqslant r\geqslant 1$，$V_n^2=V_{n+r}V_{n-r}+(s^2+4t)(-t)^{n-r+1}u_{r-1}^2$。

恒等式 91 若 $n\geqslant 0$，$V_{2n}=V_n^2-2(-t)^n$。

恒等式 92 若 $n\geqslant 1$，$2u_n=su_{n-1}+V_n$。

恒等式 93 若 $n\geqslant 0$，$(s^2+4t)u_n+sV_{n+1}=2V_{n+2}$。

恒等式94 若$m\geqslant 0$，$n\geqslant 1$，$2u_{m+n}=u_mV_n+V_{m+1}u_{n-1}$。

恒等式95 若m，$n\geqslant 0$，$2V_{m+n}=V_mV_n+(s^2+4t)u_{m-1}u_{n-1}$。

恒等式96 若$n\geqslant 0$，$V_n^2=(s^2+4t)u_{n-1}^2+4(-t)^n$。

用组合方法证明恒等式97到恒等式103，当$n\geqslant 2$时，a_n满足二阶递推式$a_n=sa_{n-1}+ta_{n-2}$，其中s，t，a_0，a_1为非负整数。

恒等式97 若$n\geqslant 0$，$a_{2n}^2-t^{2n}a_0^2=s\sum_{i=1}^{2n}t^{2n-i}a_{i-1}a_i$。

恒等式98 若$n\geqslant 0$，$a_{2n+1}^2-a_1^2t^{2n}=a_{2n+2}a_{2n}-a_0^2t^{2n+1}-a_0a_1st^{2n}$。

恒等式99 若$n\geqslant 0$，$t\sum_{k=0}^{n}s^{n-k}a_k=a_{n+2}-s^{n+1}a_1$。

恒等式100 若$n\geqslant 0$，$a_{2n+1}=a_1t^n+s\sum_{k=1}^{n}t^{n-k}a_{2k}$。

恒等式101 若$n\geqslant 0$，$a_{2n}=a_0t^n+s\sum_{k=1}^{n}t^{n-k}a_{2k-1}$。

恒等式102 若$n\geqslant 1$，有

$$a_{2n+1}=s(a_0+a_2+\cdots+a_{2n})+(t-1)(a_1+a_3+\cdots+a_{2n-1})。$$

恒等式103 若$n\geqslant 1$，有

$$a_{2n}-1=s(a_1+a_3+\cdots+a_{2n-1})+(t-1)(a_0+a_2+\cdots+a_{2n-2})。$$

对于接下来的两个恒等式，我们给定非负整数c_1，c_2，c_3，a_0，a_1，a_2，且当$n\geqslant 3$时，满足三阶递推关系$a_n=c_1a_{n-1}+c_2a_{n-2}+c_3a_{n-3}$。为下面的恒等式做出组合证明。（为了方便起见，可假设$a_2-c_1a_2\geqslant 0$）

恒等式104 若$n\geqslant 1$，有

$$c_2^n(a_2-c_1a_1)+(c_1c_2+c_3)\sum_{i=1}^{n}c_2^{n-i}a_{2i-1}=c_2a_{2n}+c_3a_{2n-1}。$$

恒等式105 若$n\geqslant 1$，有

$$c_2^{n-1}(c_2a_1+c_3a_0)+(c_1c_2+c_3)\sum_{i=1}^{n-1}c_2^{n-1-i}a_{2i}=c_2a_{2n-1}+c_3a_{2n-2}。$$

更多的练习

1. 证明定理6。

2. 我们做着色环形平铺若$1\leqslant i\leqslant k$，对于长为i的环形砖块，用c_i种颜色进行着色，需要满足什么递归关系和初始条件?

3. 若$j<0$时，$u_n=0$；若$n\geqslant 1$时，$u_n=u_{n-2}+u_{n-3}$；若$j<0$时，$\omega_n=0$；

$\omega_0=\omega_1=\omega_2=1$，$\omega_3=\omega_4=2$，且当 $n\geqslant 5$ 时，$\omega_n=\omega_{n-1}+\omega_{n-5}$。证明：若 $n\geqslant 2$，$\omega_n=u_{n+2}$。

4. 利用下面的二阶和三阶递推关系：

$f_n=f_{n-1}+f_{n-2}$，$f_0=1$，$f_1=1$，

$g_n=g_{n-1}+g_{n-3}$，$g_0=1$，$g_1=1$，$g_2=1$，

$h_n=h_{n-2}+h_{n-3}$，$h_0=1$，$h_1=0$，$h_2=1$，

$t_n=t_{n-1}+t_{n-2}+t_{n-3}$，$t_0=1$，$t_1=1$，$t_2=2$，

证明：当 $n\geqslant 0$ 时，

（a）$t_{n+3}=f_{n+3}+\sum_{p+q=n}f_pt_q$，

（b）$t_{n+2}=g_{n+2}+\sum_{p+q=n}g_pt_q$，

（c）$t_{n+1}=h_{n+1}+\sum_{p+q=n}h_pt_q$。

5. 对于线性递推 $a_n=c_1a_{n-1}+\cdots+c_ka_{n-k}$，其中初始条件 a_0，a_1，…，a_k 非负。证明：a_n 表示有限制条件的相位着色平铺的数量，其中第一块砖（长为 i）的相位为指定的 a_i 种相位之一，随后长为 i 的砖块被赋予 c_i 种颜色之一。限制条件为第一个砖块的长度为 ℓ，其中 $0\leqslant\ell\leqslant k-1$，第二个砖块（如果存在），则必覆盖单元格 k。

第4章

连　分　式

定义　给定整数 $a_0 \geqslant 0$，$a_1 \geqslant 1$，$a_2 \geqslant 1$，…，$a_n \geqslant 1$，定义 $[a_0, a_1, \cdots, a_n]$ 为

$$a_0 + \cfrac{1}{a_1 + \cfrac{1}{a_2 + \cfrac{1}{\ddots + \cfrac{1}{a_n}}}} \text{ 的最简分式}$$

例如，$[2, 3, 4] = \frac{30}{13}$。

4.1　连分式的组合解释

或许你会惊奇地发现，有限连分式 $3 + \cfrac{1}{7 + \cfrac{1}{15 + \cfrac{1}{1 + \cfrac{1}{292}}}}$ 和它的逆转连分式 $292 + \cfrac{1}{1 + \cfrac{1}{15 + \cfrac{1}{7 + \cfrac{1}{3}}}}$，有相同的分子。这两个分式分别可简化为 $\frac{103993}{33102}$ 和 $\frac{103993}{355}$。本章对于连分式的分子分母给出一种组合解释，那么这种逆转现象就显而易见了。上述解释同样允许我们把许多关于连分式的重要恒等式可视化。

首先，我们规定一些基本术语。给定一个无穷数列：$a_0 \geqslant 0$，$a_1 \geqslant 1$，$a_2 \geqslant 1$，…，以 $[a_0, a_1, \cdots, a_n]$ 计有限连分式，即

$$[a_0, a_1, \cdots, a_n] = a_0 + \cfrac{1}{a_1 + \cfrac{1}{a_2 + \cfrac{1}{\ddots + \cfrac{1}{a_n}}}} \tag{4.1}$$

你或许想知道我们怎么可能期望用组合的方式去解释一个含有非整数的式子，比如 $[2, 3, 4, 2] = \frac{67}{29}$。然而等式的右侧虽然不是整数，但它的分子和分母值均为整数，因此我们完全有理由相信 67 和 29 是取决于 2，3，4，2 的计数问题。对于一组给定的整数 a_6，…，a_n，p 和 q 记相应连分式最简分式的分子和分母，即

$$[a_0,a_1,\cdots,a_n] = \frac{p(a_0,a_1,\cdots,a_n)}{q(a_0,a_1,\cdots,a_n)}。$$

例如，$p(2, 3, 4, 2) = 67$ 和 $q(2, 3, 4, 2) = 29$。

自然地，由于 $[a] = \frac{a}{1}$，我们可以得到

$$p(a) = a \text{ 和 } q(a) = 1 \tag{4.2}$$

更复杂的连分式可以通过递推计算。通过等式（4.1），对于 $n \geqslant 1$，

$$\begin{aligned}[a_0,a_1,\cdots,a_n] &= a_0 + \frac{1}{(a_1,\cdots,a_n)} \\ &= a_0 + \frac{q(a_1,\cdots,a_n)}{p(a_1,\cdots,a_n)} \\ &= \frac{a_0p(a_1,\cdots,a_n) + q(a_1,\cdots,a_n)}{p(a_1,\cdots,a_n)}。\end{aligned}$$

注意，分式的右侧一定是最简分式，因为任何整除分子和分母的数必然整除 $p(a_1, \cdots, a_n)$ 和 $q(a_1, \cdots, a_n)$，而 p，q 无公因数。因此，

$$p(a_0,a_1,\cdots,a_n) = a_0p(a_1,\cdots,a_n) + q(a_1,\cdots,a_n) \tag{4.3}$$

$$q(a_0,a_1,\cdots,a_n) = p(a_1,\cdots,a_n) \tag{4.4}$$

现在，我们来做一些排列组合。对于一组序列数 a_0，a_1，…，a_n，考虑下面的平铺问题。$P(a_0, a_1, \cdots, a_n)$ 可看成是用多米诺砖和可堆叠的方砖平铺 $(n+1)$-板的方法数。多米诺砖之上不能堆叠任何砖，但于单元格 i（$0 \leqslant i \leqslant n$）可以被 a_i 块叠在一起的方砖平铺覆盖。如图 4.1 所示，一个未平铺的（$n+1$）-板满足高度条件 a_0，a_1，…，a_n。图 4.2 给出一个高度为 5，10，3，1，4，8，2，7，7，4，2，3 的一个 12-板的有效平铺。

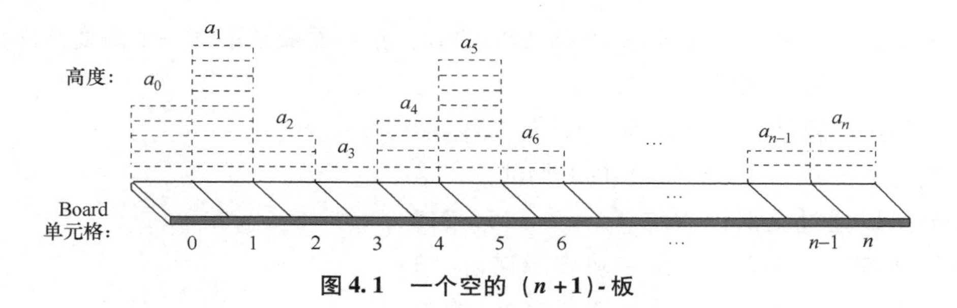

图 4.1 一个空的 $(n+1)$-板

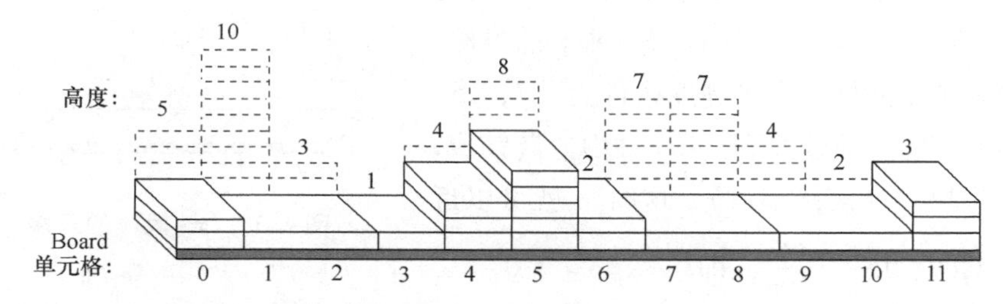

图 4.2 一个满足高度条件为 5，10，3，1，4，8，2，7，7，4，2，3 的平铺

我们定义

$$Q(a_0, a_1, \cdots, a_n) = P(a_1, \cdots, a_n) \tag{4.5}$$

所以 $Q(a_0, a_1, \cdots, a_n)$ 也可以看成是平铺一个满足高度条件为 $a_1, \cdots, a_n$ 的 n-板的方法数（注：第一格已经移去）。自然地，一个满足高度条件为 a 的 1-板有 a 种平铺方法，一个空板仅有一种平铺方法。于是，

$$P(a) = a \text{ 和 } Q(a) = 1 \tag{4.6}$$

考虑有两个或更多个单元格平板的覆盖方法数可递推计算，我们考量有多少块方砖堆叠在第一个单元格，或者前两个单元格是否被多米诺砖覆盖。因此，当$n \geqslant 1$ 时，

$$\begin{aligned} P(a_0, a_1, \cdots, a_n) &= a_0 P(a_1, \cdots, a_n) + P(a_2, \cdots, a_n) \\ &= a_0 P(a_1, \cdots, a_n) + Q(a_1, \cdots, a_n) \end{aligned} \tag{4.7}$$

通过观察式（4.2）到式（4.7），我们发现p 和 q 和 P 和 Q 满足相同的初始条件和递推关系。于是，我们可得 $p(a_0, a_1, \cdots, a_n) = P(a_0, a_1, \cdots, a_n)$ 和 $q(a_0, a_1, \cdots, a_n) = Q(a_0, a_1, \cdots, a_n)$。

于是我们可得到如下定理。

组合定理 9 令 $a_0, a_1, \cdots$ 为一组正整数，对于 $n \geqslant 0$，假设连分式 $[a_0, a_1, \cdots, a_n]$ 的最简分式的形式等于$\frac{p_n}{q_n}$。那么若 $n \geqslant 0$，p_n 可看成是平铺高度条

件为 a_0，a_1，…，a_n 的 $(n+1)$-板的方法数，q_n 可看成是平铺一个高度条件为 a_1，…，a_n 的 n-板的方法数。

例如，满足高度条件为 $[3, 7, 15]$ 的木板为"π-板"（见图4.3）的开始部分，这部分可以通过全部铺方砖（$3\times7\times15=315$ 种）或者以一叠方砖后加一块多米诺砖（3种方法），或者通过一块多米诺砖后加一叠方砖（15种方法）组成，共有333种平铺方法。移去第一个单元格，满足高度条件为 $[7, 15]$ 的木板有106种平铺方法（105种由方砖铺成，一种由一块多米诺砖铺成），这时 π 就可以近似为 $[3, 7, 15]=\frac{333}{106}$，即

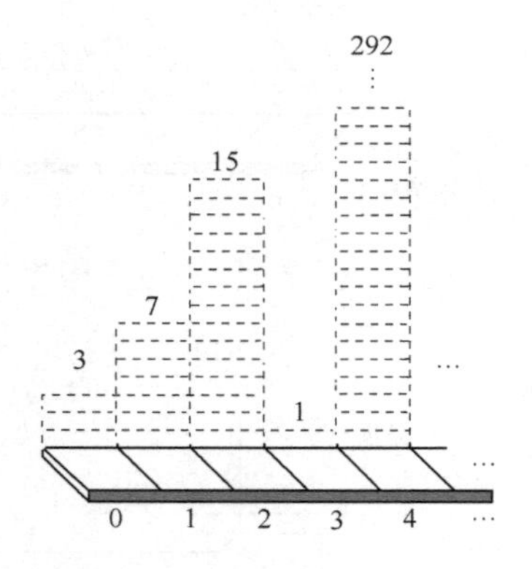

图 4.3 "π-板"的开端

$$3+\cfrac{1}{7+\cfrac{1}{15}}=\frac{333}{106}。$$

好奇的读者或许会想知道如果我们允许堆多米诺砖又会怎样？这种更一般的情形将会在4.3节中探讨。

4.2 恒等式

有平铺解释的帮助，许多连分式恒等式可简化为"无字证明"，一般地，连分式不通过递推式（4.3）和式（4.4），而是通过下面的关系计算。

恒等式 106 令 $a_0\geqslant0$，$a_1>0$，$a_2>0$，…，且当 $n\geqslant0$ 时，$[a_0, a_1, \cdots, a_n]$ 的最简分式为 $\frac{p_n}{q_n}$，则

a）$p_0=a_0$，$q_0=1$，$p_1=a_0a_1+1$，$q_1=a_1$；

b）若 $n\geqslant2$，则 $p_n=a_np_{n-1}+p_{n-2}$；

c）若 $n\geqslant2$，则 $q_n=a_nq_{n-1}+q_{n-2}$。

a）部分由代数性质和组合性质均很容易得到，部分b）和c）更容易从组合意义得到。在此我们只给出b）部分的证明，c）部分的证明同理可得。

问 当 $n\geqslant2$ 时，用多米诺砖和可堆叠的方砖平铺成满足高度条件为 a_0，

a_1，…，a_n 的（$n+1$）-板有多少种方法？

答1 由组合定理9，有 p_n 种。

答2 考量最后一个砖块。若最后一块砖为方砖，则有 a_n 种平铺方式，对它之前的部分平铺有 p_{n-1} 种方法，若最后一块砖为多米诺砖则只有一种平铺方法，它之前的部分平铺有 p_{n-2} 种方法。因此，共有 $a_n p_{n-1}+p_{n-2}$ 种方法。

组合定理9的推论或是上一恒等式直接给出，我们有

恒等式107 若对所有 $i\geqslant 0$，均有 $a_i=1$，则 $[a_0,a_1,\cdots,a_n]=f_{n+1}/f_n$。

上一等式可被扩展为

恒等式108 对于所有 $n\geqslant 1$，$[2,1,1,\cdots,1,1,2]=f_{n+3}/f_{n+1}$，其中 $a_0=2$，$a_n=2$，且当 $0<i<n$ 时，$a_i=1$。

分母集合1 用方砖和多米诺砖平铺 n-板的集合，它的最后一个位置可以是一块多米诺砖，一块方砖或者是两块方砖的堆积。由定理9可知这个集合的大小为 $p(1,1,\cdots,1,1,2)=q(2,1,1,\cdots,1,1,2)$。

分母集合2 用方砖和多米诺砖平铺（$n+1$）-板的集合，这个集合的大小为 f_{n+1}。

对应关系 令 T 为一个（$n+1$）-平铺。若 T 以一块方砖结束，则将其移去，创建一个不包含堆积的方砖的 n-平铺。若 T 以一块多米诺砖结尾，则将多米诺砖“折叠”，创建一个以堆积的两块方砖结尾的 n-平铺。

集合1的分子 用一组方砖和多米诺砖的集合平铺的（$n+1$）-板，它的第一块或最后一块平铺可以是一块多米诺砖，或者是一块方砖，或者是两块方砖的堆积。由定理9可知这个集合的大小为 p（2，1，1，…，1，1，2）。

集合2的分子 用一组方砖和多米诺砖的集合平铺的（$n+3$）-板，这个集合的大小为 f_{n+3}。

对应关系 对首尾平铺采用相同的过程，即“删除一块方砖或折叠一块多米诺砖”，一个（$n+3$）-平铺转化为每一端结尾都允许存在一组可堆叠两块方砖的一个（$n+1$）-平铺。

其他斐波那契和卢卡斯恒等式在练习中得以呈现，见恒等式115—121。下面我们证明在本章开始提到的逆转恒等式。它的证明过程通常使用归纳法，但是我们希望你也认为如下的组合证明令人满意。

恒等式109 设 $[a_0,a_1,\cdots,a_{n-1},a_n]=p_n/q_n$，则当 $n\geqslant 1$，有

$$[a_n,a_{n-1},\cdots,a_1,a_0]=\frac{p_n}{p_{n-1}}。$$

问（分子） 用多米诺砖和可堆叠的方砖平铺成满足高度条件为 a_n，a_{n-1}，…，a_1，a_0 的 $(n+1)$-板有多少种方法？

问（分母） 用多米诺砖和可堆叠的方砖平铺成满足高度条件为 a_{n-1}，…，a_1，a_0 的 n-板有多少种方法？

答 1（分母和分子） 分子和分母的答案均为 $[a_n, a_{n-1}, \cdots, a_1, a_0]$。

答 2（分子） 满足高度条件为 a_n，a_{n-1}，…，a_1，a_0 的平铺仅仅简单地通过将木板旋转 180 度，即与满足高度条件为 a_0，a_1，…，a_{n-1}，a_n 的平铺之间存在一一对应关系。因此分子有 p_n 种平铺。

答 2（分母） 同上的一一对应关系，满足高度条件为 a_{n-1}，…，a_1，a_0 的平铺数与满足高度条件为 a_0，a_1，…，a_{n-1}的平铺数相等。即有 p_{n-1}种方法。

我们规定无限连分式 $[a_0, a_1, a_2, \cdots]$ 是 $[a_0, a_1, \cdots, a_{n-1}, a_n]$ 在 $n\to\infty$ 时的极限形式。正如我们即将看到的，这种极限总是存在的且极限为某个无理数 α。有理数 $r_n=[a_0, a_1, \cdots, a_n]=p_n/q_n$ 被称为 α 的 n 次收敛。

令 $\mathcal{P}_n$ 和 $\mathcal{Q}_n$ 分别表示为在单元格 0，…，n 和 1，…，n 处用方砖和可堆叠的多米诺砖形成的满足高度条件为 a_0，…，a_n 的平铺的集合。记 $|\mathcal{P}_n|=p_n$ 和 $|\mathcal{Q}_n|=q_n$。

接下来的几个恒等式对于测量收敛速度是有用的。第一个式子告诉我们收敛之间的距离如何计算。

恒等式 110 $[a_0, a_1\cdots]$ 的收敛的相邻两项之间的差为

$$r_n-r_{n-1}=\frac{(-1)^{n-1}}{q_nq_{n-1}}。$$

等价地，等式两边同时乘以 q_nq_{n-1}，我们有

$$p_nq_{n-1}-p_{n-1}q_n=(-1)^{n-1}。$$

集合 1 集合 $\mathcal{P}_n\times\mathcal{Q}_{n-1}$ 可以被解释为将两块板进行平铺，其中上面的板位于单元格 0，1，…，$n-1$，高度分别为 a_0，a_1，…，a_n，底部的板位于单元格 1，…，$n-1$，高度分别为 a_1，…，a_n。这个集合的大小为 p_nq_{n-1}。

集合 2 集合 $\mathcal{P}_{n-1}\times\mathcal{Q}_n$ 可以被解释为将两块板进行平铺，其中上面的板位于单元格 0，1，…，$n-1$，高度分别为 a_0，a_1，…，a_{n-1}，底部的板位于单元格1，…，n，高度分别为 a_1，…，a_n。这个集合的大小为 $p_{n-1}q_n$。

对应关系 我们找到集合 1 和集合 2 之间的一个几乎一一对应。若 $(S, T)\in\mathcal{P}_n\times\mathcal{Q}_{n-1}$，由上一章可知当 $i\geq 1$ 时，若 S 和 T 均在单元格 i 的结尾处可分，

则称（S，T）在单元格 i 有断层。如果 S 在单元格0处铺一方砖，则称（S，T）在单元格0处有断层。如图4.4所示，即在单元格0，3，5，6处有断层。

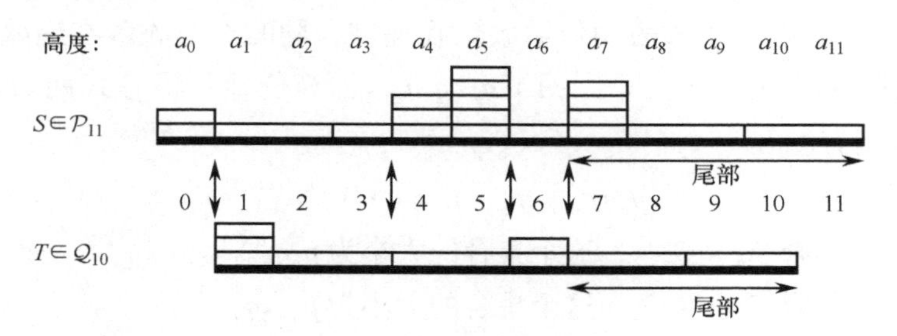

图4.4　成对平铺中的断层和尾部

如果（S，T）有断层，通过交换 S 和 T 最右边断层之后的尾部，构造（S'，T'），如图4.5所示，注意到（S'，T'）$\in \mathcal{P}_{n-1} \times \mathcal{Q}_n$，因为（$S'$，$T'$）与（$S$，$T$）在最右侧有相同的断层，此过程是完全可逆的。

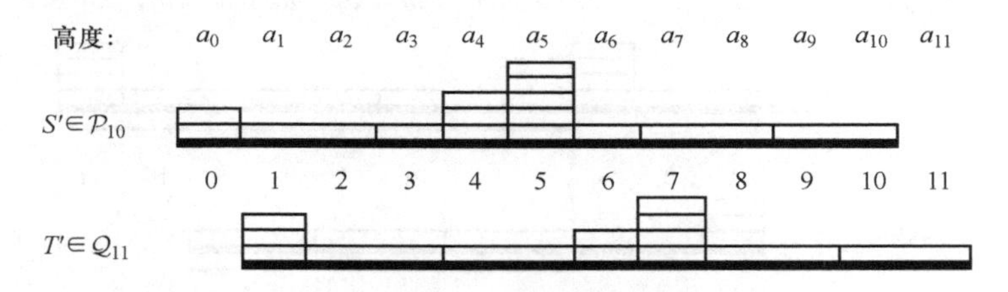

图4.5　图4.4的交换尾部的结果

注意若 S 或 T 含有方砖，则（S，T）必存在一处断层。因此当 S 和 T 只包含有错列的多米诺砖时，则会出现唯一无断层的情况，如图4.6所示。当 n 为奇数时（S 和 T 均覆盖偶数个单元格），$\mathcal{P}_n \times \mathcal{Q}_{n-1}$ 中存在一个无断层的元素，且 $P_n \times \mathcal{Q}_{n-1}$ 中不存在无断层的元素，因此当 n 为奇数时，$|\mathcal{P}_n \times \mathcal{Q}_{n-1}| - |\mathcal{P}_{n-1} \times \mathcal{Q}_n| = 1$，类似地，当 n 为偶数时，$\mathcal{P}_n \times \mathcal{Q}_{n-1}$ 不存在无断层的元素和 $\mathcal{P}_n \times \mathcal{Q}_{n-1}$ 中仅有一个无断层的元素。因此，当 n 为偶数时，$|\mathcal{P}_n \times \mathcal{Q}_{n-1}| - |\mathcal{P}_{n-1} \times \mathcal{Q}_n| = -1$。

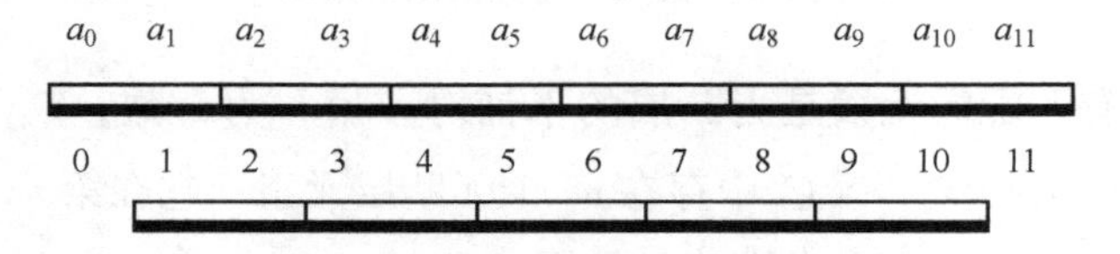

图4.6　无断层的情况，即错列多米诺砖

综合考虑奇偶情况，我们有

$$p_n q_{n-1} - p_{n-1} q_n = (-1)^{n-1}。$$

既然我们从整数组合 p_n 和 q_n 处得到 ± 1，注意之前的恒等式中的 p_n/q_n 为最简形式。下一个恒等式表明偶数收敛在递增，同时奇数收敛在递减。

恒等式 111 $r_n - r_{n-2} = (-1)^n a_n / q_n q_{n-2}$，等价地，将等式两边同时乘以 $q_n q_{n-2}$，我们有

$$p_n q_{n-2} - p_{n-2} q_n = (-1)^n a_n。$$

集合 1 集合 $\mathcal{P}_n \times \mathcal{Q}_{n-2}$，这个集合的大小为 $p_n q_{n-2}$。

集合 2 集合 $\mathcal{P}_{n-2} \times \mathcal{Q}_n$。这个集合的大小为 $p_{n-2} q_n$。

对应关系 我们利用尾部交换技巧在集合 $\mathcal{P}_n \times \mathcal{Q}_{n-2}$ 和集合 $\mathcal{P}_{n-2} \times \mathcal{Q}_n$ 之间建立一个几乎一一对应关系。图 4.7，图 4.8，图 4.9 给出了基本证明。交换最后一个断层的尾部，我们得到 $\mathcal{P}_n \times \mathcal{Q}_{n-2}$ 和 $\mathcal{P}_{n-2} \times \mathcal{Q}_n$ 中有断层元素的一一对应关系（见图 4.7 和 4.8）。

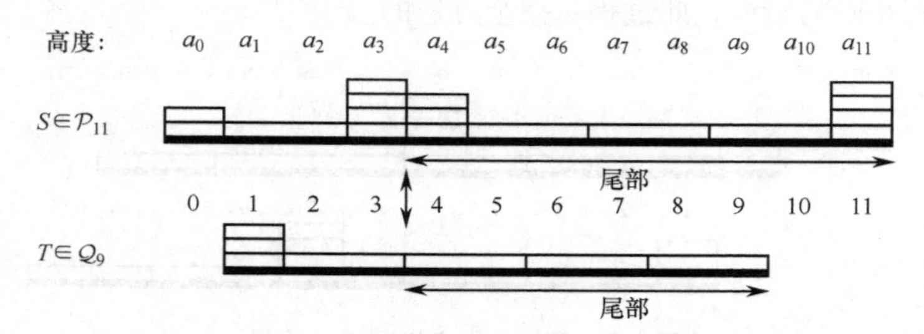

图 4.7 $\mathcal{P}_{11} \times \mathcal{Q}_9$ 中的一个元素和它最右边的断层

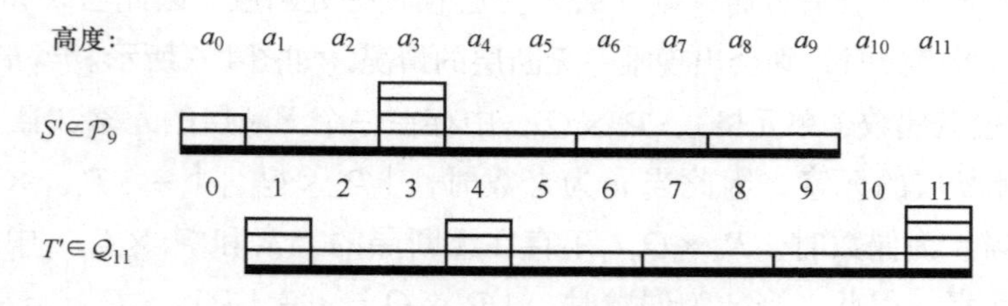

图 4.8 图 4.7 尾部交换的结果

唯一还没有匹配的元素是无断层的平铺对。当 n 为奇数，$\mathcal{P}_n \times \mathcal{Q}_{n-2}$ 中不存在无断层元素，但是 $\mathcal{P}_{n-2} \times \mathcal{Q}_n$ 中存在 a_n 个无断层元素，它在第 n 个单元格为堆积的方砖，其余的地方为多米诺砖（见图 4.9）。

类似地，当 n 为偶数时，$\mathcal{P}_{n-2} \times \mathcal{Q}_n$ 不存在无断层元素，但是 $\mathcal{P}_n \times \mathcal{Q}_{n-2}$ 中刚好存在 a_n 个无断层元素，它们都在第 n 个单元格处有堆积的方砖，其余的地方

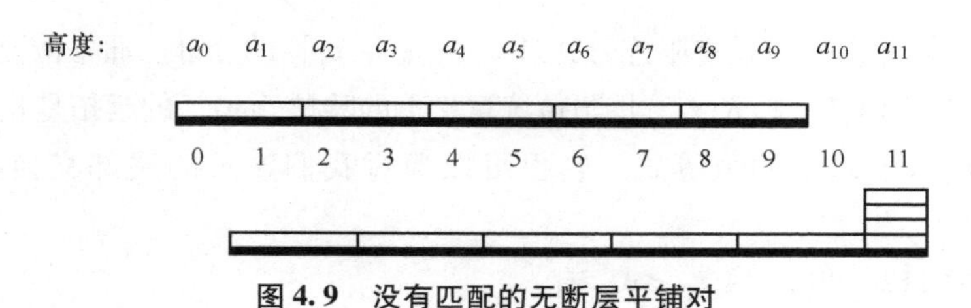

图 4.9 没有匹配的无断层平铺对

为多米诺砖。因此，我们得到 $|\mathcal{P}_n \times \mathcal{Q}_{n-2}| - |\mathcal{P}_{n-2} \times \mathcal{Q}_n| = (-1)^n a_n$，得证。

通过从组合角度来看，明显地，当 $n \to \infty$ 时，$q_n \to \infty$，那么以上两个恒等式表明 $[r_0, r_1]$，$[r_2, r_3]$，$[r_4, r_5]$，…是一列长度趋于0的闭区间套，因而，极限 $\lim\limits_{n\to\infty} r_n$ 存在。

若令 $r = \lim\limits_{n\to\infty} r_n$，则由区间套定理和恒等式110，可得

$$0 < |r - r_n| < |r_{n+1} - r_n| < \frac{1}{q_{n+1}q_n} < \frac{1}{q_n^2}。$$

即

$$0 < \left| r - \frac{p_n}{q_n} \right| < \frac{1}{q_n^2}。$$

都走到这一步了，如果不证明无限连分式必然是无理数简直好像是犯罪。令 $r = [a_0, a_1, a_2, \cdots]$。将上个不等式的两端同时乘以 q_n，得

$$0 < |rq_n - p_n| < \frac{1}{q_n}。$$

但是，若 $r = \frac{a}{b}$，对于所有的 $n \geqslant 0$，通过乘以 b（$b > 0$），可得

$$0 < |aq_n - bp_n| < \frac{b}{q_n}。$$

于是，中间量显然是一个整数，右端量随着 n 值的增大而变得任意小。因为在0和1之间不存在整数，我们得到一个矛盾。于是我们得到 r 为无理数。

延拓

下面，当 $i \leqslant j$，量 $K(i, j)$ 表示在单元格 i，$i+1$，…，j 分别满足高度条件为 a_i，a_{i+1}，…，a_j 的分区[⊖]的平铺数。我们知道 $K(i, j)$ 是有限连分式

⊖ 分区原文为 sub-board。

$[a_i, \cdots, a_j]$ 的分子，是有限连分式 $[a_{i-1}, \cdots, a_j]$ 的分母。通常情况下，我们定义 $K(j+1, j)=1$，则 $K(i, j)$ 与传统意义上的欧拉［40］的延拓是相同的。

欧拉给出了以下的恒等式。它也可以通过我们熟悉的尾部交换技术得以证明。

恒等式 112 当 $i<m<j<n$，有

$$K(i, j)K(m, n)-K(i, n)K(m, j)=(-1)^{j-m}K(i, m-2)K(j+2, n)。$$

该结果可以通过从单元格 i 到 j 的分区 S 的平铺以及从单元格 m 到 n 的分区 T 的平铺所得到的。每一个有断层的平铺对（S, T）与通过尾部交换所得到的另一个有断层的平铺对（S', T'）相对应。恒等式 112 的右端项可以看作是无断层平铺的数量，即仅当重叠的区域（S 和 T 或者是 S' 和 T'，这取决于 $j-m$ 的奇偶）全部为交错的多米诺砖的情况，如图 4.10 和 4.11 所示。令 $i=0$ 和 $m=1$，通过比较任意收敛的 r_j 和 r_n，我们可将恒等式 110 和 111 推广到恒等式 112。

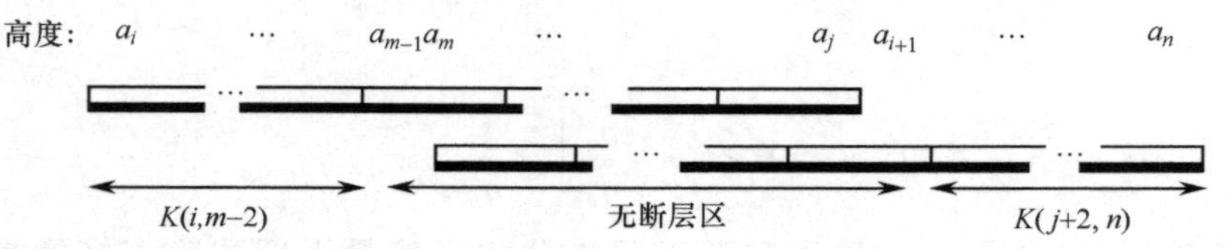

图 4.10 当 $j-m$ 为偶数时，无断层平铺（S, T）有 $K(i, m-2)K(j+2, n)$ 种情况

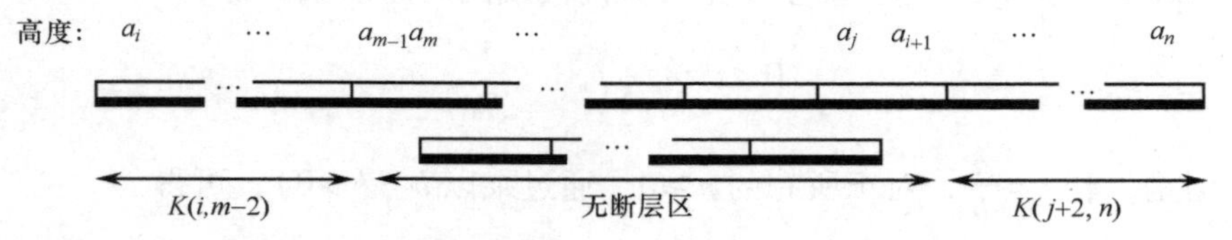

图 4.11 当 $j-m$ 为奇数时，无断层平铺（S', T'）有 $K(i, m-2)K(j+2, n)$ 种情况

4.3 非简单连分式

最后，我们验证形如

$$a_0+\cfrac{b_1}{a_1+\cfrac{b_2}{a_2+\cfrac{b_3}{\ddots+\cfrac{b_n}{a_n+\ddots}}}} \tag{4.8}$$

的连分式，其中 $i>0$，a_i 和 b_i 为正整数，a_0 为非负整数。我们定义非简单有限连分式为

$$[a_0, (b_1, a_1), (b_2, a_2), \cdots, (b_n, a_n)] = a_0 + \cfrac{b_1}{a_1 + \cfrac{b_2}{a_2 + \cfrac{b_3}{\ddots + \cfrac{b_n}{a_n}}}} \tag{4.9}$$

同之前一样，令 p 和 q 分别为有限连分式的分子和分母。当从“底部往上”估计一个简单有限连分式时，结果总为最简形式，但这未必是复杂连分式的情况。例如 $[3, (2, 4)] = \frac{14}{4}$。我们不约分，则 $p[3, (2, 4)] = 14$ 和 $q[3, (2, 4)] = 4$。p 和 q 满足同样的初始条件：$p[a] = a$，$q[a] = 1$，且当 $n \geqslant 1$ 时，

$$\begin{aligned}
&[a_0,(b_1,a_1),\cdots,(b_n,a_n)]\\
&= a_0 + \frac{b_1}{[a_1,(b_2,a_2),\cdots,(b_n,a_n)]}\\
&= a_0 + \frac{b_1 q[a_1,(b_2,a_2),\cdots,(b_n,a_n)]}{p[a_1,(b_2,a_2),\cdots,(b_n,a_n)]}\\
&= \frac{a_0 p[a_1,(b_2,a_2),\cdots,(b_n,a_n)] + b_1 q[a_1,(b_2,a_2),\cdots,(b_n,a_n)]}{p[a_1,(b_2,a_2),\cdots,(b_n,a_n)]}。
\end{aligned}$$

于是，

$$\begin{aligned}
p[a_0,(b_1,a_1),\cdots,(b_n,a_n)] &= a_0 p[a_1,(b_2,a_2),\cdots,(b_n,a_n)] +\\
&\quad b_1 q[a_1,(b_2,a_2),\cdots,(b_n,a_n)],\\
q[a_0(b_1,a_1),\cdots,(b_n,a_n)] &= p[a_1,(b_2,a_2),\cdots,(b_n,a_n)]。
\end{aligned}$$

现在，我们考虑一个相关的平铺问题。假设我们允许多米诺砖可以像方砖一样被堆叠。特别地，对于 $i \geqslant 1$，我们加上高度条件 b_1，b_2，…，就是可在单元格 $i-1$ 和单元格 i 处堆叠 b_i 块多米诺砖。我们令 $P[a_0, (b_1, a_1), \cdots, (b_n, a_n)]$ 表示在单元格 0，1，…，n 平铺 $(n+1)$-板的方法数，其中方砖和多米诺砖的高度条件分别为a_0，…，a_n 和 b_1，…，b_n 令 Q_n 表示同上的问题，只不过将单元格 0 移去（高度条件 a_0 和 b_1 移去），则 $P[a] = a$，$Q[a] = 1$，当 $n \geqslant 1$ 时，有

$$Q[a_0, (b_1, a_1), \cdots, (b_n, a_n)] = P[a_1, (b_2, a_2), \cdots, (b_n, a_n)]。$$

通过考量第一块砖，我们看到 P 满足

$$P[a_0, (b_1, a_1), \cdots, (b_n, a_n)] = a_0 P[a_1, (b_2, a_2), \cdots, (b_n, a_n)] +$$

$$b_1 Q[a_1,(b_2,a_2),\cdots,(b_n,a_n)],$$

于是，我们得到如下定理。

组合定理 10 令 a_0，a_1，…为一列正整数。当 $n\geqslant 1$ 时，假设连分式［a_0，(b_1, a_1)，…，(b_n, a_n)］由递推式（4.9）计算等于$\frac{p_n}{q_n}$。那么当 $n\geqslant 0$ 时，p_n 为满足高度条件为 a_0，(b_1, a_1)，…，(b_n, a_n) 的 $(n+1)$-板的平铺方法数，q_n 为满足高度条件为 a_1，(b_2, a_2)，…，(b_n, a_n) 的 n-板的平铺方法数。

该定理的一些推论在练习中展现。

4.4 再来点实在的

如果［a_0，a_1，…，a_n］中的一些 a_i 为实数或复数，它的意义仍然能说通吗？当然！就像在上章的结尾，我们不说位于单元格 i 的方砖有 a_i 种选择，而是定义那块方砖的权重为 a_i，多米诺砖的权重为 1，平铺的权重是由每一块砖的权重相乘所得。于是我们定义 $P(a_0, a_1, \cdots, a_n)$ 和 $Q(a_0, a_1, \cdots, a_n)$ 分别是所有以方砖和多米诺砖平铺单元格 0，1，n，和 1，…，n 的平铺权重之和。连分式［a_0，a_1，…，a_n］可简写为 $P(a_0, a_1, \cdots, a_n)/Q(a_0, a_1, \cdots, a_n)$，其中 0 为分母的情况除外。非简单连分式做类似的处理，设覆盖单元格 $i-1$ 和 i 的多米诺砖的权重为 b_i，进而求［a_0，(a_1, b_1)，…，(a_n, b_n)］的值。

4.5 注记

我们要感谢 Christopher Hanusa，作为一名大学生，他提到有些广义斐波那契恒等式使他想起了连分数恒等式，本章的一些内容最初出现在［12］。在这里我们感谢 Jim Propp 推荐给我们不借助于恒等式 106 的组合定理 9 的推导。Ira Gessel 推荐给我们下面的一些练习。关于连分式的更多探究（即使不是从组合角度来考虑的）可参考［31］或［39］。

4.6 练习

1. 直接计算满足高度条件为 3，7，15，1 的木板的平铺方式数，证明［3，

7，15，1] $=\frac{355}{113}$。

2. 寻找（非简单）连分式，使它的分子为卢卡斯数或广义斐波那契数。

用组合解释直接证明下列恒等式。

恒等式113 当$n\geqslant 0$时，有 $[a_0,a_1,\cdots,a_n,2]=[a_0,a_1,\cdots,a_n,1,1]$。

恒等式114 当 $n\geqslant 0$ 时，若 $m\geqslant 2$，有 $[a_0,a_1,\cdots,a_n,m]=[a_0,a_1,\cdots,a_n,m-1,1]$。

恒等式115 当$n\geqslant 0$时，$[3,1,1,\cdots,1]=L_{n+2}/f_n$，其中，$a_0=3$ 且对所有的$0<i\leqslant n$，有 $a_i=1$。

恒等式116 当$n\geqslant 1$时，$[1,1,\cdots,1,3]=L_{n+2}/L_{n-1}$，其中，$a_n=3$，且对所有的$0\leqslant i<n$，有 $a_i=1$。

恒等式117 当$n\geqslant 1$时，$[4,4,\cdots,4,3]=f_{3n+3}/f_{3n}$，其中，$a_n=3$，且对所有的$0\leqslant i<n$，有 $a_i=4$。

恒等式118 当$n\geqslant 1$时，$[4,4,\cdots,4,5]=f_{3n+4}/f_{3n+1}$，其中，$a_n=5$，且对所有的$0\leqslant i<n$，有 $a_i=4$。

恒等式119 令 $a_i=4$，当$0\leqslant i\leqslant n$时，有 $[4,4,\cdots,4]=f_{3n+5}/f_{3n+2}$。

恒等式120 当 $n\geqslant 1$ 时，$[2,4,\cdots,4,3]=L_{3n+1}/f_{3n}$，其中，$a_0=2$，$a_n=3$，且对所有的$0<i<n$，有 $a_i=4$。

恒等式121 当 $n\geqslant 1$ 时，$[2,4,\cdots,4,5]=L_{3n+2}/f_{3n+1}$，其中，$a_0=2$，$a_n=5$，且对所有的$0<i<n$，有 $a_i=4$。

恒等式122 当$n\geqslant 2$时，有如下非简单连分式成立，$P_n=a_nP_{n-1}+b_nP_{n-2}$，$Q_n=a_nQ_{n-1}+b_nQ_{n-2}$，其初始条件为 $P_0=a_0$，$P_1=a_1a_0+b_1$，$Q_0=1$，$Q_1=a_1$。

恒等式123 对于非负整数 s，t，令 $u_0=1$，$u_1=s$，当 $n\geqslant 2$ 时，定义 $u_n=su_{n-1}+tu_{n-2}$，则有非简单连分式 $[a_0,(b_1,a_1),(b_2,a_2),\cdots,(b_n,a_n)]=[s,(t,s),(t,s),\cdots,(t,s)]=u_{n+1}/u_n$。

恒等式124 对于非负整数 s，t，令 $v_0=2$，$v_1=s$，当 $n\geqslant 2$ 时，定义 $u_n=su_{n-1}+tu_{n-2}$，则有非简单连分式

$$[a_0,(b_1,a_1),(b_2,a_2),\cdots,(b_{n-1},a_{n-1}),(b_n,a_n)]=$$
$$[s,(t,s),(t,s),\cdots,(t,s),(2t,s)]=v_{n+1}/v_n。$$

未证明的恒等式（至2003年）

如下的恒等式需要组合意义的证明。

1. 用组合的方法证明：

$$\frac{F_{(t+1)m}}{F_{tm}}=L_m-\cfrac{(-1)^m}{L_m-\cfrac{(-1)^m}{L_m-\cfrac{(-1)^m}{\ddots-\cfrac{(-1)^m}{L_m}}}} \tag{4.10}$$

其中 L_m 出现了 t 次。注意这是公式 [1, 1, …, 1] 和 [4, 4, …, 4] 的推广。

2. 欧拉证明了

$$e=1+\cfrac{1}{1+\cfrac{1}{2+\cfrac{2}{3+\cfrac{3}{4+\cfrac{4}{5+\ddots}}}}} \tag{4.11}$$

那么 e 的组合意义是什么？

第 5 章

二项式恒等式

定义 二项式系数$\binom{n}{k}$表示从 $\{1, \cdots, n\}$ 中任意选取 k 个不同的元素构成的子集的个数。

定义 可重复选择（multichoose）系数$\left(\binom{n}{k}\right)$表示从 $\{1, \cdots, n\}$ 中任意选取 k 个可重复的元素构成的子集的个数。

二项式系数的例子有$\binom{4}{0}=1$，$\binom{4}{1}=4$，$\binom{4}{2}=6$，$\binom{4}{3}=4$，$\binom{4}{4}=1$；可重复选择系数的例子有$\left(\binom{4}{0}\right)=1$，$\left(\binom{4}{1}\right)=4$，$\left(\binom{4}{2}\right)=10$，$\left(\binom{4}{3}\right)=20$，$\left(\binom{4}{4}\right)=35$。

5.1 二项式系数的组合解释

二项式系数是数出来的！与本书中已经讨论过的许多其他数不同，它几乎总是被定义成某个计数问题的答案。特别地，我们定义$\binom{n}{k}$为从 $\{1, \cdots, n\}$ 中任意选取 k 个不同的元素构成的子集的个数，换言之，$\binom{n}{k}$可看成是从 n 名学生组成的班级里挑选出 k 名组成一个小组，而挑选顺序并不重要。

通过定义，我们可得：若 $n\geqslant 0$，$\binom{n}{0}=1$，若 $k<0$，$\binom{n}{k}=0$。（虽然当 n 为负值时可以定义$\binom{n}{k}$，但在这里我们不做介绍。）

二项式系数有一个简单的计算公式

$$\binom{n}{k}=\frac{n!}{k!(n-k)!} \tag{5.1}$$

这在下面的恒等式中非常明显。

恒等式 125 若 $0\leqslant k\leqslant n$，则 $n!=\binom{n}{k}k!(n-k)!$。

问 把数字 1 到 n 排列成一队，有多少种方法？

答 1 共有 $n!$ 种排列方法，因为第一个数有 n 种选择方法，下一个数字有 $n-1$ 种方法，以此类推（在第 7 章，我们会对 $n!$ 进行更多的阐释）。

答 2 考虑哪些数字会出现在前 k 个位置。由定义可知从 n 个数字中选择出现在前 k 个位置的数字有 $\binom{n}{k}$ 种方法，一旦这 k 个数字被选上，则有 $k!$种排列方式，其余的数字有 $(n-k)!$种排列方式。因此，从数字 1 到 n 共有 $\binom{n}{k}k!(n-k)!$种方法。

我们应当尽量避免去引用等式（5.1），这就像第 1 章我们证明斐波那契数恒等式时，我们尽量地避免了使用比内公式（恒等式 240）。我们的目的是为了完全从组合定义的角度理解二项式定理并且尽可能地避免代数讨论（例如归纳法）。

5.2 基本恒等式

在这一节，我们给出二项式系数恒等式的简单组合证明。虽然本节的讨论为人所熟知，但是它们仍然非常优美。在这一节之后会有更具技巧性的讨论。

恒等式 126 对于 $0\leqslant k\leqslant n$，有

$$\binom{n}{k}=\binom{n}{n-k}。$$

问 一个班有 n 名学生，从中挑选 k 名组成一个小组共有多少种方法？

答 1 由定义，有 $\binom{n}{k}$ 种方法。

答 2 我们可以选择 $n-k$ 名学生不在小组中，这样就有 $\binom{n}{n-k}$ 种方法。

恒等式 127 对于 $0\leqslant k\leqslant n$，（$n=k=0$ 除外）有

$$\binom{n}{k} = \binom{n-1}{k} + \binom{n-1}{k-1}。$$

问　一个班有 n 名学生，从中挑选 k 名组成一个小组共有多少种方法？

答 1　如上，有 $\binom{n}{k}$ 种方法。

答 2　考量第 n 个学生是否在小组中。这里有 $\binom{n-1}{k}$ 个小组不包括学生 n，有 $\binom{n-1}{k-1}$ 个小组包括学生 n。

恒等式 127 $\left(\text{其中初始条件为} \binom{0}{0} = 1 \text{ 且当 } n < k \text{ 时，} \binom{n}{k} = 0\right)$ 可以用在一个简单的表中生成二项式系数，这个表就是帕斯卡三角（Pascal Triangle）[⊖]（见图 5.1）。

$n \setminus k$	0	0	2	3	4	5	6	7	8	9	10
0	1										
1	1	1									
2	1	2	1								
3	1	3	3	1							
4	1	4	6	4	1						
5	1	5	10	10	5	1					
6	1	6	15	20	15	6	1				
7	1	7	21	35	35	21	7	1			
8	1	8	28	56	70	56	28	8	1		
9	1	9	36	84	126	126	84	36	9	1	
10	1	10	45	120	210	252	210	120	45	10	1

图 5.1　行和列中的数均为非负整数，第 n 行第 k 列中的数为 $\binom{n}{k}$，空白处的数为 0

尽管从恒等式 125 出发，上面的恒等式很容易证明，但用阶乘定义的 $\binom{n}{k}$，接下来的恒等式的证明就不是那么显而易见的了。当 $k > n$ 时，$\binom{n}{k} = 0$，因此等式左边的总和是有限的。

恒等式 128　若 $n \geqslant 0$，则

$$\sum_{k \geqslant 0} \binom{n}{k} = 2^n。$$

⊖ 校者注：帕斯卡三角也称杨辉三角。

问　一个班有 n 名学生，从中任意挑选学生组成小组，共有多少种方法？

答1　当 $0\leqslant k\leqslant n$，对于每个 k，有 $\binom{n}{k}$ 个 k 人小组。故共有 $\sum_{k\geqslant 0}\binom{n}{k}$ 个这样的小组。

答2　考虑每个学生是否在小组中。因为每一个学生有两种情况（在或不在），故共有 2^n 个可能的小组。

恒等式129　若 $n\geqslant 1$，则

$$\sum_{k\geqslant 0}\binom{n}{2k}=2^{n-1}。$$

问　一个班有 n 名学生，从中挑选偶数名学生组成一个小组，共有多少种方法？

答1　当 $0\leqslant 2k\leqslant n$，对于每个 $2k$，有 $\binom{n}{2k}$ 个 $2k$ 人小组。故共有 $\sum_{k\geqslant 0}\binom{n}{2k}$ 个这样的小组。

答2　类似于之前的证明，前 $n-1$ 名学生可以随意选择在或不在这个小组中。一旦选择完毕，第 n 名学生是否在小组中也将完全地被确定，因为最终小组中学生数必须是偶数。因此，这里有 2^{n-1} 个小组。

需要注意的是最后两个恒等式表明 $\{1,\cdots,n\}$ 的一半子集有偶数个元素。因此，一半子集的元素个数是奇数。这相当于说

$$\sum_{k=0}^{n}\binom{n}{k}(-1)^k=0。$$

在下一章，我们将会对这种交替求和的形式进行更多的阐释。

恒等式130　若 $0\leqslant k\leqslant n$，则

$$k\binom{n}{k}=n\binom{n-1}{k-1}。$$

问　一个班有 n 名学生，从中挑选出 k 名学生组成一个小组，其中有一个成员是组长，共有多少种方法？

答1　这里有 $\binom{n}{k}$ 种方法选择小组，有 k 中方法选择组长。因此，共有 $k\binom{n}{k}$ 种方法。

答2　首先从有 n 名学生的班级中挑选组长，之后从余下的 $n-1$ 名学生中

挑选余下的 $k-1$ 名小组成员。这样共有 $n\binom{n-1}{k-1}$ 种方法。

下一恒等式可以看成是恒等式 130 的延伸。

恒等式 131 若 $n\geqslant 1$，则

$$\sum_{k=0}^{n}k\binom{n}{k}=n2^{n-1}。$$

问 一个班有 n 名学生，从中挑选出任意名学生组成一个小组，在挑选出的学生中有一人被选为组长，共有多少种方法?

答 1 假设小组的成员数为 k，其中 $0\leqslant k\leqslant n$，共有 $k\binom{n}{k}$ 种这样的小组。对 k 求和，我们有 $\sum_{k=0}^{n}k\binom{n}{k}$ 种可能的结果。

答 2 首先在一个 n 名学生的班级中选择一名组长，之后对剩余的 $n-1$ 名学生，可选出一个子集形成余下的小组组员，这样就有 2^{n-1} 种方法。

将上式的两端同时除以 2^n，我们可以给出对以下等价等式的另一种组合证明。

$$\frac{\sum_{k=0}^{n}k\binom{n}{k}}{2^n}=\frac{n}{2}。$$

问 集合 $\{1, \cdots, n\}$ 的子集的平均大小是多少?

答 1 我们把所有子集的大小相加并除以子集的总和。因为对于 $0\leqslant k\leqslant n$，大小为 k 的子集有 $\binom{n}{k}$ 个，而这里共有 2^n 个子集，故平均子集的大小为 $\frac{\sum_{k=0}^{n}k\binom{n}{k}}{2^n}$。

答 2 将每一个子集和它的补集进行配对。因为每个这样的配对共有 n 个元素，每一个配对平均有 $\frac{n}{2}$ 个元素。因此，平均子集的大小为 $\frac{n}{2}$。

下一恒等式，范德蒙德恒等式有一个简单的组合解释。

恒等式 132 当 $m\geqslant 0$，$n\geqslant 0$，有

$$\binom{m+n}{k}=\sum_{j=0}^{k}\binom{m}{j}\binom{n}{k-j}。$$

问 一个班里有 $m+n$ 名学生，其中有 m 名男生，n 名女生，选出一个大小为 k 的小组有多少种方法?

答 1 由定义，有 $\binom{m+n}{k}$ 种方法。

答 2 考量小组中男生的数量，当 $0 \leqslant j \leqslant k$ 时，我们考虑有 j 个男生的 k 人小组，首先选择男生（$\binom{m}{j}$ 种方法），之后余下 $k-j$ 个小组可通过选择女生来得到，有 $\binom{n}{k-j}$ 种方法。总之，共有 $\sum_{j=0}^{k}\binom{m}{j}\binom{n}{k-j}$ 个这样的小组。

之前许多恒等式都可以根据二项式定理并运用代数方法得以证明，而就连二项式定理都可以运用组合的方法得以证明。

恒等式 133 当 $n \geqslant 0$ 时，

$$(x+y)^n = \sum_{k=0}^{n}\binom{n}{k}x^k y^{n-k}。$$

问 一个班里有 n 名学生，每一个学生要么解 x 个不同代数问题中的一个，要么解 y 个不同几何问题中的一个，可能有多少种不同的结果?

答 1 对于要解的问题，每一个学生有 $x+y$ 种选择，这时共有 $(x+y)^n$ 种可能的结果。

答 2 考量选择解代数问题的学生数，当 $0 \leqslant k \leqslant n$ 时，有 $\binom{n}{k}$ 种方法决定哪 k 名学生去解代数问题，之后对于他们共有 x^k 种方法决定要解哪些代数问题，余下的 $n-k$ 名学生共有 y^{n-k} 种方法决定要解哪些几何问题。总结起来，共有 $\sum_{k=0}^{n}\binom{n}{k}x^k y^{n-k}$ 种可能的结果。

上面的证明假定 x 和 y 为整数，但该定理在 x 和 y 为实数和复数的情况下仍然成立。关于这个问题，也有一些组合方法。其中一种方法是对于任意固定的 y，恒等式的两边是关于 x 的在无穷多个点处相等的 n 阶多项式。因此它们必须相等。

另外一种（稍微偏向计数的）方法是把恒等式表示成

$$(x+y)^n = (x+y)(x+y)\cdots(x+y) \quad (n\text{ 项相乘})$$

并回答“有多少种方法可以产生 $x^k y^{n-k}$ 这一项?”，这样的每一项可通过从 k 个包含 k 的 $x+y$ 因数中选择一个 x 项，这样共有 $\binom{n}{k}$ 种方法。

下一恒等式对于数论有着有趣的应用。

恒等式 134　若 $0 \leqslant m \leqslant k \leqslant n$，则

$$\binom{n}{k}\binom{k}{m}=\binom{n}{m}\binom{n-m}{k-m}。$$

问　一个班里有 n 名学生，我们选择一个大小为 k 的大组，并且使之包含一个大小为 m 的小组，共有多少种方法？

答 1　这个大组有 $\binom{n}{k}$ 种选择方法，随之小组有 $\binom{k}{m}$ 种选择方法。

答 2　首先选择将会在大组和小组中出现的 m 名学生，这时有 $\binom{n}{m}$ 种方法。再使余下的 $n-m$ 名学生中有 $k-m$ 名学生出现在大组中，但是不出现在小组中，这时有 $\binom{n-m}{k-m}$ 种方法。

作为上一个恒等式的简单推论，Erdos 和 Szekeres 证明了接下来关于二项式系数的简单事实（人们在 1978 年之后才对它有所了解）。

推论 7　当 $0<m\leqslant k<n$ 时，$\binom{n}{m}$ 和 $\binom{n}{k}$ 有非平凡公因子，即 $\binom{n}{m}$ 和 $\binom{n}{k}$ 的最大公约数大于 $1\left(gcd\left(\binom{n}{m},\binom{n}{k}\right)>1\right)$。

证　反证法。假设 $\binom{n}{m}$ 和 $\binom{n}{k}$ 互素。由恒等式 134，$\binom{n}{m}$ 整除 $\binom{n}{k}\binom{k}{m}$。因为 $\binom{n}{m}$ 和 $\binom{n}{k}$ 无公共因子，所以 $\binom{n}{m}$ 整除 $\binom{k}{m}$。这是不成立的，因为 $\binom{n}{m}$ 大于 $\binom{k}{m}$ 是显然的（从组合角度来看）。

5.3　更多二项式系数恒等式

对于这一部分所介绍的恒等式，用子集来叙述比用小组叙述更方便些。而像恒等式 128 所证明的 $\sum_{k=0}^{n}\binom{n}{k}=2^n$，当 $m<n$ 时，对于部分和，并没有一般的闭合式存在。然而，在二项式求和时，我们交换固定变量和非固定变量，对部分和而言，一个闭合式会存在。特别地，

恒等式 135 当$0 \leqslant k \leqslant n$，有

$$\sum_{m=k}^{n}\binom{m}{k}=\binom{n+1}{k+1}。$$

问 集合$\{1, 2, \cdots, n+1\}$包含多少个$(k+1)$元子集?

答 1 由定义，有$\binom{n+1}{k+1}$个。

答 2 考量子集中的最大数字，若$k+1$元子集中所包含的最大元素为$m+1$，这时有$\binom{m}{k}$种方法。因为$m+1$最小可取$k+1$，最大可取$n+1$，这时共有$\binom{k}{k}+\binom{k+1}{k}+\cdots+\binom{n}{k}$个子集。

恒等式 136 当$0 \leqslant k \leqslant n/2$，有

$$\sum_{m=k}^{n-k}\binom{m}{k}\binom{n-m}{k}=\binom{n+1}{2k+1}。$$

问 集合$\{1, 2, \cdots, n+1\}$包含多少个$(2k+1)$元子集?

答 1 由定义，有$\binom{n+1}{2k+1}$个。

答 2 考量子集中的中间数。在大小为$2k+1$的子集中，中间元素将成为第$(k+1)$个最小的元素，在它之上有k个元素，它之下也有k个元素。（例如，在集合$\{2, 3, 5, 8, 13\}$中，中间元素是5）因此，中间元素是$m+1$且集合大小为$2k+1$的集合有$\binom{m}{k}\binom{n-m}{k}$个。因为$m+1$可以从$k+1$取值到$n+1-k$，得证。

考量集合中第r个元素，我们得到如下推广。

恒等式 137 当$1 \leqslant r \leqslant k$时，

$$\sum_{j=r}^{n+r-k}\binom{j-1}{r-1}\binom{n-j}{k-r}=\binom{n}{k}。$$

正如我们之前得到的，二项式系数和斐波那契数没有办法不碰面。接下来的几个恒等式都是同一主题的变化。

恒等式 138 当$t \geqslant 1$，$n \geqslant 0$时，

$$\sum_{x_1 \geqslant 0}\sum_{x_2 \geqslant 0}\cdots\sum_{x_t \geqslant 0}\binom{n}{x_1}\binom{n-x_1}{x_2}\binom{n-x_2}{x_3}\cdots\binom{n-x_{t-1}}{x_t}=f_{t+1}^{n}。$$

问 有多少种方法得到子集$S_1, S_2, \cdots, S_t$，其中$S_1 \subseteq \{1, 2, \cdots, n\}$，对

于 $2 \leqslant i \leqslant t$，$S_i \subseteq \{1, 2, \cdots, n\}$ 且集合 S_i 与 S_{i-1} 不相交？

答 1　考量每一个子集 S_i 的大小。产生“连续不相交”的子集，其中大小为 $x_i = |S_i|$，$1 \leqslant i \leqslant n$，这时得到 S_1 共有 $\binom{n}{x_1}$ 种方法。之后，因为 S_2 与 S_1 不相交，这时有 $\binom{n-x_1}{x_2}$ 种方法得到 S_2。又因为 S_3 与 S_2 不相交，故有 $\binom{n-x_2}{x_3}$ 种方法得到 S_3，以此类推。因此，要得到对应大小为 x_1，…，x_t 的子集 S_1，…，S_t 共有 $\binom{n}{x_1}\binom{n-x_1}{x_2}\binom{n-x_2}{x_3}\cdots\binom{n-x_{t-1}}{x_t}$ 种方法。总之，要得到 S_1，S_2，…，S_t 共有 $\sum_{x_1 \geqslant 0}\sum_{x_2 \geqslant 0}\cdots\sum_{x_t \geqslant 0}\binom{n}{x_1}\binom{n-x_1}{x_2}\binom{n-x_2}{x_3}\cdots\binom{n-x_{t-1}}{x_t}$ 种方法。

答 2　对于每一个元素 $j \in \{1, \cdots, n\}$，确定哪一个子集包含 j。通过构造，包含 j 的子集必须是不相邻的。第 1 章的练习 1 告诉我们：在集合 S_1，…，S_t 中选择包含 j 的不相邻子集，共有 f_{t+1} 种方法。因此，把元素 1 到 n 安排到子集中共有 f_{t+1}^n 种方法。

为更喜欢第 1 章平铺方法的读者我们，在这里给出恒等式 138 的另一种证明。

问　有多少种方法可以创建 n 个用方砖和多米诺砖构成的平铺 T_1，…，T_n，并且每一个平铺的长度为 $t+1$？

答 1　每一个平铺的方法数是 f_{t+1}，于是共有 f_{t+1}^n 种此类平铺。

答 2　对每一单元格 j，$1 \leqslant j \leqslant t$，设 x_j 表示在单元格 j 以多米诺为开端的平铺数量。考虑 x_1，…，x_t 所有可能的值，我们有 $\binom{n}{x_1}$ 种方法决定 T_1，…，T_n 中的哪些以多米诺砖为开端（余下的情况以方砖为开端）。在不以多米诺砖为开端的 $n-x_1$ 个平铺中，有 $\binom{n-x_1}{x_2}$ 种方法去选择哪些平铺在以单元格 2 多米诺砖为开端（在这 $n-x_1$ 个平铺中，那些未被选择的在单元格 2 处的方砖）。单元格 2、3 处没有覆盖多米诺砖的 $n-x_2$ 个平铺中有 $\binom{n-x_2}{x_3}$ 种方法去选择哪些平铺在单元格 3 以多米诺砖为开端。按照这种方式继续下去，T_1，…，T_n 有 $\binom{n}{x_1}\binom{n-x_1}{x_2}\binom{n-x_2}{x_3}\cdots\binom{n-x_{t-1}}{x_t}$ 种平铺方法，得证。

将之前的讨论进行推广，我们可得

恒等式 139 当 $t\geqslant 1$，$n\geqslant 0$，$c\geqslant 0$ 时，

$$\sum_{x_1\geqslant 0}\sum_{x_2\geqslant 0}\cdots\sum_{x_t\geqslant 0}\binom{n-c}{x_1}\binom{n-x_1}{x_2}\binom{n-x_2}{x_3}\cdots\binom{n-x_{t-1}}{x_t}=f_t^c f_{t+1}^{n-c}。$$

问 有多少种方法可以创建 n 个用方砖和多米诺砖构成的长均为 $t+1$ 的平铺 T_1，…，T_n，其中，T_1，…，T_c 以方砖为开端?

答 1 有 $f_t^c f_{t+1}^{n-c}$ 种此类平铺，因为前 c 个（$t+1$）平铺各有 f_t 种方法，余下的 $n-c$ 个（$t+1$）平铺有 f_{t+1}^{n-c} 种方法。

答 2 我们用上一个证明的方法，唯一的不同是以多米诺砖为开端的 x_1 个平铺必须从 T_{c+1}，…，T_n 中选择。因此，第一步有 $\binom{n-c}{x_1}$ 种方法，而非 $\binom{n}{x_1}$ 种。

将恒等式 138 推广到另一方向可得到卢卡斯恒等式。

恒等式 140 当 $t\geqslant 1$，$n\geqslant 0$ 时，

$$\sum_{x_1\geqslant 0}\sum_{x_2\geqslant 0}\cdots\sum_{x_t\geqslant 0}\binom{n}{x_1}\binom{n-x_1}{x_2}\binom{n-x_2}{x_3}\cdots\binom{n-x_{t-1}}{x_t}2^{x_1}=L_{t+1}^n。$$

证明过程与恒等式 138 相同，但在这里以多米诺砖为开端的 x_1 个平铺会给出两个相位中的一个进行选择。更一般地，我们有

恒等式 141 当 $t\geqslant 1$，$n\geqslant 0$ 时，

$$\sum_{x_1\geqslant 0}\sum_{x_2\geqslant 0}\cdots\sum_{x_t\geqslant 0}\binom{n}{x_1}\binom{n-x_1}{x_2}\binom{n-x_2}{x_3}\cdots\binom{n-x_{t-1}}{x_t}G_0^{x_1}G_1^{n-x_1}=G_{t+1}^n,$$

其中 G_j 是以 G_0、G_1 为前两项的广义斐波那契数列中的第 j 个元素。

我们注意到，应用恒等式 138 以及它的推论来源于对以下第 1 章恒等式 5 推论的组合证明。

恒等式 142 当 $t\geqslant 1$，$n\geqslant 0$ 时，

$$\sum_{x_1\geqslant 0}\sum_{x_2\geqslant 0}\cdots\sum_{x_t\geqslant 0}\binom{n-x_t}{x_1}\binom{n-x_1}{x_2}\binom{n-x_2}{x_3}\cdots\binom{n-x_{t-1}}{x_t}=\frac{f_{tn+t-1}}{f_{t-1}}。$$

关于它的组合证明参见［14］。

5.4 可重复选择

在这一部分，我们将研究涉及 $\left(\binom{n}{k}\right)$ 的恒等式，并将它称作“n 次可重复

选择k”，即可以看作从n个元素中挑选出k个允许重复的元素的方法数，与挑选次序无关。从{1，2，3，4}中可得到20种3元重子集[㊀]，结果在图5.2中给出。而$\binom{n}{k}$除不允许重复外，其他条件相同。集合{1，2，3，4}的3元子集的4种情况也在图5.2中给出。换一个角度，$\left(\binom{n}{k}\right)$也可看成是$x_1+x_2+\cdots+x_n=k$的非负整数解的个数。当$1\leqslant i\leqslant n$时，$x_i$可看成是第$i$项被选择的次数。

$\left(\binom{4}{3}\right)=20$				$\binom{4}{3}=4$
{1, 1, 1}	{1, 2, 3}	{2, 2, 2}	{2, 4, 4}	{1, 2, 3}
{1, 1, 2}	{1, 2, 4}	{2, 2, 3}	{3, 3, 3}	{1, 2, 4}
{1, 1, 3}	{1, 3, 3}	{2, 2, 4}	{3, 3, 4}	{1, 3, 4}
{1, 1, 4}	{1, 3, 4}	{2, 3, 3}	{3, 4, 4}	{2, 3, 4}
{1, 2, 2}	{1, 4, 4}	{2, 3, 4}	{4, 4, 4}	

图5.2 {1，2，3，4}的3元重子集和3元子集

我们喜欢用下面的几种方法来说明$\left(\binom{n}{k}\right)$。

竞选 将$\left(\binom{n}{k}\right)$看成是把$k$张选票分配给$n$名候选人的方法数。这里，$x_i$看成是候选人$i$所得到的选票数。

冰淇淋桶 将$\left(\binom{n}{k}\right)$看成是从$n$种口味的冰淇淋中选择$k$种，其中可以重复选择同一种口味，并且选择的顺序不重要。这里，x_i看成是口味i被选中的次数。

非递减序列的顺序 把$\left(\binom{n}{k}\right)$看作是正整数序列$a_1$，$a_2$，…，$a_k$的个数，其中$1\leqslant a_1\leqslant a_2\leqslant\cdots\leqslant a_k\leqslant n$，这里$x_i$表示序列中数字$i$的个数。

书呆子和糖果 $\left(\binom{n}{k}\right)$看成是把$k$个相同的糖果分给$n$个饿着肚子的书呆子，书呆子可得到任意数量的糖果，包括0。这里，x_i看作是分给书呆子i的糖

㊀ 校者注：重子集原文为multisubset。

果数（我们对有意书写错误报以歉意，但这的确可以帮助你记住 n 和 k!）。[⊖]

刚好 $\left(\binom{n}{k}\right)$ 可看作是二项式系数中的项。对于这一基本恒等式，我们给出三个不同的证明。

恒等式 143 当 $n\geqslant 0$，$k\geqslant 0$ 时，

$$\left(\binom{n}{k}\right)=\binom{n+k-1}{k}。$$

问 把 k 个相同的糖果分给 n 个书呆子有多少种方法？

答 1 由定义，有 $\left(\binom{n}{k}\right)$ 种。

答 2 我们用“星星和木条”来代表每一种分配方案。具体地，每一种分配方案可看成是 k 颗星星的排列方式（每颗可表示一个糖果）。而 $n-1$ 个木条用来分隔这些书呆子们。例如，把 10 个糖果分配给 4 名书呆子时，图 5.3 给出的 10 颗星星和 3 根木条的排列表示书呆子 1，2，3，4 分别得到 3，2，0，5 个糖果时的位置。每一种此类的安排都需要把 $n+k-1$ 个东西排成一行并且决定它们之中哪 k 个将会成为糖果（在我们的例子中，糖果放置在 1，2，3，5，6，9，10，11，12，13）。

★	★	★	|	★	★	|	|	★	★	★	★	★
1	2	3	4	5	6	7	8	9	10	11	12	13

图 5.3 用星星和木条来表示可重复选择

以上的恒等式可由一一对应的关系证得。

集合 1 令 S 是整数序列 a_1，a_2，…，a_k 的集合，其中 $1\leqslant a_1<a_2<\cdots\leqslant a_k\leqslant n$。由我们之前的解释可得 $|S|=\left(\binom{n}{k}\right)$。

集合 2 令 T 是整数序列 b_1，b_2，…，b_k 的集合，其中 $1\leqslant b_1<b_2<\cdots<b_k\leqslant n+k-1$。$T$ 中的每一个元素可看作是 $\{1,\cdots,n+k-1\}$ 的 k 元子集，则 $|T|=\binom{n+k-1}{k}$。

对应关系 对于 S 中的序列 $(a_1, a_2, \cdots, a_k)$，当 $i=1$，…，k 时，令 $b_i=$

⊖ 校者注：书呆子英文为 nerd，糖果英文本应为 Candy，但作者用了同音词 kandy 方便读者区分 n 与 k。

a_i+i-1。显然，得到的序列（b_1，b_2，…，b_k）属于 T。例如，当 $n=10$，$k=6$ 时，非递减序列 1，1，2，3，5，8 对应递增序列 1，2，4，6，9，13。因为这一过程是可逆的（$a_i=b_i-i+1$），即得到 $|S|=|T|$。

我们也可以通过先证明以下恒等式得到恒等式 143。

恒等式 144　当 $0\leqslant n\leqslant m$ 时，

$$\left(\!\!\binom{n}{m-n}\!\!\right)=\binom{m-1}{n-1}。$$

问　把 m 张选票分配给 n 个候选人，每一名候选人至少得到一张选票，有多少种方法？

答 1　首先我们给每个候选人一张选票（因为选票是相同的，所以做这件事只有一种方法），之后我们分配余下的 $m-n$ 张选票。因此，这里有 $\left(\!\!\binom{n}{m-n}\!\!\right)$ 种方法给候选人投票。注意，只有当 $n\leqslant m$ 时，这个数字是非零的。

答 2　这里，我们对星星和木条的处理稍微不同。我们从 m 颗星星开始，每一颗代表一张选票，但是因为没有候选人会得零票，两个木条不能挨着，也不能在一行的首尾处。换句话说，当安排 $n-1$ 个分隔线时，我们有确定的 $m-1$ 个位置。在这种情形下共有 $\binom{m-1}{n-1}$ 种完成方法。在图 5.4 给出的例子中，候选人 1，2，3，4 分别得到 5，2，1，2 张选票。

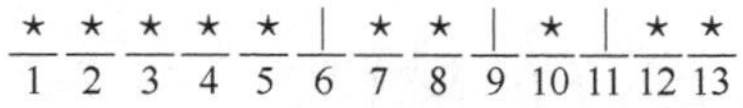

★ ★ ★ ★ ★ | ★ ★ | ★ | ★ ★
1 2 3 4 5 6 7 8 9 10 11 12 13

图 5.4　另一种用星星和木条的表示方法

通过令 $m=n+k$，恒等式 143 是下一恒等式的简化形式。

恒等式 145　当 $n\geqslant 1$，$k\geqslant 0$ 时，

$$\left(\!\!\binom{n}{k}\!\!\right)=\left(\!\!\binom{k+1}{n-1}\!\!\right)。$$

集合 1　令 S 表示排列 k 颗星星和 $n-1$ 根木条方法的集合。由我们之前的解释可得 $|S|=\left(\!\!\binom{n}{k}\!\!\right)$。

集合 2　令 T 表示排列 k 根木条和 $n-1$ 颗星星方法的集合。由相同的解释可得 $|T|=\left(\!\!\binom{k+1}{n-1}\!\!\right)$。

对应关系 通过把星星转化成木条和把木条转化成星星，在 S、T 之间我们得到了一一对应关系。因此 $\left(\binom{n}{k}\right)=\left(\binom{k+1}{n-1}\right)$。

不难发现，这里许多可重复选择恒等式跟之前的二项式恒等式相似。下面我们来看符合帕斯卡特征的恒等式。

恒等式 146 当 $n\geqslant 0$，$k\geqslant 0$（$n=k=0$ 不考虑），有

$$\left(\binom{n}{k}\right)=\left(\binom{n}{k-1}\right)+\left(\binom{n-1}{k}\right)。$$

问 从 n 种不同口味的冰淇淋选择 k 种，共有多少种方法？

答 1 由定义，有 $\left(\binom{n}{k}\right)$ 种。

答 2 考虑第 n 种口味的冰淇淋是否被挑选。如果选上了，从第 n 种口味的冰淇淋中拿出一勺放到篮子里（有一种方法），余下的 $k-1$ 勺有 $\left(\binom{n}{k-1}\right)$ 种方法；否则，k 勺冰淇淋可能从 $n-1$ 种其他口味的冰淇淋中选出，共有 $\left(\binom{n-1}{k}\right)$ 种方法。

在此，我们鼓励读者运用 $\left(\binom{n}{k}\right)$ 的其他组合解释提供相似的组合证明。再来看下一恒等式，你初次看到它时或许不认为它会成立。

恒等式 147 $k\left(\binom{n}{k}\right)=n\left(\binom{n+1}{k-1}\right)$。

问 构造一个非递减序列 $1\leqslant a_1\leqslant a_2\leqslant\cdots\leqslant a_k\leqslant n$，并对此序列中的一个元素加下划线，共有多少种方法？

答 1 由定义可知，构造上述序列有 $\left(\binom{n}{k}\right)$ 种方法，之后有 k 种方法去选择加下划线的元素。因此，共有 $k\left(\binom{n}{k}\right)$ 种方法。

答 2 首先确定画下划线的元素，对于此种情形，这里有 n 种选择。假设需要画下划线的元素是 r，接下来构造一个从 1 到 $n+1$ 中选值，含有 $k-1$ 个元素的非递减序列，此时可得到 $\left(\binom{n+1}{k-1}\right)$ 个此类序列。任何被挑选出来的 r 将会排列到加了下划线的值 r 的左侧，而被挑选出来的 $n+1$ 将被换成 r，重新排列到

下划线 r 的右侧。因此，这里共有 $n\left(\!\left(\binom{n+1}{k-1}\right)\!\right)$种此种序列。例如，如果 $n=5$，$k=9$，并且加了下划线的元素 $r=2$，那么 8 元素序列 1，1，2，3，3，5，6，6 生成 9 元素序列 1，1，2，2，2，2，3，3，5。

恒等式 148　对于 $k\geqslant 1$，有

$$\left(\!\left(\binom{n}{k}\right)\!\right)=\sum_{m=1}^{n}\left(\!\left(\binom{m}{k-1}\right)\!\right)。$$

问　构造一个非递减序列 $1\leqslant a_1\leqslant a_2\leqslant\cdots\leqslant a_k\leqslant n$，共有多少种方法？

答 1　跟之前一样，有$\left(\!\left(\binom{n}{k}\right)\!\right)$种方法。

答 2　考虑序列中最大的元素 a_k，若 $1\leqslant m\leqslant n$，当 $a_k=m$，此类 k 元素序列的数量等于（$k-1$）元素序列 $1\leqslant a_1\leqslant a_2\leqslant\cdots\leqslant a_{k-1}\leqslant m$ 的数量。因为由定义可知，共有$\left(\!\left(\binom{m}{k-1}\right)\!\right)$个这样的序列，则一共可以得到 $\sum_{m=1}^{n}\left(\!\left(\binom{m}{k-1}\right)\!\right)$个此类序列。

虽然 $\sum_{k=0}^{m}\left(\!\left(\binom{n}{k}\right)\!\right)$没有闭合式，但是我们的确可以得到

恒等式 149　对于 $n\geqslant 0$，有

$$\sum_{k=0}^{m}\left(\!\left(\binom{n}{k}\right)\!\right)=\left(\!\left(\binom{n+1}{m}\right)\!\right)。$$

问　将 m 张选票分配给 $n+1$ 个候选人，共有多少种方法？

答 1　跟之前一样，有$\left(\!\left(\binom{n+1}{m}\right)\!\right)$种方法。

答 2　考量候选人 1 到 n 的得票数。对于 $0\leqslant k\leqslant m$，如果前 n 名候选人总共收到了 k 张选票，便有$\left(\!\left(\binom{n}{k}\right)\!\right)$种方法来分配这些选票，候选人 $n+1$ 得到余下的 $m-k$ 张选票。于是共有 $\sum_{k=0}^{m}\left(\!\left(\binom{n}{k}\right)\!\right)$种分配方法。

本节最后讨论的恒等式为

$$\left(\!\left(\binom{n}{k}\right)\!\right)=\sum_{m=0}^{n}\binom{n}{m}\binom{k-1}{m-1}。$$

或等价地，

恒等式 150　对于 $n\geqslant 0$，有

$$\left(\!\left(\binom{n}{k}\right)\!\right)=\sum_{m=0}^{n}\binom{n}{m}\left(\!\left(\binom{m}{k-m}\right)\!\right)。$$

问 将 k 个相同的糖果分配给 n 名书呆子，共有多少种方法？

答 1 跟之前一样，有 $\left(\binom{n}{k}\right)$ 种方法。

答 2 考量有多少名书呆子收到任何糖果，对于 $0\leqslant m\leqslant n$，如果收到糖果的书呆子数量恰好为 m，那么有 $\binom{n}{m}$ 种方法进行挑选，有一种方法给他们各一个糖果，且对于余下的 $k-m$ 个糖果的分配方法共有 $\left(\binom{m}{k-m}\right)$ 种。

如果以上多重恒等式的知识还没让你“饱”，那就请尽情享受我们的练习题吧！

5.5 帕斯卡三角形中的奇数

我们以一个有关二项式的漂亮组合证明作为本章的结束，如果再次观察帕斯卡三角，我们就会发现每一行奇数的数量总是一个 2 的乘方。更具体地，我们来证明接下来的这个不可思议的定理。

定理 8 对于 $n\geqslant 0$，若 n 的二进制展开中 1 的数量为 b，则帕斯卡三角中第 n 行奇数的数量为 2^b。

例如，因为 $76=64+8+4=(1001100)_{基是2}$，那么帕斯卡三角的第 76 行存在着 $2^3=8$ 个奇数。换句话说，k 有 8 个取值使得 $\binom{76}{k}$ 为奇数。

卢卡斯数证明了一个更一般的结论，我们在书中的上一章提到过。为了证明这一定理，对于 $0\leqslant k\leqslant n$，我们需要设计一个判定 $\binom{n}{k}$ 奇偶性的方法，之后数其中奇数的个数。

定理 8 的证明会多次使用了一个简单的事实并且用 $a=br$ 容易证明。

引理 9 若 $r=\frac{a}{b}$，其中 r，a，b 为整数，如果 a 为偶数、b 为奇数，则 r 为偶数；如果 a 为奇数、b 为奇数，则 r 为奇数。

下一个引理为 $\binom{n}{k}$ 奇偶性的确定提供了一个很快的方法。

引理 10 如果 n 为偶数、k 为奇数，则 $\binom{n}{k}$ 为偶数。否则，

$$\binom{n}{k} = \binom{\lfloor \frac{n}{2} \rfloor}{\lfloor \frac{k}{2} \rfloor} \pmod 2\text{。}$$

因此，除了当 n 为偶数、k 为奇数的情况外，$\binom{n}{k}$ 与 $\binom{n/2}{k/2}$ 奇偶性相同，其中 $n/2$、$k/2$ 必要时向下取整。例如，

$$\binom{57}{37} \equiv \binom{28}{18} \equiv \binom{14}{9} \pmod 2\text{。}$$

并且因为 14 是偶数，9 是奇数，所以 $\binom{14}{9}$ 是偶数，这样可得 $\binom{57}{37}$ 是偶数。

从另一方面考虑，

$$\binom{57}{25} \equiv \binom{28}{12} \equiv \binom{14}{6} \equiv \binom{7}{3} \equiv \binom{3}{1} \equiv \binom{1}{0} \equiv 1 \pmod 2\text{，}$$

因此，$\binom{57}{25}$ 是奇数。

引理 10 的证明如下。

情况 1 当 n 为偶数、k 为奇数时，由恒等式 130 可得整数 $\binom{n}{k} \equiv \dfrac{n\binom{n-1}{k-1}}{k}$ 的分子为偶数，分母为奇数。因此再由引理 9 可知 $\binom{n}{k}$ 必为偶数。

情况 2 当 n、k 均为偶数时，由 $\binom{n}{k}$ 的定义式，把奇数与偶数分开（非组合方法）。组合方法的推导见恒等式 224。最终，我们可得

$$\begin{aligned}
\binom{n}{k} &= \frac{n(n-1)(n-2)\cdots(n-k+1)}{1\cdot 2\cdot 3\cdot \cdots \cdot k} \\
&= \frac{(n-1)(n-3)\cdots(n-k+1)}{1\cdot 3\cdot 5\cdot \cdots \cdot (k-1)} \cdot \frac{n(n-2)(n-4)\cdots(n-k+2)}{2\cdot 4\cdot 6\cdot \cdots \cdot k} \\
&= \frac{(n-1)(n-3)\cdots(n-k+1)}{1\cdot 3\cdot 5\cdot \cdots \cdot (k-1)} \cdot \frac{2^{\frac{k}{2}}\frac{n}{2}\left(\frac{n}{2}-1\right)\left(\frac{n}{2}-2\right)\cdots\left(\frac{n}{2}-\frac{k}{2}+1\right)}{2^{\frac{k}{2}}\cdot 1\cdot 2\cdot 3\cdot \cdots \cdot \frac{k}{2}} \\
&= \frac{(n-1)(n-3)\cdots(n-k+1)\binom{n/2}{k/2}}{1\cdot 3\cdot 5\cdot \cdots \cdot (k-1)}\text{。}
\end{aligned}$$

现在，分母的结果的确为奇数，分子中除了最后一项外也都是奇数。因此由引理 9 可知 $\binom{n}{k}$ 与 $\binom{n/2}{k/2}$ 奇偶性相同。即

$$\binom{n}{k} \equiv \binom{n/2}{k/2} = \binom{\lfloor \frac{n}{2} \rfloor}{\lfloor \frac{k}{2} \rfloor} \pmod 2,$$

即证。

情况 3 当 n、k 均为奇数时，我们再次运用恒等式 130 和引理 9 可以得到

$$\binom{n}{k} = \frac{n\binom{n-1}{k-1}}{k} \equiv \binom{n-1}{k-1} \pmod 2,$$

但是由于 $n-1$、$k-1$ 均为偶数，情况 2 中有 $\binom{n-1}{k-1} \equiv \binom{(n-1)/2}{(k-1)/2} \pmod 2$。

于是，$\binom{n}{k}$ 与 $\binom{\lfloor \frac{n}{2} \rfloor}{\lfloor \frac{k}{2} \rfloor}$ 奇偶性相同（mod 2），即证。

情况 4 当 n 为奇数、k 为偶数时，练习中的恒等式 151 告诉我们 $(n-k)\binom{n}{k} = n\binom{n-1}{k}$，于是，如同情况 3 的讨论方法，我们可得 $\binom{n}{k} = \frac{n\binom{n-1}{k}}{n-k} \equiv \binom{n-1}{k} \equiv \binom{(n-1)/2}{k/2} = \binom{\lfloor \frac{n}{2} \rfloor}{\lfloor \frac{k}{2} \rfloor}$，即证。

但是，这些与我们最初的定理有什么关系呢？我们需要的仅仅是一些有关二进制表达的事实。回顾如果 $(b_t b_{t-1} \cdots b_1 b_0)_2$ 是 x 的二进制表达，其中 b_i 等于 0 或 1，那么 $x = b_t 2^t + b_{t-1} 2^{t-1} + \cdots + b_1 2^1 + b_0$。因此，$x$ 由 b_0 决定并且 $\lfloor \frac{x}{2} \rfloor = b_t 2^{t-1} + b_{t-1} 2^{t-2} + \cdots + b_1$ 的二进制表达为 $(b_t b_{t-1} \cdots b_2 b_1)_2$。

当 n 和 k 以二进制的形式书写时，我们可以简单地应用定理 10。例如，我们研究 $\binom{76}{52}$ 的奇偶性，当这两个数均写成二进制的形式时，有

$$76 = 64 + 8 + 4 = (1001100)_2,$$
$$52 = 32 + 16 + 4 = (0110100)_2。$$

52 的二进制展开中打头的数字 0 是额外插入进去的，这是为了这两个数有

相同的长度。既然这两个二进制展开都以 0 结束，这说明我们必然有$\binom{\text{偶数}}{\text{偶数}}$的情况。因此，重复使用定理 10，可得

$$\binom{(100110)_2}{(011010)_2}\equiv\binom{(10011)_2}{(01101)_2}\equiv\binom{(1001)_2}{(0110)_2}\equiv\binom{(100)_2}{(011)_2}\ (\bmod 2),$$

因为上一个数为$\binom{\text{偶数}}{\text{奇数}}$，由定理 10 可知$\binom{76}{52}$是偶数。一般来说，$\binom{n}{k}$为偶数当且仅当$\binom{n}{k}$最终成为$\binom{\text{偶数}}{\text{奇数}}$，当且仅当在 n 和 k 的二项式展开中，数字 1 直接出现在 0 的下面。如图 5.5 所示。

$$\binom{76}{52}=\binom{(1001100)_2}{(0110100)_2}\qquad\qquad\binom{76}{12}=\binom{(1001100)_2}{(0001100)_2}$$

图 5.5　$\binom{76}{52}$是偶数，但是$\binom{76}{12}$是奇数

因此若$\binom{76}{k}$是奇数，

$$76=(1001100)_2。$$

k 的形式必为

$$k=(x\,0\,0\,y\,z\,0\,0)_2。$$

其中 x，y，z 可以是 0 或 1，那么 k 有 $2^3=8$ 种情况使$\binom{76}{k}$是奇数。同理，$\binom{n}{k}$为奇数的情况有 2^j 种，其中 j 是 n 的二进制展开中 1 的个数。

事实上，证明过程已经明确地告诉我们 k 为何值时可得到奇数。对于 76，它们是

$$\begin{aligned}64+8+4&=76,\\64+8&=72,\\64+4&=68,\\64&=64,\\8+4&=12,\\8&=8,\\4&=4,\\0&=0。\end{aligned}$$

定理 8 的模任何素数的推论和两种不同的组合证明将在第 8 章出现，称为卢卡斯定理。

5.6 注记

对于更多的二项式系数恒等式和更多不同的证明方式，参见赖尔登的《组合恒等式》[46]，格拉哈姆，克努特和帕塔许尼克的《具体数学》[28]，或者维尔夫的 ***Generatingfunctionology*** [61]。Pascal 三角中的奇数问题的主要证明方法参见波利亚，图拉真和伍德 [41]。

5.7 练习

通过直接的组合论证证明下列恒等式。

恒等式 151 若 $n \geqslant k \geqslant 0$，$(n-k)\binom{n}{k} = n\binom{n-1}{k}$。

恒等式 152 若 $n \geqslant 2$，$k(k-1)\binom{n}{k} = n(n-1)\binom{n-2}{k-2}$。

恒等式 153 若 $n \geqslant 3$，$\sum_{k \geqslant 0} k(k-1)(k-2)\binom{n}{k} = n(n-1)(n-2)\binom{n-3}{3}$。

恒等式 154 若 $n \geqslant 4$，$\binom{\binom{n}{2}}{2} = 3\binom{n}{4} + 3\binom{n}{3}$。

恒等式 155 若 $0 \leqslant m \leqslant n$，$\sum_{k \geqslant 0}\binom{n}{k}\binom{k}{m} = \binom{n}{m}2^{n-m}$。

恒等式 156 若 $0 \leqslant m < n$，$\sum_{k \geqslant 0}\binom{n}{2k}\binom{2k}{m} = \binom{n}{m}2^{n-m-1}$。

恒等式 157 若 $m, n \geqslant 0$，$\sum_{k \geqslant 0}\binom{m}{k}\binom{n}{k} = \binom{m+n}{n}$。

恒等式 158 若 $m, n \geqslant 0$，$\sum_{k \geqslant 0}\binom{n}{k}\binom{n-k}{m-k} = \binom{n}{m}2^{m}$。

恒等式 159 若 $n \geqslant 1$，$\sum_{k \geqslant 0} k\binom{n}{k}^{2} = n\binom{2n-1}{n-1}$。

恒等式 160 若 $n \geqslant 0$，$\sum_{k=0}^{n}\binom{n}{k}^{2} = \binom{2n}{n}$。

恒等式 161 若 $n\geqslant 0$，$\sum_{k\geqslant 0}\binom{n}{2k}\binom{2k}{k}2^{n-2k}=\binom{2n}{n}$。

下个恒等式通过二项式或多项式系数的意义来证明。

恒等式 162 若 m，$n\geqslant 0$，$\sum_{k=0}^{m}\binom{n+k}{k}=\binom{n+m+1}{m}$。

恒等式 163 若 $t\geqslant 1$，$0\leqslant c\leqslant n$，则 $(G_1f_t)^cG_{t+1}^{n-c}$等于

$$\sum_{x_1\geqslant 0}\sum_{x_2\geqslant 0}\cdots\sum_{x_t\geqslant 0}\binom{n-c}{x_1}\binom{n-x_1}{x_2}\binom{n-x_2}{x_3}\cdots\binom{n-x_{t-1}}{x_t}G_0^{x_1}G_1^{n-x_1},$$

其中 G_i 为以 G_0，G_1 为初始元素的 Gibonacci 数列中的第 j 个元素。

恒等式 164 n，$k\geqslant 0$，$\left(\binom{n}{2k+1}\right)=\sum_{m=1}^{n}\left(\binom{m}{k}\right)\left(\binom{n-m+1}{k}\right)$。

恒等式 165 $n\geqslant 0$，$\sum_{k=0}^{n}\binom{n+k}{2k}=f_{2n}$。

恒等式 166 若 $n\geqslant 1$，则 $\sum_{k=0}^{n-1}\binom{n+k}{2k+1}=f_{2n-1}$。

更多的练习

1. 证明当 $n\geqslant 0$，$m\geqslant 1$ 时，$\sum_{k\geqslant 0}k\binom{n}{k}\binom{m}{m-k}=n\binom{n+m-1}{m-1}$。然后用同样的方法得到 $\sum_{k\geqslant 0}\binom{k}{r}\binom{n}{k}\binom{m}{m-k}$的闭合式。

2. 许多二项式系数的组合证明是可以数路径数出来的。例如证明从点（0，0）到点（$\boldsymbol{a}$，$\boldsymbol{b}$）的路径，其中每一步为一个单元向右或向上移动，共有$\binom{a+b}{a}$种。

3. 通过数路径的方式证明下列恒等式。

（a）若 a，$b>0$，则$\binom{a+b}{a}=\binom{a+b-1}{a}+\binom{a+b-1}{a-1}$。

（b）若 a，$b\geqslant 0$，$\sum_{k=0}^{a}\binom{a}{k}\binom{b}{a-k}=\binom{a+b}{a}$。

（c）若 $0\leqslant s\leqslant a$，$\sum_{k=0}^{s}\binom{s}{k}\binom{a+b-s}{a-k}=\binom{a+b}{a}$。

（d）若 a，$b\geqslant 0$，$\sum_{k=0}^{b}\binom{a+k}{a}=\binom{a+b+1}{a+1}$。

(e) 若$0\leqslant s\leqslant a$和$b\geqslant 0$，$\sum_{m=s}^{s+b}\binom{m}{s}\binom{a+b-m}{a-s}=\binom{a+b+1}{a}$。

(f) 若$n\geqslant 0$，$\sum_{k=0}^{n}\binom{2k}{k}\binom{2n-2k}{n-k}=4^n$。

4. 卡特兰数。从点(0，0)到点($2n$，n)的路径中不高于主对角线$\boldsymbol{y}=\boldsymbol{x}$的路径数为$\frac{1}{n+1}\binom{2n}{n}$。

5. 整数的拆分。令$\pi(n)$表示将整数n表示成若干非增正整数的和的拆分数。例如$\pi(4)=5$，因为4可以被拆分为$4=3+1=2+2=2+1+1=1+1+1+1$。证明将整数拆分为最大数不超过b，最多不超过a个数的拆分数为$\binom{a+b}{a}$。(例如，当$a=2$，$b=3$时，对应的10个拆分为3+3，3+2，3+1，3，2+2，2+1，2，1+1，1，$\varnothing$。)

6. $\boldsymbol{n}$的有序拆分（或组合）指的是被加数不要求按照非增的次序排列。例如4有8种有序拆分数：$4=3+1=1+3=2+2=2+1+1=1+2+1=1+1+1+1$。证明$\boldsymbol{n}$拆分成$\boldsymbol{k}$个部分的有序拆分数为$\binom{n-1}{k-1}$，且$\boldsymbol{n}$的总的有序拆分数为$2^{n-1}$。

第 6 章

正负号交错的二项式恒等式

6.1 奇偶性讨论与容斥原理

在上一章，我们证明了对于 $n>0$，$\sum_{k\geqslant 0}\binom{n}{2k}=2^{n-1}$。因为 $\sum_{k\geqslant 0}\binom{n}{k}=2^n$，这意味着集合 $\{1, \cdots, n\}$ 的一半子集大小是偶数。于是，

$$\sum_{k\geqslant 0}\binom{n}{2k}=\sum_{k\geqslant 0}\binom{n}{2k+1}。$$

这意味着 $\{1, \cdots, n\}$ 中的偶数子集和奇数子集之间存在着一种简单的一一对应关系。我们下面以建立一一映射来证明这个性质。

恒等式 167 对于 $n>0$，有

$$\sum_{k=0}^{n}\binom{n}{k}(-1)^k=0。$$

集合 1 $\mathcal{E}$ 表示 $\{1, \cdots, n\}$ 中的偶数子集 $\{a_1, \cdots, a_k\}$ 的集合，（其中 k 为偶数）。这一集合 $\mathcal{E}$ 的大小为 $\sum_{k偶数}\binom{n}{k}$。

集合 2 $\mathcal{O}$ 表示 $\{1, \cdots, n\}$ 中的奇数子集 $\{a_1, \cdots, a_k\}$ 的集合，（其中 k 为奇数）这一集合 $\mathcal{O}$ 的大小为 $\sum_{k奇数}\binom{n}{k}$。

对应关系 当 $1\leqslant a_1<a_2<\cdots<a_k\leqslant n$，对于 $\boldsymbol{X}=\{a_1, a_2, \cdots, a_k\}\in\mathcal{E}$，考虑 X 与 $\{n\}$ 的对称差分 $\boldsymbol{Y}$，即 $\boldsymbol{X}$ 和 $\{n\}$。有

$$\begin{aligned}\boldsymbol{Y}&=\boldsymbol{X}\oplus\{n\}\\&=\begin{cases}\{a_1, a_2, \cdots, a_k, n\} & n\notin X,\\ \{a_1, a_2, \cdots, a_{k-1}\} & n\in X。\end{cases}\end{aligned}$$

换句话说，如果 n 不在 $\boldsymbol{X}$ 中，那么 $\boldsymbol{X}\oplus\{n\}$ 会将 n 放入 $\boldsymbol{X}$ 中；如果 n 在 $\boldsymbol{X}$

中，那么 $\boldsymbol{X}\oplus\{n\}$ 会将 n 从 $\boldsymbol{X}$ 中移去。注意到 $\boldsymbol{X}\oplus\{n\}$ 与 $\boldsymbol{X}$ 相比元素或者多一个或者少一个，所以 $\boldsymbol{X}\oplus\{n\}$ 中必定含有奇数个元素。进一步注意 $(\boldsymbol{X}\oplus\{n\})\oplus\{n\}=\boldsymbol{X}$，所以这个对应是可逆的。于是我们证明得 $|\mathcal{E}|=|\mathcal{O}|$。

如果我们只把其中一些数字相加，我们可以得到更多普遍的结论。

恒等式 168 对于 $m\geqslant 0$，$n>0$，有

$$\sum_{k=0}^{m}\binom{n}{k}(-1)^{k}=(-1)^{m}\binom{n-1}{m}。$$

我们可以注意到当 $m\geqslant n$ 时，上式可以简化为上一个恒等式，所以我们只需要考虑当 $0\leqslant m<n$ 的情况。此恒等式的证明与之前的几乎相同，只不过我们的对应是几乎一一对应。

集合 1 令 $\mathcal{E}$ 为 $\{1,\cdots,n\}$ 中偶数子集 $\{a_1,\cdots,a_k\}$ 的集合，其中 k 是小于或等于 m 的任意偶数，它的大小为 $\sum\limits_{k\text{偶数}\geqslant 0}^{m}\binom{n}{k}$。

集合 2 令 $\mathcal{O}$ 为 $\{1,\cdots,n\}$ 中奇数子集 $\{a_1,\cdots,a_k\}$ 的集合，其中 k 是小于或等于 m 的任意奇数，它的大小为 $\sum\limits_{k\text{奇数}\geqslant 1}^{m}\binom{n}{k}$。

对应关系 正如上一个证明，对称差分 $X\oplus\{n\}$ 是我们要用的技巧。我们分 m 的奇偶情况来证明。

当 m 是偶数时，X 是 $\mathcal{E}$ 的子集，则 $X\oplus\{n\}$ 包含于 $\mathcal{O}$，因为 $X\oplus\{n\}$ 中至多为 m 个元素，唯一不匹配的子集出现在 $\binom{n-1}{m}$ 种情况中，即当 $|X|=m$，$n\notin X$，因为 $X\oplus\{n\}$ 中包含有 $m+1$ 个元素。于是，当 m 是偶数时，$|\mathcal{E}|=|\mathcal{O}|+\binom{n-1}{m}$。

当 m 是奇数且 X 是 $\mathcal{E}$ 中的子集时，$X\oplus\{n\}$ 总可以定义。但是我们丢掉了集合 $\mathcal{O}$ 中那些包含 $\{1,\cdots,n-1\}$ 中 m 个元素的子集，因为这些集合为由 $\{1,\cdots,n\}$ 中的 $m+1$ 个元素构成且包含 n 的子集。因此 $|\mathcal{O}|=|\mathcal{E}|+\binom{n-1}{m}$。

将奇数和偶数的情况结合在一起，我们得到 $|\mathcal{E}|-|\mathcal{O}|=(-1)^{m}\binom{n-1}{m}$，即证。

恒等式 167 可以被用来证明有用的容斥原理。

定理11 对于有限集合A_1，A_2，…，A_n，有

$$|A_1 \cup A_2 \cup \cdots \cup A_n| = \sum_{1 \leqslant i \leqslant n} |A_i| - \sum_{1 \leqslant i < j \leqslant n} |A_i \cap A_j| + \sum_{1 \leqslant i < j < k \leqslant n} |A_i \cap A_j \cap A_k| - \cdots + (-1)^n |A_1 \cap A_2 \cap \cdots \cap A_n|。$$

当$n=2$时，容斥原理为$|A_1 \cup A_2| = |A_1| + |A_2| - |A_1 \cap A_2|$，它可由韦恩图（Venn Diagram）得到（见图6.1）。$|A_1| + |A_2|$数了$|A_1 \cup A_2|$中所有的点，但$A_1 \cap A_2$中的点被数了两次，因此需要减去一次。

类似地，由容斥原理，当$n=3$时，有

$$|A_1 \cup A_2 \cup A_3| = |A_1| + |A_2| + |A_3| - (|A_1 \cap A_2| + |A_1 \cap A_3| + |A_2 \cap A_3|) + |A_1 \cap A_2 \cap A_3|。$$

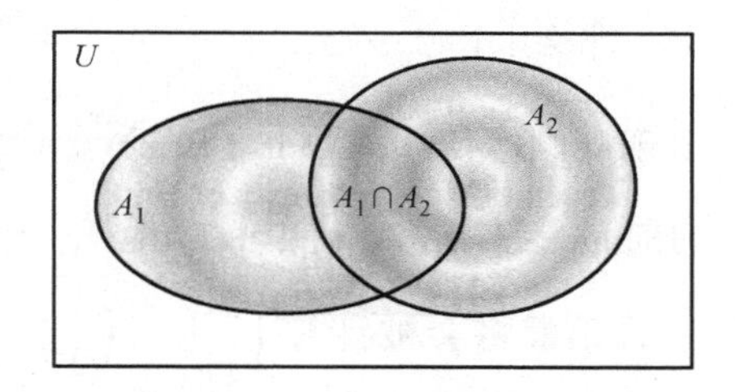

图6.1 容斥原理，在交集中的每一个元素只能被数一次

出现在一个集合中的元素的总和为$|A_1| + |A_2| + |A_3|$，但是出现在多于一个集合中的元素被重复计算了。为了弥补，我们减去接下来的三项$(-|A_1 \cap A_2| - |A_1 \cap A_3| - |A_2 \cap A_3|)$。这样，出现在两个集合中的点仅被计算过一次（更精确地，它们被计算过两次，又被减去过一次），但是出现于全部三个集合中的点没有被计算过（计算过三次，之后又被减去过三次），所以再加上最后一项$|A_1 \cap A_2 \cap A_3|$。因此，最少在一个集合出现过的元素会被精确地计算一次（没有出现在集合中的元素没有被计算上）。

由容斥原理，对于任意n，我们来考虑当$1 \leqslant k \leqslant n$，元素$x$在$n$个集合出现$k$次的情况。$|A_1| + |A_2| + \cdots + |A_n|$把这个元素算了$k$次，接着，$x$出现在两个集合中的情况为$\binom{k}{2}$，因此$\sum_{1 \leqslant i < j \leqslant n} |A_i \cap A_j|$将会把它减去$\binom{k}{2}$次。然后$\sum_{1 \leqslant i < j < k \leqslant n} |A_i \cap A_j \cap A_k|$把$X$出现$\binom{k}{3}$次，等等。总之，元素$x$将会被计算$\binom{k}{1} - \binom{k}{2} + \binom{k}{3} - \binom{k}{4} + \cdots + (-1)^{k+1}\binom{k}{k}$次。由恒等式167，这个值等于

$\binom{k}{0}=1$，因此，在 $A_1\cup A_2\cup A_3\cdots\cup A_n$ 中的每一个元素都只被计算过一次。

我们刚刚用恒等式 167 证明了容斥原理，而且，更令人满意的是，我们还可以通过容斥原理来证明恒等式 167。

问　假设 $A_1=A_2=\cdots=A_n=\{1\}$，求 $|A_1\cup A_2\cup\cdots\cup A_n|$。

答 1　显然 $A_1\cup A_2\cup\cdots\cup A_n=\{1\}$ 的大小为 1。

答 2　运用容斥原理，对于 $1\leqslant k\leqslant n$，k 个子集的每个相交会为正负号交错和贡献出 1 来，于是并集的大小为 $\binom{n}{1}-\binom{n}{2}+\binom{n}{3}-\cdots+(-1)^n\binom{n}{n}$。

从恒等式 168，我们可对容斥定理有更多的了解，首先对 A_1，…，A_n 进行观察，如果它们均不相交，那么 $|A_1\cup\cdots\cup A_n|=|A_1|+\cdots+|A_n|$。如果一个元素在至少两个集合中出现，则 $|A_1\cup\cdots\cup A_n|$ 被 $\sum_{i=1}^{n}|A_i|$ 多算了。更一般地，假设我们用容斥原理中的前 m 步去估算 $|A_1\cup\cdots\cup A_n|$，由容斥原理的证明，任何一个出现在 k 个集合中的元素将会被计算 $\binom{k}{1}-\binom{k}{2}+\binom{k}{3}-\binom{k}{4}+\cdots+(-1)^{m+1}\binom{k}{m}$ 次。但由恒等式 168，它可简化为 $\binom{k}{0}+(-1)^{m+1}\binom{k-1}{m}=1+(-1)^{m+1}\binom{k-1}{m}$。

注意当 $k\leqslant m$ 时，$\binom{k-1}{m}=0$，并且每一个元素将被计算一次，即证。然而如果 $k>m$，取决于 m 的奇偶性，元素要么多计算要么少计算 $\binom{k-1}{m}$ 次，最终，在集合 A_1，…，A_n 中，任意一个元素出现的次数多于 m，则当 m 为奇数时，容斥原理中前 m 步必多计算 $|A_1\cup\cdots\cup A_n|$，当 m 为偶数时，则必少计算 $|A_1\cup\cdots\cup A_n|$。这种关系有时被称为 Bonferroni 不等式。

6.2　正负号交错的二项式系数恒等式

在本节，我们将证明几个有趣的正负号交错二项式系数的特性，这些证明要么是通过建立两个集合间的几乎一一对应，要么通过引用容斥原理。这些特性中的一些利用了克罗内克符号函数 $\delta_{n,m}$，当 $n=m$ 时，$\delta_{n,m}=1$；否则，$\delta_{n,m}=$

0。我们以下面恒等式167的推广开始。

恒等式169　对于m，$n\geqslant 0$，有

$$\sum_{k=0}^{n}\binom{n}{k}\binom{k}{m}(-1)^k=(-1)^n\delta_{n,m}。$$

集合1　对于n，$m\geqslant 0$，令$\mathcal{E}$表示有序对集合（S，T），其中$T\subseteq S\subseteq\{1,\cdots,n\}$，$|T|=m$并且$|S|$是偶数。对于偶数$k$，$\mathcal{E}$包含$\binom{n}{k}\binom{k}{m}$个元素，其中$|S|=k$，因此共包含$\sum_{k为偶数}\binom{n}{k}\binom{k}{m}$个元素。

集合2　对于n，$m\geqslant 0$，令$\mathcal{O}$表示有序对集合（S，T），其中$T\subseteq S\subseteq\{1,\cdots,n\}$，$|T|=m$并且$|S|$是奇数。对于奇数$k$，$\mathcal{O}$包含$\binom{n}{k}\binom{k}{m}$个元素，其中$|S|=k$，因此共包含$\sum_{k为奇数}\binom{n}{k}\binom{k}{m}$个元素。

对应关系　首先当$n<m$时，$\mathcal{E}$和$\mathcal{O}$都是空集，则恒等式成立。当$n=m$是偶数，那么$\mathcal{E}$包含一个元素，即$T=S=\{1,\cdots,n\}$，$\mathcal{O}$是空集。同样地，当$n=m$是奇数，那么$\mathcal{E}$是空集，$\mathcal{O}$包含一个元素。不管怎样，正如恒等式预测的那样，$\mathcal{E}$和$\mathcal{O}$恰好相差一个元素。

当$n>m$时，我们在$\mathcal{E}$和$\mathcal{O}$之间建立一个如下一一对应的关系。对于任意有序对（S，T），令x是$\{1,\cdots,n\}$中最大的元素并且x不在T中。因为$n>m$，所以这样的x一定存在。现在如果$x\in S$，我们删除它；如果$x\notin S$，我们把它放进去。换句话说，我们把（S，T）与（$S\oplus x$，T）对应起来。因为$|S|$与$|S\oplus x|$有相反的奇偶性，我们有了一个$\mathcal{E}$和$\mathcal{O}$之间一一对应的关系。

同样的想法可以应用于下一个恒等式，在下一个恒等式中我们先从$\{1,\cdots,n\}$中选子集S，然后选择S的大小为m的可重复选择子集。

恒等式170　对于$n\geqslant m$，有

$$\sum_{k=0}^{n}\binom{n}{k}\left(\!\binom{k}{m}\!\right)(-1)^k=(-1)^n\delta_{n,m}。$$

集合1　对于$n\geqslant m\geqslant 0$，令$\mathcal{E}$表示从$\{1,\cdots,n\}$的候选人中选出一个偶数的方法的集合，然后将m张选票分配给他们。对于偶数k个候选人，$\mathcal{E}$包含$\binom{n}{k}\left(\!\binom{k}{m}\!\right)$个元素，所以共包含$\sum_{k为偶数}\binom{n}{k}\left(\!\binom{k}{m}\!\right)$个元素。

集合2　对于$n\geqslant m\geqslant 0$，令$\mathcal{O}$表示从候选人集合$\{1,\cdots,n\}$中选出奇数

个人的方法的集合，然后将 m 张选票分配给他们。对于奇数 k 个候选人，$\mathcal{O}$ 包含 $\binom{n}{k}\left(\binom{k}{m}\right)$ 个元素，故而共包含 $\sum_{k为奇数}\binom{n}{k}\left(\binom{k}{m}\right)$ 个元素。

对应关系 如果 $m=n$，所有的 n 个候选人被选择并且每一个人接受一张选票只有一种情况。这是一种不相配的情况，并且导致了式中出现 $(-1)^n$。否则，我们将选择所有候选人奇偶数配对。对于 $\mathcal{E}$ 中已给出的一个元素，我们关注没有获得选票的人组成的集合 $\{1, \cdots, n\}$，令 x 为其中编号最大的人。若 $m \leqslant n$，则 x 必定存在；若 x 不在候选人之中，则将 x 放入备选之中（即便他没有获得选票），若 x 在候选人之中，我们可以将候选人 x 从备选中去除，因其没有获得选票，所以对得票没有影响。换句话说，我们利用（$S \oplus x$，T）将备选 S 与选票的多重子集 T 对应起来，得证。

在下一个恒等式中，我们将恒等式 170 的范围扩大 m，允许超过 n。

恒等式 171 对于任意 m，$n \geqslant 0$，有

$$\sum_{k=0}^{n}\binom{n}{k}\left(\binom{k}{m}\right)(-1)^k=(-1)^n\left(\binom{n}{m-n}\right),$$

此处，集合 1 和集合 2 与前面的证明没有变化。当 $m \leqslant n$ 时，可以归纳为前面的证明。当 $m>n$ 时，我们有如下关系。

对应关系 此处，$\left(\binom{n}{m-n}\right)$ 表示（S，T）的个数，其中 $\{1, \cdots, n\}$ 中所有元素都可以备选，并且每个人至少有一张选票。这些数对保持了不匹配性。另外，选择 x 作为 n 中没有选票的元素中最大的数字，并且把（S，T）与（$S \oplus x$，T）对应起来使其与 $\mathcal{E}$ 和 $\mathcal{O}$ 之间具有相同的对应关系。

下面两条恒等式可看作平铺特性。回忆一下第一章的恒等式 4，用方砖-多米诺砖平铺 n-板，其中含有 k 块多米诺砖的情况为 $\binom{n-k}{k}$。因此，

$$\sum_{k\geqslant 0}(-1)^k\binom{n-k}{k}$$

表示 n-平铺中有偶数块多米诺砖与奇数块多米诺砖平铺数的不同。

恒等式 172 对于 $n \geqslant 0$，有

$$\sum_{k\geqslant 0}(-1)^k\binom{n-k}{k}=\begin{cases}1 & 如果\ n\equiv 0\ 或\ 1\ (\mathrm{mod}\ 6),\\ 0 & 如果\ n\equiv 2\ 或\ 5\ (\mathrm{mod}\ 6),\\ -1 & 如果\ n\equiv 3\ 或\ 4\ (\mathrm{mod}\ 6)。\end{cases}$$

集合1 令 $\mathcal{E}$ 表示有偶数块多米诺砖的 n-平铺的集合。因此 $|\mathcal{E}|=\sum_{k\text{为偶数}}\binom{n-k}{k}$。

集合2 令 $\mathcal{O}$ 表示有奇数块多米诺砖的 n-平铺的集合。因此 $|\mathcal{O}|=\sum_{k\text{为奇数}}\binom{n-k}{k}$。

对应关系 当 $n\equiv2$ 或 $5(\bmod 6)$ 时，即当 $n\equiv2(\bmod 3)$ 时，我们首先寻找 $\mathcal{E}$ 与 $\mathcal{O}$ 之间一个一一对应的关系。对于一个给定的具有偶数块多米诺砖的平铺，我们找第一个可表示成 $3j+2$ 的可分的单元格。这样的单元格一定存在，因为最后一个单元格——单元格 n 满足条件。为了避免第 $3i+2(i<j)$ 单元格可分，我们必须从 j 个方砖-多米诺砖对开始。如图6.2所示，第 $3j+1$ 个单元格和第 $3j+2$ 个单元格要么是被同一块多米诺砖覆盖，要么是被两个方砖覆盖。我们建立从 $\mathcal{E}$ 到 $\mathcal{O}$ 的对应如下：如果第 $3j+1$ 个单元格和第 $3j+2$ 个单元格被同一块多米诺砖覆盖，那么把那块多米诺砖转化为两块方砖；如果第 $3j+1$ 个单元格和第 $3j+2$ 个单元格被两块方砖覆盖，那么把那两块方砖转化为一块多米诺砖。因为我们的平铺在第 $3j+2$ 个单元格处可分并且在单元格 $3i+2$ 处保持不可分（$i<j$），所以这个过程是可逆的。因此，对于 $n\equiv2(\bmod 3)$，$|\mathcal{E}|=|\mathcal{O}|$。

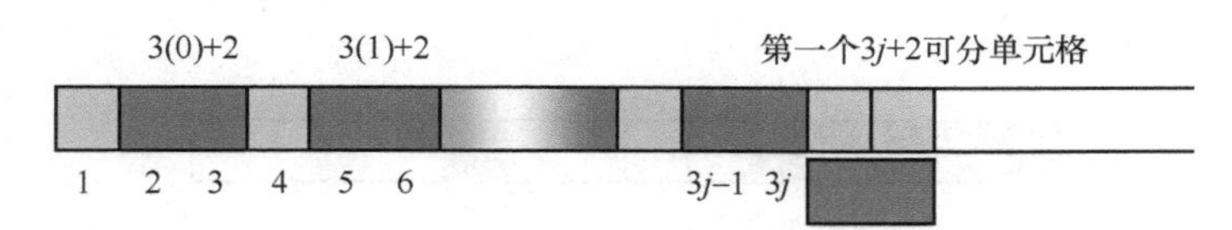

图6.2 当 $n\equiv2(\bmod 3)$，一个有偶数块多米诺砖的 n-板可以容易地转化为一个有奇数块多米诺砖的 n-板，反之亦然

如果 $n\not\equiv2(\bmod 3)$，那么恰好有一种平铺（要么属于 $\mathcal{E}$，要么属于 $\mathcal{O}$，取决于 n）在所有 $3i+2$ 的形式的单元格中都是不可分的。特别地，如果 $n=6q+1$，那么这个不相配的平铺由 $2q$ 个方砖-多米诺砖对以及一块单独的方砖组成。因为多米诺砖的数量是偶数，所以对于 $n\equiv1(\bmod 6)$，$|\mathcal{E}|-|\mathcal{O}|=1$。对于 $n\equiv0(\bmod 6)$ 是同样的。相似地，当 $n=6q+3$ 或者 $n=6q+4$，这个由 $2q+1$ 个方砖-多米诺砖对组成（当 $n=6q+4$ 时接着是一块单独的方砖）的不相配的平铺属于 $\mathcal{O}$，因为它包含了奇数块多米诺砖。因此，我们得到 $|\mathcal{E}|-|\mathcal{O}|=-1$。

下面我们考虑用着色的方砖-多米诺砖平铺 n-板，对于方砖我们有两种颜色（黑色和白色），对于多米诺砖仅有一种颜色。

恒等式 173 对于 $n\geqslant 0$，有

$$\sum_{k\geqslant 0}(-1)^k\binom{n-k}{k}2^{n-2k}=n+1。$$

集合 1 令 $\mathcal{E}$ 表示有偶数块多米诺砖的 n-平铺的集合。一旦 k 块多米诺砖的位置确定了，剩余的 $n-2k$ 个单元格可能被黑色或白色的方砖覆盖。因此，$|\mathcal{E}|=\sum_{k为偶数}\binom{n-k}{k}2^{n-2k}$。

集合 2 令 $\mathcal{O}$ 表示有奇数块多米诺砖的 n-平铺的集合。这里，$|\mathcal{O}|=\sum_{k为奇数}\binom{n-k}{k}2^{n-2k}$。

对应关系 这里，我们挑出由 k 块黑色方砖接着 $n-k$ 块白色方砖（$0\leqslant k\leqslant n$）组成的 $n+1$ 种平铺。因为它们不包括多米诺砖，所以这些平铺在 $\mathcal{E}$ 中。所有其他平铺一定包含一块多米诺砖或者一块白色方砖接着一块黑色方砖（一个“白黑”对）。对于一个 $\mathcal{E}$ 中平铺，令 i 表示用方砖或白黑对覆盖第 i 和 $i+1$ 个单元格中的第一个位置。在第一种情况中，我们把多米诺砖转化为一个白黑对，在第二种情况中，我们把一个白黑对转化为一块多米诺砖。参照图 6.3。无论哪种方式，我们改变了多米诺砖数的奇偶性。因为这种转化是可逆的，我们得到 $|\mathcal{E}|-|\mathcal{O}|=n+1$。

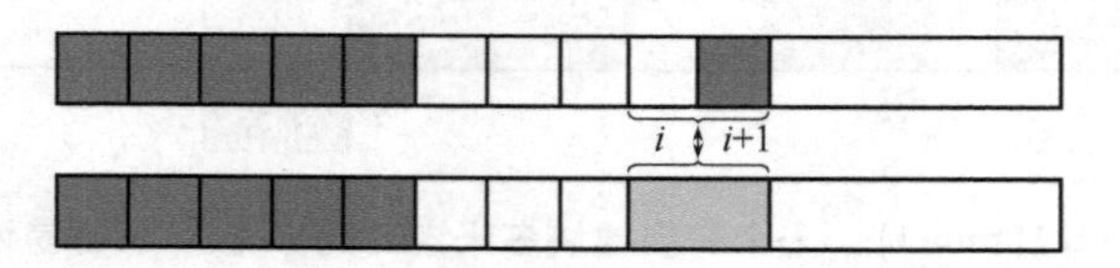

图 6.3 第一个多米诺砖或者白黑对可相互转变

前面的恒等式也可以利用容斥原理证明。

问 只使用黑色和白色的方砖（不使用多米诺砖），并且限制白色方砖不能直接在黑色方砖的前面，平铺一块 n-板我们有多少种方法?

答 1 有 $n+1$ 种这样的排列，即由 k 块黑色方砖接着 $n-k$ 块白色方砖组成（$0\leqslant k\leqslant n$）。

答 2 因为 n 个单元格中的每一个都必须被一块黑色方砖或者白色方砖覆盖，忽略限制，则有 2^n 种排列。从这些排列中我们必须减去那些一块白色方砖在一块黑色方砖前面的排列。对于 $1\leqslant i\leqslant n-1$，令 A_i 表示第 i 个单元格是白色并且第 $i+1$ 个单元格是黑色的所有只用方砖排列的集合。因此，我们问题的

答案是

$$2^n - |A_1 \cup A_2 \cup \cdots \cup A_{n-1}|。$$

注意一个平铺不可能既在集合 A_1 中，也在集合 A_{i+1} 中，因为那样单元格 $(i+1)$ 必须既是黑色也是白色。因此，要使 k 个集合中包含一个平铺，这个平铺有 $2k$ 个单元格是确定的（通过在指定的位置放置 k 个白黑方砖对），剩余的 $n-2k$个单元格有 2^{n-2k}种覆盖方法。如图 6.4 所示。集合 A_i 中可以选择 k 个的方法数与传统的用 k 个多米诺砖平铺非着色 n- 板的方法数相等，即 $\binom{n-k}{k}$。因此，根据容斥原理，我们得到限制条件下的排列数是 $2^n - \sum\limits_{k\geqslant 1}(-1)^{k-1}\binom{n-k}{k}2^{n-2k}$，或更紧凑地，$\sum\limits_{k\geqslant 0}(-1)^k\binom{n-k}{k}2^{n-2k}$。

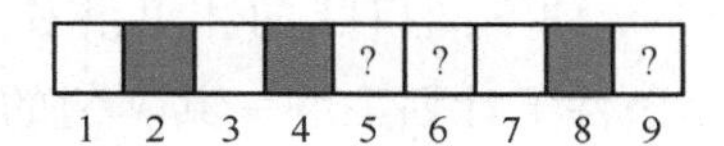

图 6.4　一组属于集合 A_1、A_3 和 A_7 的9- 板，有 2^3 种方法被黑色和白色方砖覆盖

最后，因为在本章我们“引入”了容斥原理，看起来，我们“退出”这一章时也用这个方法才合适。容斥原理公式可以更简捷的阐明如下。

$$|A_1 \cup \cdots \cup A_n| = \sum_{s=1}^{n}\sum_{|S|=s}|A_S|(-1)^{s-1}。$$

这里第二个求和是对全部有 s 个元素的子集 $S \subseteq \{1, \cdots, n\}$，并且 A_S 包含了那些出现在集合 A_i $(i \in S)$ 中的元素。（换句话说，$A_S = \bigcap\limits_{i\in S}A_i$。注意 A_S 中的元素也可能在其他 A_j $(j \notin S)$ 中出现）。

假设我们对计算出现在 n 个集合 $A_1, \cdots, A_n$ 中的至少 m 个集合的元素的数量感兴趣。我们发现，对容斥原理进行一个小修改，则当我们仅使用集合 A_S $(|S| \geqslant m)$ 时就给出了我们的答案。特别地，对于 $1 \leqslant m \leqslant n$，出现在 n 个集合 $A_1, \cdots, A_n$，中的至少 m 个集合的元素的数量是

$$\sum_{s=m}^{n}\binom{s-1}{m-1}\sum_{|S|=s}|A_S|(-1)^{s-m}。$$

注意当 $m=1$ 时，这就是通常情况的容斥原理公式。

自然地，在少于 m 个集合中出现的元素是不会被上面的公式统计的。为了

证明这个公式，我们需要证明任意一个在上面集合中的至少 m 个集合中的元素被恰好统计过一次。因为恰好在 k 个集合中出现的元素也将在大小为 s 的 $\binom{k}{s}$ 个集合中出现，我们的问题变为证明对于任意 $k \geqslant m$，有

$$\sum_{s=m}^{k}\binom{k}{s}\binom{s-1}{m-1}(-1)^{s-m}=1。$$

代入 $\binom{k}{s}=\binom{k}{k-s}$，$\binom{s-1}{m-1}=\left(\binom{m}{s-m}\right)$，令 $d=s-m$，$y=k-m$，我们证明等价的恒等式如下。

恒等式 174 若 y，$m \geqslant 0$，有

$$\sum_{d=0}^{y}\binom{m+y}{y-d}\left(\binom{m}{d}\right)(-1)^{d}=1。$$

背景 一家甜品店出售 m 种不同口味的冰淇淋和 y 种不同口味的冻酸奶。Art 和 Deena[⊖] 在下面的限制条件下计划采购一共 y 勺的冰淇淋和酸奶。Art 的碗里仅有不同的口味，Deena 将仅从冰淇淋中选择（没有酸奶），她的碗中可以有重复的口味。Deena 的碗中有 d 勺并且 Art 的碗中有 $y-d$ 勺的情况下二人离开甜品店，选择方法有 $\binom{m+y}{y-d}\left(\binom{m}{d}\right)$ 种。

集合 1 令 $\mathcal{E}$ 表示 Deena 有偶数勺的情况下 Art 和 Deena 离开甜品店的方法。这个集合的大小为 $\sum_{d\text{为偶数}}\binom{m+y}{y-d}\left(\binom{m}{d}\right)$。

集合 2 令 $\mathcal{O}$ 表示 Deena 有奇数勺的情况下 Art 和 Deena 离开甜品店的方法。这个集合的大小为 $\sum_{d\text{为奇数}}\binom{m+y}{y-d}\left(\binom{m}{d}\right)$。

对应关系 在 $\mathcal{E}$ 和 $\mathcal{O}$ 之间我们建立一个几乎一一对应的关系。Deena 空手离开并且 Art 选择的 y 勺均为酸奶口味是发生在 $\mathcal{E}$ 中的唯一不匹配的分配。

这里，Art 完全不顾 Deena，因为 Deena 甚至一勺都不能从 Art 那里分享。否则，至少一种冰淇淋口味（标号为 1 到 m）将会出现在至少一个碗中。如果 i 是出现在至少一个碗中的标号最大的口味，我们改变 Deena 的碗的奇偶性如下：如果 i 号口味在 Art 的碗中，那么把它转移到 Deena 的碗中。有的人可能会说

⊖ 校者注：Art 是本书作者之一，Deena 是他太太，在这里作者们在相互开玩笑。

Deena 正得到她应得的甜食，其他人可能简单地把这称为公平[⊖]。否则，Deena 至少有一勺的 i 号口味，并且她把它转移到 Art 的碗中。注意一下，在转移后 i 号依然是出现在至少一个碗中的标号最大的口味，所以这个过程很容易逆转。参照图 6.5。因此，除了这个完全不顾 Deena 的分配，具有相同数量的奇数类的分配和偶数类的分配。

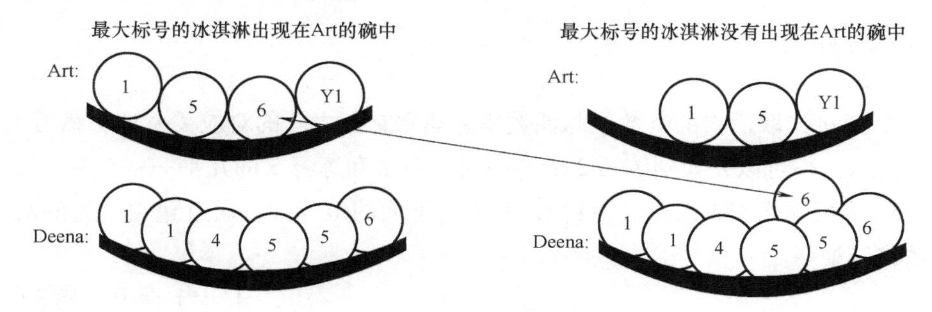

图 6.5 除非 Art 碗中的 y 勺都是由冻酸奶组成，否则我们总是可以把最多勺的冰淇淋从一个碗转移到另一个碗中去

6.3 注记

我们阐述的带正负号的技巧在 Stanton 和 White 的 *Constructive Combinatorics* [53] 一书中的第四章有所描述，该书基于 Garsia 和 Milne [25] 中的更一般的符号集合规律。Zeilberger 在 [63] 中将 Garsia 和 Milne 的工作和容斥原理的联系清晰地呈现出来。

6.4 练习

1. 对满射计数在特定的 m 天中，在一个有 $n(n>0)$ 个学生的班级里，每天挑选一名学生领唱，令 $A(m, n)$ 表示每个学生至少有一次领唱机会的方法数，利用容斥原理证明 $A(m,n) = \sum_{k=0}^{n}\binom{n}{k}(n-k)^m(-1)^k$

⊖ 公平：Justice，原文为 Just-ice。

2. 练习 1 的推论：证明当 $m<n$ 时，$\sum_{k=0}^{n}\binom{n}{k}(n-k)^m(-1)^k=0$

3. 练习 1 的推论：证明当 $m=n$ 时，$\sum_{k=0}^{n}\binom{n}{k}(n-k)^n(-1)^k=n!$

4. 练习 1 的推论：证明当 $m=n+1$ 时，$\sum_{k=0}^{n}\binom{n}{k}(n-k)^{n+1}(-1)^k=n\cdot\frac{(n+1)!}{2}$

5. 通过选取适当的奇数集与偶数集并建立它们之间的对应关系证明练习 1。提示：你可以先找到练习 2 的一一对应关系和练习 3 的几乎一一对应关系。

6. 将恒等式 172 乘以 $(-1)^n$，变成为下面的恒等式，通过建立恰当的对应关系将其证明。

恒等式 175 若 $n\geqslant 0$，则有 $\sum_{k\geqslant 0}(-1)^{n-k}\binom{n-k}{k}=\begin{cases}1 & 当\ n\equiv 0\ （模\ 3）\\ 0 & 当\ n\equiv 2\ （模\ 3）\\ -1 & 当\ n\equiv 1\ （模\ 3）\end{cases}$

7. 环排列恒等式，回顾第 2 章中，要使 n- 环平铺（长为 n 的环排列以方砖和多米诺覆盖）中恰有 k 个多米诺砖，共有 $\frac{n}{n-k}\binom{n-k}{n}$ 种方法。由这个解释，我们可以推导出一些有趣的有正负项交错的二项式系数恒等式。通过建立适当的奇数集与偶数集之间的关系证明下面的恒等式。

恒等式 176 若 $n\geqslant 0$

则有 $\sum_{k\geqslant 0}(-1)^k\frac{n}{n-k}\binom{n-k}{k}=\begin{cases}2 & 当\ n\equiv 0\ （模\ 6）\\ 1 & 当\ n\equiv 1\ 或\ 5\ （模\ 6）\\ -1 & 当\ n\equiv 2\ 或\ 4\ （模\ 6）\\ -2 & 当\ n\equiv 3\ （模\ 6）\end{cases}$

挑战：你可以利用容斥原理证明这个恒等式吗?

8. 利用容斥原理，证明

恒等式 177 若 $n\geqslant 0$

则有 $\sum_{k\geqslant 0}(-1)^k\frac{n}{n-k}\binom{n-k}{k}2^{n-2k}=2$

9. 通过建立恰当的对应关系，证明上个恒等式

在第 7 章中，将给出关于求交错项和的更多练习。

第 7 章

调和数与斯特林数

定义 第 n 个调和数是 $H_n = 1 + \frac{1}{2} + \frac{1}{3} + \cdots + \frac{1}{n}$。最初的几个调和数分别是 $H_1 = 1$，$H_2 = \frac{3}{2}$，$H_3 = \frac{11}{6}$，$H_4 = \frac{25}{12}$。

定义 第一类斯特林数 $\left[n \atop k \right]$ 表示将 n 个元素排成 k 个非空循环排列的方法数。例如，当 $k = 2$：$\left[1 \atop 2 \right] = 0$，$\left[2 \atop 2 \right] = 1$，$\left[3 \atop 2 \right] = 3$，$\left[4 \atop 2 \right] = 11$，$\left[5 \atop 2 \right] = 50$。

定义 第二类斯特林数 $\left\{ n \atop k \right\}$ 表示将 $\{1, \cdots, n\}$ 分拆成 k 个非空子集的方法数。例如，当 $k = 2$：$\left\{ 1 \atop 2 \right\} = 0$，$\left\{ 2 \atop 2 \right\} = 1$，$\left\{ 3 \atop 2 \right\} = 3$，$\left\{ 4 \atop 2 \right\} = 7$，$\left\{ 5 \atop 2 \right\} = 15$。

7.1 调和数与排列数

调和数指的是调和级数的部分和。即对 $n \geqslant 1$，有 $H_n = 1 + \frac{1}{2} + \frac{1}{3} + \cdots + \frac{1}{n}$。前五个调和数是 $H_1 = 1$，$H_2 = 3/2$，$H_3 = 11/6$，$H_4 = 25/12$，$H_5 = 137/60$，为了方便起见，我们定义 $H_0 = 0$。尽管由于调和级数的发散性，H_n 可以变得任意大。但它增长非常缓慢，例如，$H_{1,000,000} \approx 14.39$。

调和数在日常生活中也会出现。如果你堆叠 2in 厚的扑克牌且令牌堆边缘伸出桌子边缘尽量远的位置，那么 n 张扑克牌伸出桌子边缘的最远距离是 H_n [28]，例如四张扑克牌仅仅可以堆叠过桌子上方 2 英寸，因此 $H_4 = \frac{25}{12}$。[⊖]

⊖ 1 英寸 = 1in = 0.0254m，1 英尺 = 1ft = 0.3048m。

参考文献［28］中说明当 $n>1$ 时，H_n 永远不会是整数。这似乎表明可能不存在有关调和数的组合解释了，但是在看完下面的三个调和数恒等式之后，你可能就不会这么想了。

恒等式 178 若 $n\geqslant 1$，$\sum_{k=1}^{n-1}H_k=nH_n-n$。

恒等式 179 若 $0\leqslant m<n$，则 $\sum_{k=m}^{n-1}\binom{k}{m}H_k=\binom{n}{m+1}\left(H_n-\frac{1}{m+1}\right)$。

恒等式 180 若 $0\leqslant m\leqslant n$，则 $\sum_{k=m}^{n-1}\binom{k}{m}\frac{1}{n-k}=\binom{n}{m}(H_n-H_m)$。

尽管以上这些恒等式都能通过代数方法证明，二项式系数的存在表明这些恒等式也能够通过组合证明。的确 H_n 可以写成分数形式 $\frac{a_n}{n!}$（通常非最简化）。由于分母有明显的组合解释，因此分子也应当有组合解释才讲得通，所以接下来的两节将会揭示调和数究竟在计算什么。首先，我们需要对阶乘和排列多说一点。

有很多方法来思考 $n!=n(n-1)(n-2)\cdots 1$。例如，正如我们在恒等式 125 的证明中看到的，$n!$ 表示数字 1 到 n 排列的方法，因为第一个数有 n 种选择，第二个数有 $n-1$ 种选择，依此类推。这种安排叫作 1，2，…，n 的排列，用这种解释我们容易证明

恒等式 181 若 $n\geqslant 1$，$\sum_{k=1}^{n-1}k\cdot k!=n!-1$。

问 1 到 n 的排列有多少种，其中不包括自然排列 1，2，3，…，n?

答 1 有 $n!-1$ 种这样的排列。

答 2 考虑不在其自然位置上的第一个数字。若数字 $n-k$ 是不在其自然位置上的第一个数字，其中 $1\leqslant k\leqslant n-1$，则共有多少种这样的排列？类似的排列开始为 1，2，3，…，$n-k-1$，接着是集合 $\{n-k+1, n-k+2, \cdots, n\}$ 的 k 个数字中的一个。剩下的 k 个数字（现在包括 $n-k$）有 $k!$ 种排列方法。因此有 $k\cdot k!$ 种方法使 $n-k$ 为第一个错位数字，将所有 k 的可行值相加就能得出恒等式的左边。

接下来的另一种方法对于我们在本章考虑排列会更有用。排列 265431 可以描述如下：数字 1 放在位置 6 上，数字 6 放在位置 2 上，数字 2 放在位置 1 上，数字 3 和数字 5 互换位置，数字 4 在其自然位置上，我们可以将这种排列方式记

为 1→6→2→1，3→5→3，4→4 或者更紧凑的形式（162)(35)(4)。这个排列有三个循环[⊖]，它们可以表示为若干形式，例如（4)(53)(621)，但是不能写成（4)(53)(126)。为了规范表达，我们采用如下记号法则。

排列记号法　对于一个将 n 个元素排成 k 个循环的排列，每一个循环开始于其最小元素，根据最小元素递增的顺序的排列循环。这样一来，排列方式 2654321，612345 和 134625 分别由排列（162)(35)(4)，（123456）和（1)(25643）唯一表示。因此，H_n 的分母表示排列的方法数，下面我们将说明 H_n 的分子为第一类斯特林数，计一些特殊排列的方法数。

7.2　第一类斯特林数

我们首先给出第一类斯特林数 $\left[{n \atop k}\right]$ 的组合定义。

定义　对于整数 $n \geqslant k \geqslant 0$，$\left[{n \atop k}\right]$ 表示 n 个元素排成 k 个非空循环的排列数。

等价地，$\left[{n \atop k}\right]$ 是计算 n 个不同的人坐在 k 个相同的圆桌周围的方法的数目，桌子不能空着，则 $\left[{n \atop k}\right]$ 成为（未标记的）第一种斯特林数。例如，$\left[{3 \atop 2}\right]=3$，因为一个人必须单独坐在一张桌子旁，所以其他两个人有一种方法坐在另外一张桌子旁。即 $\left[{3 \atop 2}\right]$ 表示（1)(23)、(13)(2）以及（12)(3）三个排列。

相似地，$\left[{4 \atop 2}\right]=11$ 表示如下 11 种排列：

$$(1)(234),(1)(243),(12)(34),(13)(24),(14)(23),(123)(4),$$
$$(132)(4),(124)(3),(142)(3),(134)(2),(143)(2)。$$

目前，我们已经具备了所有需要的工具来从组合学的角度上理解调和数，想马上开始学习调和数的读者可以直接看下一节。在本节剩下的部分，我们将用组合学的方法探究更多第一类斯特林数的特性。尽管 $\left[{n \atop k}\right]$ 没有明确的公式，

⊖　循环原文为 cycle。

但是它有许多良好的特性。

因为每一个排列都可以表示为一些循环，因此我们立即可以得到

恒等式 182 对于 $n \geqslant 1$，有

$$\sum_{k=1}^{n} \begin{bmatrix} n \\ k \end{bmatrix} = n!。$$

如果读者对于排列不熟悉，我们通过使用人和桌子的方法来证明上面恒等式。

问 n 个人坐在 n 张完全相同的圆桌旁，有多少种方法？

答 1 考虑非空的桌子数 $\sum_{k=1}^{n} \begin{bmatrix} n \\ k \end{bmatrix}$。

答 2 1 号坐在一张桌子旁（一种方法，因为桌子是相同的），然后第二个人有两种选择：要么坐在第一个人的右边（这等价于坐在这个人的左边），或者坐在一张新的桌子旁。无论第二个人做出什么决定，第三个人都有三种选择：要么坐在第一个人的右边，要么坐在 2 号的右边，要么坐在一张新的桌子旁。总而言之，对于 $1 \leqslant k \leqslant n$，第 k 个人将会有 k 种选择：坐在第一个人或者第二个人或者…或者第（$k-1$）个人的右边，或者坐在一张新的桌子旁。于是共有 $n!$ 种可能。

如果读者想了解更一般的桌子问题，请参考第 8 章恒等式 218 的证明。

从这个定义中，我们可以看出 $\begin{bmatrix} n \\ n \end{bmatrix} = 1$ 表示排列（1）（2）（3）…（n）且 $\begin{bmatrix} 0 \\ 0 \end{bmatrix} = 1$，否则 $\begin{bmatrix} n \\ 0 \end{bmatrix} = 0$。相似地，只要 $n < 0$，$k < 0$，或者 $n < k$，我们有 $\begin{bmatrix} n \\ k \end{bmatrix} = 0$。$\begin{bmatrix} n \\ n-1 \end{bmatrix} = \binom{n}{2}$，因为有 $n-1$ 个循环的排列取决于出现在同一循环的两个不同元素。同样，对于 $n \geqslant 1$，有

$$\begin{bmatrix} n \\ 1 \end{bmatrix} = (n-1)!。$$

因为一个循环中有 n 个元素的排列必为（$1a_2a_3\cdots a_n$）的形式，其中 $a_2a_3\cdots a_n$ 是从 2 到 n 的一个排列。

第一类斯特林数的记号使人容易联想起二项式系数，因为它们有相似的特征。正如恒等式 127 能够被用来递推计算二项式系数，下面的恒等式可以用来递推计算 $\begin{bmatrix} n \\ k \end{bmatrix}$。

恒等式 183　对于$n\geqslant k\geqslant 1$，有

$$\left[\begin{matrix}n\\k\end{matrix}\right]=\left[\begin{matrix}n-1\\k-1\end{matrix}\right]+(n-1)\left[\begin{matrix}n-1\\k\end{matrix}\right]。$$

问　将n个元素排成k个非空循环的排列，有多少种方法?

答 1　由定义可知有$\left[\begin{matrix}n\\k\end{matrix}\right]$个。

答 2　考虑元素n是否单独在一个循环中。如果n为单独的一个循环，那么余下的$n-1$个元素可以被放置在$k-1$个循环中，共有$\left[\begin{matrix}n-1\\k-1\end{matrix}\right]$种方法。如果$n$不是单独的一个循环，那么我们首先将元素 1 到$n-1$排列到$k$个循环中$\left(这里有\left[\begin{matrix}n-1\\k\end{matrix}\right]种方法\right)$，然后将元素$n$插入到任何一个元素的右边，共有$(n-1)\left[\begin{matrix}n-1\\k\end{matrix}\right]$种排列。

总之，我们有$\left[\begin{matrix}n-1\\k-1\end{matrix}\right]+(n-1)\left[\begin{matrix}n-1\\k\end{matrix}\right]$种有$k$个循环的排列。在图 7.1 中，我们给出了一个具体的例子。

正如二项式系数可通过帕斯卡三角计算一样，恒等式 183 使得斯特林数可以用相似的方法显示。(见表 7.1)

表 7.1　第一类斯特林数$\left[\begin{matrix}n\\k\end{matrix}\right]$

$n\setminus k$	0	1	2	3	4	5	6	7
0	1	0	0	0	0	0	0	0
1	0	1	0	0	0	0	0	0
2	0	1	1	0	0	0	0	0
3	0	2	3	1	0	0	0	0
4	0	6	11	6	1	0	0	0
5	0	24	50	35	10	1	0	0
6	0	120	274	225	85	15	1	0
7	0	720	1764	1624	735	175	21	1

从表 7.1 第二行开始，$\sum\left[\begin{matrix}n\\k\end{matrix}\right]$对奇数$k$与对偶数$k$求和时相等。这并不是一个巧合，正如接下来的恒等式说明的那样。

$$\begin{bmatrix}4\\2\end{bmatrix}\text{选择}\begin{cases}(\mathbf{1})(\mathbf{234})(5)\\(\mathbf{1})(\mathbf{243})(5)\\(\mathbf{12})(\mathbf{34})(5)\\(\mathbf{13})(\mathbf{24})(5)\\(\mathbf{14})(\mathbf{23})(5)\\(\mathbf{123})(\mathbf{4})(5)\\(\mathbf{124})(\mathbf{3})(5)\\(\mathbf{132})(\mathbf{4})(5)\\(\mathbf{134})(\mathbf{2})(5)\\(\mathbf{142})(\mathbf{3})(5)\\(\mathbf{143})(\mathbf{2})(5)\text{。}\end{cases}$$

(a)5单独出现在一个循环中

$$\text{每一个}\begin{bmatrix}4\\3\end{bmatrix}\text{选择}\begin{cases}(1)(2)(34)\\(1)(23)(4)\\(1)(24)(3)\\(12)(3)(4)\\(13)(2)(4)\\(14)(2)(3)\end{cases}\text{有4种放5的位置。}$$

$$\text{例如}(14)(2)(3)\Rightarrow\begin{cases}(1\mathbf{5}4)(2)(3)\\(14\mathbf{5})(2)(3)\\(14)(2\mathbf{5})(3)\\(14)(2)(3\mathbf{5})\text{。}\end{cases}$$

(b)5出现在$\begin{bmatrix}4\\3\end{bmatrix}$排列中的一个

图 7.1 当考虑到 $\begin{bmatrix}5\\3\end{bmatrix}$ 时，要么（a）5 单独出现在一个循环中，要么（b）5 出现在 $\begin{bmatrix}4\\3\end{bmatrix}$ 排列中的一个，但在 1，2，3 或者 4 的右边

恒等式 184 对于 $n\geqslant 2$，有

$$\sum_{k=1}^{n}\begin{bmatrix}n\\k\end{bmatrix}(-1)^k=0\text{。}$$

集合 1 将 n 个元素排成偶数个非空循环的排列，这个集合的大小为 $\sum_{k\text{为偶数}}\begin{bmatrix}n\\k\end{bmatrix}$。

集合 2 将 n 个元素排成奇数个非空循环的排列，这个集合的大小为 $\sum_{k\text{为奇数}}\begin{bmatrix}n\\k\end{bmatrix}$。

对应关系 对于任何至少有两个元素的排列，元素 2 要么出现在第一个循环中，要么为第二个循环的第一个元素。在第一种情况下，排列为 $(1a_1a_2\cdots a_j2b_1b_2\cdots b_k)(c_1c_2\cdots)\cdots$（其中 j、k 为非负的），它可以转化成 $(1a_1a_2\cdots a_j)(2b_1b_2\cdots b_k)(c_1c_2\cdots)\cdots$，这样我们得到了 1 和 2 在不同循环中的一个排列，但比之前多了一个循环。相似地，如果 1 和 2 在不同的循环（必为前两个循环的

首元素)，然后通过合并前两个循环，如此它们在同一个循环中，但比之前少了一个循环。因此，每一个排列对应着一个奇偶相反、独一无二的排列。

第一类斯特林数通常被定义为递增阶乘函数的展开式中的系数（参考文献［20］)：

恒等式 185

$$x(x+1)(x+2)\cdots(x+n-1)=\sum_{m=1}^{n}\left[\begin{matrix}n\\m\end{matrix}\right]x^m。$$

任意斯特林数的性质都可以用这个定理来证明。为了说明斯特林数的代数定义等同于组合定义，我们一般证明它们满足相同的初始条件和递推关系。其实一个更直接的关系存在于参考文献［2］中，我们用一个例子来表明这一点。

由代数定义，斯特林数 $\left[\begin{matrix}10\\3\end{matrix}\right]$ 是在 $x(x+1)(x+2)\cdots(x+9)$ 的展开式中 x^3 的系数。组合定义表述 $\left[\begin{matrix}10\\3\end{matrix}\right]$ 为元素 0，1，2，…，9 坐在 3 张相同圆桌周围的方法数。为什么两个定义相同呢？第一种定义给出的是所有从 1 到 9 中选出的 7 个数的乘积的总和这肯定是在数什么。那么项 1、2、3、5、6、8、9 在数什么呢？如图 7.2 所

图 7.2　数字 1、2、3、5、6、8、9 放在这些桌子旁有多少种方法

示，它表示的是让0到9个元素坐在3张相同桌子的方法数，其中3张桌子上的最小元素是“消失”的数0、4和7。更直观地，我们提前让数字0、4和7提前入座，然后将其他的数字按递增的顺序一次一个安排在桌子周围。数字1只有一个选择：坐在0的旁边，数字2有两个选择：坐在0或者1的右边，数字3有三种选择：坐在0或1或2的右边，数字4已经坐好了，数字5有五种选择：坐在0或1或2或3或4的右边，等等。恒等式185的更一般的组合证明也可以通过之前[㊀]的论证得到。

7.3 调和数的组合解释

现在，我们准备陈述本章的主要结论。

组合定理11 对于$n\geqslant 0$，第n个调和数是

$$H_n=\frac{\left[{n+1 \atop 2}\right]}{n!}。$$

在证明这一定理之前，我们先设定一些符号惯例，令$\mathcal{T}_n$表示将数字1到n排成两个不相交、非空循环的排列的集合。因此$|\mathcal{T}_n|=\left[{n \atop 2}\right]$。例如$\mathcal{T}_9$包括排列(185274)(396)，但是既不包括(195)(2487)(36)，也不包括(123)(4567)(8)(9)。通过我们对于排列的记号规定，包含1的循环总是第一个写出来，然后我们把其称作左循环，余下的循环被称作右循环。所有$\mathcal{T}_n$的排列都是用$(a_1a_2\cdots a_j)(a_{j+1}\cdots a_n)$的形式写出来，其中$1\leqslant j\leqslant n-1$，$a_1=1$，$a_{j+1}$是右循环中最小的元素。

定理11也可以写成如下的形式。

恒等式186 对于$n\geqslant 0$，$\left[{n+1 \atop 2}\right]=n!H_n$。

问 由$n+1$个元素排成两个非空循环的排列有几个？

答1 由定义可得有$\left[{n+1 \atop 2}\right]$个。

答2 考量右循环中元素的数目，对于$1\leqslant k\leqslant n$，我们可以构造一个，$n+1$

㊀ 校者注：之前的英文preceding与提前入座pre-seating读音类似，原文中作者在此处故意押韵

个元素的排列，其右循环有 k 个元素，左循环中有 $n-k+1$ 个元素。首先在从 $\{2, \cdots, n+1\}$ 中选出 k 个元素$\left(\text{有}\binom{n}{k}\text{种方法}\right)$，并且把这些元素安排在右循环中（有 $(k-1)!$种方法），之后在左循环中紧随数字 1 安排余下的 $n-k$ 个元素（有 $(n-k)!$种方法）。因此，对于有 k 个元素的右循环，排列 T_{n+1}有 $\binom{n}{k}(k-1)!(n-k)!=\frac{n!}{k}$个。将所有的 k 进行求和，则由 $n+1$ 个元素排成两个循环的排列数有 $\sum_{k=1}^{n}\frac{n!}{k}=n!H_n$ 种，即证。

接下来是另一种方法，来说明$\frac{n!}{k}$计算由两个循环组成的排列，在这里，第二个循环有 k 个元素。有 $n!$种方法去排列数字 1 到 $n+1$，在这种情况下，数字 1 是第一个被写出来的，这种排列的形式为 $1a_1a_2\cdots a_n$。因此，我们构造了有两个循环的排列 $(1a_1a_2\cdots a_{n-k})(a_{n-k+1}a_{n-k+2}\cdots a_n)$，其中有 k 个元素在右循环，但是这是它的标准形式吗？只有 a_{n-k+1} 是集合 $\{a_{n-k+1}, a_{n-k+2}, \cdots, a_n\}$ 中最小的数时，这种情况每 k 次会发生一次。因此对于 $n+1$ 个元素排列，其中有 k 个元素在右循环的排列数是$\frac{n!}{k}$。

运用另一种对$\frac{n!}{k}$的解读将会得到一种回答目前这个组合问题不同的方法。

答 2 考虑右循环中的最小元素。对于 $2\leqslant r\leqslant n+1$，我们构造一个含有 $n+1$ 个数字的排列，这个排列的右循环起始于 r。因此，这个排列有形式 $(1\cdots)(r\cdots)$，在这种形式中元素 1 到 $r-1$ 均出现在左循环中，$r+1$ 到 $n+1$ 在左循环或右循环中均可出现。为了计算这个，我们将元素 1 到 $r-1$ 排列到左循环中，并将元素 1 排列在最前面，这里有 $(r-2)!$ 种方法。将元素 r 放入到右循环，现在我们放入元素 $r+1$ 到 $n+1$，一次一个，每一个数字紧挨着放到前一个已经放好的元素的右边。通过这种方法，元素 1 和 r 在其循环的第一个位置上（最小）。具体地，元素 $r+1$ 可以放在从 1 到 r 中任何一个元素的右边，接下来，$r+2$ 可以放到 1 到 $r+1$ 中任何一个元素的右边。通过这种方法得到将元素 $r+1$ 到 $n+1$ 插入到数列中的方法数为 $r(r+1)(r+2)\cdots n=\frac{n!}{(r-1)!}$。

这一过程中，我们在 T_{n+1} 中构造了一个排列，这个排列中 r 是其右循环中最

小的元素。因此，当$2\leqslant r\leqslant n+1$时，我们有

$$(r-2)!\frac{n!}{(r-1)!}=\frac{n!}{r-1}$$

种排列方法，这些排列有两个循环，r是右循环中最小元素。将所有r的值相加我们得到$\sum_{r=2}^{n+1}\frac{n!}{r-1}=n!\sum_{k=1}^{n}\frac{1}{k}=n!H_n$种排列方法，即证。

我们最后理解$n!/(r-1)$这个排列计算形式$(1\cdots)(r\cdots)$的方法，是考虑将数字1到$n+1$用如下规定的形式排列，数字1将会排列到首位，共有$n!$种方法来排列这些。然后我们通过插入括号将$1a_2a_3\cdots r\cdots a_{n+1}$转化为$(1a_2a_3)(r\cdots a_{n+1})$。这个排列同样适用于我们符号的规定，当且仅当数字$r$被排列在元素2，3，…，$r-1$的右边时才适用。这种情况有$1/(r-1)$的概率，因为元素2，3，…，$r$中的任何一个元素都有相同的可能被排列在它们中的最后一个。因此排列中的数字均符合设定情况的总数是$n!/(r-1)$。

7.4 调和数恒等式的证明

随着我们对调和数和斯特林数之间关系的理解，我们现在对其他的调和恒等式给出组合解释。

在这一部分，我们把恒等式178、179、180转化为对斯特林数的陈述，然后用组合学的方法来证明它们。通过分隔集合$\mathcal{T}_{n+1}$，并根据右循环的大小或者根据右循环中的最小元素，我们得到定理11的组合证明。接下来，我们将把调和恒等式178、179、180转化为三个斯特林数恒等式，每一个恒等式在其左侧都有一个$\left[{n \atop 2}\right]$，等式右边将通过组合学的方法进行论证，根据元素2的位置分割$\mathcal{T}_n$，其中2是最后t个元素的最大值，也是1到m的相邻元素。因此对于接下来的三个调和恒等式，我们将会重复相同的问题。

问 将n个元素排成2个循环的排列，有多少种方法？

答1 通过定义可得有$\left[{n \atop 2}\right]$个。

问题的难度集中在如何对恒等式右边给出的一个简单的组合进行解释。

我们的第一个恒等式等价于恒等式178，这种等价性可以通过重新标号$(n:=n-1)$且应用组合定理11看到。

恒等式 187　对于 $n\geqslant 2$，有 $\left[\begin{matrix}n\\2\end{matrix}\right]=(n-1)!+\sum_{k=1}^{n-2}\frac{(n-2)!}{k!}\left[\begin{matrix}k+1\\2\end{matrix}\right]$。

答 2　这里我们考虑元素 2 是否出现在左循环中，如果出现，那么在 2 的右边又有多少个元素？由组合定理 11 的第二种证明，我们知道数字 2 出现在右循环的 $\mathcal{T}_n$ 中排列数为 $(n-1)!$，余下我们只需证明 2 出现在左循环的 $\mathcal{T}_n$ 排列的数量为

$$\sum_{k=1}^{n-2}\frac{(n-2)!}{k!}\left[\begin{matrix}k+1\\2\end{matrix}\right]。$$

这种排列以如下形式表示，

$$(1\ a_1\ a_2\cdots a_{n-2-k}\ 2\ b_1\ b_2\cdots b_{j-1})(b_j\cdots b_k),$$

其中 $1\leqslant k\leqslant n-2$ 以及 $1\leqslant j\leqslant k$。接下来我们断言，2 右边有 k 个非空循环的这种排列数为 $\frac{(n-2)!}{k!}\left[\begin{matrix}k+1\\2\end{matrix}\right]$。

为了证明这一点，我们从集合 $\{3,\cdots,n\}$ 中选择 $a_1,a_2,\cdots,a_{n-2-k}$，共有 $(n-2)!/k!$ 种方法。从未选择的元素中，我们共有 $\left[\begin{matrix}k+1\\2\end{matrix}\right]$ 种方法来构造两个 $(2b_1\cdots b_{j-1})(b_j\cdots b_k)$ 形式的非空循环，其中 $1\leqslant j\leqslant k$。因此 $\mathcal{T}_n$ 中共有

$$\frac{(n-2)!}{k!}\left[\begin{matrix}k+1\\2\end{matrix}\right]个,$$

2 右侧有 k 个非空循环的排列数 $\mathcal{T}_n$，即正如书中表达的那样。

我们用一种不同的方法来证明更一般的恒等式 179。应用组合定理 11，并且重新标号（$n:=n-1$，$m:=t-1$，$k:=k-2$），它等价于下面的恒等式。

恒等式 188　对于 $1\leqslant t\leqslant n-1$，有

$$\left[\begin{matrix}n\\2\end{matrix}\right]\frac{(n-1)!}{t}+t\sum_{k=t+1}^{n}\left[\begin{matrix}k-1\\2\end{matrix}\right]\frac{(n-1-t)!}{(k-1-t)!}。$$

答 2　考虑最后 t 个元素中最大的是否有独立的循环，如果不是的话，考虑最后 t 个元素中的最大值。对于 $1\leqslant t\leqslant n-1$，我们定义 $(1a_2,\cdots,a_j)(a_{j+1},\cdots,a_n)$ 中的最后 t 个元素为 $a_n,a_{n-1},\cdots,a_{n+1-t}$，它们中的一些可以在左循环中。例如，(185274)(396) 最后五个元素是 6，9，3，4，7。

接下来，我们考虑当 $1\leqslant t\leqslant n-1$ 时，在 $\mathcal{T}_n$ 中的排列数是 $(n-1)!/t$，在此排列中最后 t 个元素中的最大值独自出现在右循环中。

这里，我们将计算形如 $(1a_2,\cdots,a_{n-1})(a_n)$ 的排列数，其中 $a_n=\max\{a_{n+1-t},a_{n+2-t},\cdots,a_{n-1},a_n\}$。在所有 $(n-1)!$ 这种形式的排列中，最后

t 个元素的最大值可以等可能性地出现在最后 t 个位置的任何地方。因此这些排列中的 $(n-1)!/t$ 有最后 t 个元素的最大值在最后的位置。

现在我们宣称当 $1 \leqslant t \leqslant n-1$ 时，在 $\mathcal{T}_n$ 中最后 t 个元素中的最大值并不单独出现在右循环中的排列数目为 $t\sum_{k=t+1}^{n}\left[\begin{matrix}k-1\\2\end{matrix}\right]\frac{(n-1-t)!}{(k-1-t)!}$。

为了看到这一点，我们研究如下的排列：它们的最后 t 个元素中的最大值等于 k。由于数字 1 并没有被列入到最后的 t 个元素中，我们有 $t+1 \leqslant k \leqslant n$。为了构造这种排列，我们首先将数字 1 到 $k-1$ 排列进两个循环，然后将数字 k 插入到最后 t 个元素中任何一个元素的右边，共有 $\left[\begin{matrix}k-1\\2\end{matrix}\right]t$ 种方法。右循环包含了至少一个小于 k 的元素，所以 k 并不是单独出现在右循环中的（甚至可能出现在左循环中），所以，k 仍然是最后 t 个元素中的最大值。我们将元素 $k+1$ 到 n 插入其中，一次一个，到除了最后 t 个元素之外的任何一个元素的右边，我们共有

$$(k-t)(k+1-t)\cdots(n-1-t)=\frac{(n-1-t)!}{(k-1-t)!}。$$

种方法。因此有 $t\left[\begin{matrix}k-1\\2\end{matrix}\right]\frac{(n-1-t)!}{(k-1-t)!}$ 种排列，在这些排列中，最后 t 个元素的最大值等于 k，并且它不单独出现在右循环中。将所有 k 的可能的值加起来，即

$$t\sum_{k=t+1}^{n}\left[\begin{matrix}k-1\\2\end{matrix}\right]\frac{(n-1-t)!}{(k-1-t)!}。$$

注意，当 $t=1$ 时，恒等式 188 可简化为恒等式 187。

对于以下我们最后的恒等式，我们通过运用组合定理 11 和重新标号（$n:=n-1$，$m:=m-1$，$k:=t-1$）将恒等式 180 转化为斯特林数。这给出

恒等式 189 若 $1 \leqslant m \leqslant n$，则 $\left[\begin{matrix}n\\2\end{matrix}\right]=\left[\begin{matrix}m\\2\end{matrix}\right]\frac{(n-1)!}{(m-1)!}+\sum_{t=m}^{n-1}\binom{t-1}{m-1}\frac{(m-1)!(n-m)!}{(n-t)}$。

答 2 考虑数字 1 到 m 是否都出现在左循环中，如果是这样的话，将会有多少个元素出现在左循环中？首先对于 $1 \leqslant m \leqslant n$，$\mathcal{T}_n$ 的排列中并非元素 1，2，…，m 中所有的均在左循环中出现的排列数是 $\left[\begin{matrix}m\\2\end{matrix}\right]\frac{(n-1)!}{(m-1)!}$，在这些排列中，数字 1 到 m 可以被安排入两个循环，此时共有 $\left[\begin{matrix}m\\2\end{matrix}\right]$ 种方法。接下来将余下的元素 $m+$

1 到 n 插入其中的任何元素的右边，一次一个。因此，这里共有 $m(m+1)\cdots(n-1)=(n-1)!/(m-1)!$ 种方法去插入这些元素。共有 $\left[\begin{matrix}m\\2\end{matrix}\right]\frac{(n-1)!}{(m-1)!}$ 种排列方法。

接下来，我们证明元素 1 到 m 都在左循环中的 T_n 的排列数为

$$\sum_{t=m}^{n-1}\binom{t-1}{m-1}\frac{(m-1)!(n-m)!}{(n-t)}。$$

为了得到这一点，当 $m\leqslant t\leqslant n-1$ 时，被加数可看作是左循环中有 t 个元素以及右循环中有 $n-t$ 个元素的排列的排列数。为了构造这一排列，我们首先把数字 1 放到左循环中的最前面，现在在左循环中余下的 $t-1$ 个位置里选出 $m-1$ 个位置，并将元素 $\{2,\cdots,m\}$ 分配到里面，这里有 $\binom{t-1}{m-1}$ 种方法去选择 $m-1$ 个位置，并且有 $(m-1)!$ 种方法将元素 $\{2,\cdots,m\}$ 安排在那些位置中。例如，如图 7.3 所示，为了保证元素 1，2，3，4 出现在左循环中，我们从五个开放的位置里选出三个去安排 2，3，4，我们还需要将余下的 5，6，7，8，9 插入进去。

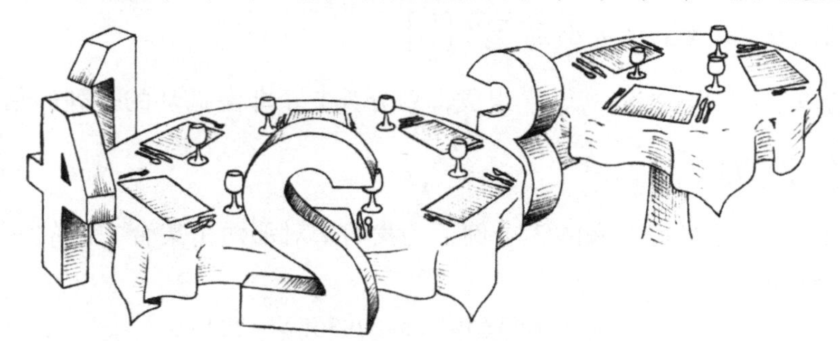

图 7.3 在 T_9 中 1，2，3，4 在左循环中，且共包含 6 个元素的排列如下形成，首次从 5 个空位中选出三个位置，之后将 2，3，4 安排进去，随后 5，6，7，8，9 将会被安排在余下的位置

现在将元素 $m+1$ 到 n 安排到余下的位置中有 $(n-m)!$ 种方法，但是它们之中只有 $\frac{1}{n-t}$ 把右循环中最小的元素放在右循环的最前面。因此，从元素 $m+1$ 到 n 会安排 $\frac{(n-m)!}{n-t}$ 种符合要求的方法。总之，这里共有 $\binom{t-1}{m-1}(m-1)!\frac{(n-m)!}{n-t}$ 种方法满足我们的条件，即证。

调和数可以用于计算由 n 个元素组成的排列中循环出现的平均数。

定理 12 由 n 个元素组成的排列平均有 H_n 个循环。

对于 n 个元素，共有 $n!$ 个排列，它们之中的 $\left[{n \atop k} \right]$ 个有 k 个循环。最终，定理 12 表明

$$\frac{\sum_{k=1}^{n} k \left[{n \atop k} \right]}{n!} = H_n \tag{7.1}$$

或等价地，可由组合学定理 11 表明，

恒等式 190 对于 $n \geqslant 1$，有

$$\sum_{k=1}^{n} k \left[{n \atop k} \right] = \left[{n+1 \atop 2} \right]。$$

集合 1 包含任意个循环，以 $\{1, \cdots, n\}$ 组成的排列，其中一个循环可以通过某种方式得以区分。例如，$\underline{(1284)}(365)(79)$，$(1284)\underline{(365)}(79)$ 和 $(1284)(365)\underline{(79)}$[⊖]即为 $k=3$ 时的三种不同排列。因为有 k 个循环的排列会导致 k 种不同的排列，故这个集合的大小为 $\sum_{k=1}^{n} k \left[{n \atop k} \right]$。

集合 2 由 $\{0, 1, \cdots, n\}$ 组成，划分为 2 个非空循环的排列的集合，这个集合的大小为 $\left[{n+1 \atop 2} \right]$。

对应关系 通过接下来的 3 个例子，我们来对那两个集合之间的一一对应进行解释说明。

$$\underline{(1284)}(365)(79) \Leftrightarrow (079365)(1284)$$
$$(1284)\underline{(365)}(79) \Leftrightarrow (0791284)(365)$$
$$(1284)(365)\underline{(79)} \Leftrightarrow (03651284)(79)$$

通常，我们将 n 个元素的排列 $(C_k)(C_{k-1})\cdots(C_{j+1})\underline{(C_j)}(C_{j-1})\cdots(C_2)(C_1)$ 转化为 $(0C_1C_2\cdots C_{j-1}C_{j+1}\cdots C_{k-1}C_k)(C_j)$。

这个过程是可逆的。给定 $\mathcal{T}_{n+1}$ 中的排列 $(0a_1\cdots a_{n-j})\underline{(b_1\cdots b_j)}$，右循环成为可区分的循环 $\underline{(b_1\cdots b_j)}$，然后我们将它插入到循环 C_{k-1}，…，C_2，C_1 中，这些循环是这样一个个产生的：C_1（最右端的循环），以 a_1 为开端，之后紧接着是 a_2，直至遇到比 a_1 还要小的 a_i。假定 a_i 存在（$a_i \neq 1$），则以 a_i 为开端进行 C_2

⊖ 校者注：我们以下划线表明这个循环可用某种方式区分。

循环，并重复以上过程，每次都用一个更小的新元素作为一个新循环的开始，最终循环的那个结果（在合适的位置插入到可区分开的元素之后）将会成为 T_n 的一个元素，且用我们约定的记号。因此对于恒等式 190 两边计数的集合，我们得到了一个一一对应。

在练习中，通过对这一过程进行修改，我们还得到相关的其他关系。

7.5　第二类斯特林数

在讨论第一类斯特林数时，没有谈及与之密切相关的第二类斯特林数是不公平的。

定义　对于整数 n，k，$\left\{ n \atop k \right\}$表示将 n 个元素划分为 k 个不相交的非空子集的方法数。$\left\{ n \atop k \right\}$称为第二类斯特林数。

例如，$\left\{ 4 \atop 2 \right\}=7$ 为将 $\{1, 2, 3, 4\}$ 划分为两个子集的方法数，即$\{1\}\{2,3,4\}$，$\{1,2\}\{3,4\}$，$\{1,3\}\{2,4\}$，$\{1,4\}\{2,3\}$，$\{1,2,3\}\{4\}$，$\{1,2,4\}\{3\}$，$\{1,3,4\}\{2\}$。

注意　划分 $\{1,3\}\{2,4\}$ 和$\{2,4\}\{3,1\}$ 是相同的，因此我们采用以下约定。

集合划分的约定　将 $\{1, \cdots, n\}$ 划分成 k 个不相交的子集，每一个子集写成它元素的递增序列，并且这些子集以它们的最小元素成递增序列给出。

例如，$\{1, 2, 3, 4\}$ 划分成两个子集的 7 种形式就是用这种约定写成的。正如第一类斯特林数，$\left\{ n \atop n \right\}=1$ 可看作是划分 $\{1\}\{2\}\{3\}\cdots\{n\}$ 的方法数，$\left\{ 0 \atop 0 \right\}=1$，否则，$\left\{ n \atop 0 \right\}=0$。类似地，当 $n<0$ 或 $k<0$ 或 $n<k$ 时，我们有$\left\{ n \atop k \right\}=0$。$\left\{ n \atop k \right\}$的一些值可直接由定义得到。例如，当 $n\geqslant 1$ 时，$\left\{ n \atop 1 \right\}=1$ 可看成是划分 $\{1, \cdots, n\}$ 的方法数，且，$\left\{ n \atop 2 \right\}=2^{n-1}-1$，因为右子集是 $\{2, \cdots, n\}$ 的非空子集，而其他所有元素连同 1 出现在左子集。同样，$\left\{ n \atop n-1 \right\}=\binom{n}{2}$，因为

划分为 $n-1$ 个子集取决于哪两个元素同时在一个子集中出现。

正如二项式系数（恒等式 127）和第一类斯特林数（恒等式 183），$\left\{ {n \atop k} \right\}$可由递推计算。

恒等式 191 若 $n \geqslant k \geqslant 1$，则 $\left\{ {n \atop k} \right\} = \left\{ {n-1 \atop k-1} \right\} + k\left\{ {n-1 \atop k} \right\}$。

问 一个有 n 个元素的集合被划分成 k 个非空子集，有多少种方法？

答 1 由定义可知$\left\{ {n \atop k} \right\}$个。

答 2 考虑元素 n 是否形成独立子集，如果 n 自己形成独立子集，那么余下的 $n-1$ 个元素有$\left\{ {n-1 \atop k-1} \right\}$种方法被放入到 $k-1$ 个子集中，如果 n 并不是独立的，那么我们首先安排 1 到 $n-1$ 的元素进入 k 个子集中（这里有$\left\{ {n-1 \atop k} \right\}$种方法），之后在 k 个子集中任意的一个插入元素 n，因此共有 $k\left\{ {n-1 \atop k} \right\}$种划分方法使 n 不独立形成子集。总之，若要 k 个子集，我们有$\left\{ {n-1 \atop k-1} \right\} + k\left\{ {n-1 \atop k} \right\}$种划分方法。

运用这一恒等式，我们可以对第二类斯特林数进行简单的计算，如表 7.2 所示。

表 7.2 第二类斯特林数 $\left\{ {n \atop k} \right\}$

$n \setminus k$	0	1	2	3	4	5	6	7
0	1	0	0	0	0	0	0	0
1	0	1	0	0	0	0	0	0
2	0	1	1	0	0	0	0	0
3	0	1	3	1	0	0	0	0
4	0	1	7	6	1	0	0	0
5	0	1	15	25	10	1	0	0
6	0	1	31	90	65	15	1	0
7	0	1	63	301	350	140	21	1

与其他的斯特林数一样，第二类斯特林数也有一种代数定义，且这个代数定义也可以通过一个组合问题进行解释。当 x，$k \geqslant 0$，定义下降阶乘函数 $x_{(k)}$ 为

从 x 开始依次递减的 k 个连续整数的乘积，因此，$x_{(0)}=1, x_{(1)}=x, x_{(2)}=x(x-1)$，并且对于 $k\geqslant 1$，有

$$x_{(k)}=x(x-1)(x-2)\cdots(x-k+1)。$$

$x_{(k)}$ 也可以看成是 x 的一个多项式。

恒等式 192 对于 $n\geqslant 0$，有

$$x^n=\sum_{k=0}^{n}\left\{{n \atop k}\right\}x_{(k)}。$$

问 把 n 名学生分到 x 个不同的教室，其中一些教室可以不安排学生，有多少种方法？

答 1 因为每一个学生可以分到 x 个教室中的一个，所以有 x^n 种分配方法。

答 2 考虑被占教室的数目，当 $0\leqslant k\leqslant n$ 时，有 $\left\{{n \atop k}\right\}$ 种方法去分配学生到 k 个非空子集中。随之有 $x_{(k)}$ 种方式分配每一个子集到一个教室中。

$\sum\limits_{k=0}^{n}\left\{{n \atop k}\right\}x^k$ 设有一个简单的闭合公式，但如果我们让 k 固定，让 x 变化，这样我们就得到了一个生成函数恒等式。

恒等式 193 若 $k\geqslant 0$，对于所有足够小的 x，有

$$\sum_{n\geqslant 0}\left\{{n \atop k}\right\}x^n=\frac{x^k}{(1-x)(1-2x)(1-3x)\cdots(1-kx)}。$$

我们知道当 x 足够小时，表达式 $\frac{1}{1-jx}$ 等于等比数列 $1+jx+j^2x^2+j^3x^3+\cdots$ 的值。因此，这个恒等式表明 $\left\{{n \atop k}\right\}$ 是 $(1+x+x^2+x^3+\cdots)(1+2x+4x^2+8x^3+\cdots)\cdots(1+kx+k^2x^2+k^3x^3+\cdots)$ 中 x^{n-k} 项的系数。

例如，当 $n=20$，$k=3$ 时，$\left\{{20 \atop 3}\right\}$ 是 $(1+x+x^2+x^3+\cdots)(1+2x+4x^2+8x^3+\cdots)(1+3x+9x^2+27x^3+\cdots)$ 中 x^{17} 项的系数，像 $(1x^5)(2^8x^8)(3^4x^4)$ 这样的式子的总和。$1^52^83^4$ 代表什么呢？$\left\{{20 \atop 3}\right\}$ 表示将集合 $\{1, 2, \cdots, 20\}$ 划分成三个子集 $\{a_1, a_2, \cdots\}\{b_1, b_2, \cdots\}\{c_1, c_2, \cdots\}$ 的方法数。每一个子集中的元素递增排列，并且 $1=a_1<b_1<c_1$，我们看到当 $a_1=1$，$b_1=7$，$c_1=16$ 时，这类划分的数目是 $1^52^83^4$，因为元素 2 到 6 必须在第一个子集，元素 8 到 15 在第一或第二个子集，并且元素 17 到 20 可以在第一，或第二，或第三个子集。通常而

言，x^{n-k}的系数是形如$1^{e_1}2^{e_2}\cdots k^{e_k}$的总和，这里，$e_1+e_2+\cdots+e_k=n-k$，它表示最小元素如下的划分方式数$a_1=1$，$b_1=2+e_1$，$c_1=3+e_1+e_2$，$d_1=4+e_1+e_2+e_3$等。到第$k$个集合，其最小元素$k+e_1+e_2+\cdots+e_{k-1}=n-e_k$，一旦最小元素被选定，1到$b_1$之间的数字被放到第一个子集，$b_1$到$c_1$之间的数字有两个选择，$c_1$到$d_1$之间的数字有三个选择等。

我们通过对恒等式184的推广来结束本节，从组合的角度证明第一类和第二类斯特林数存在着密切的关系。

恒等式194 对于m，$n\geqslant 0$，有

$$\sum_{k=0}^{n}\begin{bmatrix}n\\k\end{bmatrix}\begin{Bmatrix}k\\m\end{Bmatrix}(-1)^k=(-1)^n\delta_{m,n} \tag{7.2}$$

这里当$m=n$时，$\delta_{m,n}=1$；否则，$\delta_{m,n}=0$。

集合1 令$\mathcal{E}$为元素满足如下性质的集合：即让n个不同的学生围坐在偶数个相同的非空圆桌旁，圆桌被放置于m个非空的相同[㊀]的教室中。则$|\mathcal{E}|=\sum_{k\text{为偶数}}\begin{bmatrix}n\\k\end{bmatrix}\begin{Bmatrix}k\\m\end{Bmatrix}$。

集合2 令$\mathcal{O}$为元素满足如下性质的集合；即让n个不同的学生围坐在奇数个相同的非空圆桌旁，圆桌被放置于m个非空的相同的教室中。则$|\mathcal{O}|=\sum_{k\text{为奇数}}\begin{bmatrix}n\\k\end{bmatrix}\begin{Bmatrix}k\\m\end{Bmatrix}$。

对应关系 我们建立一个在$\mathcal{E}$和$\mathcal{O}$之间的一一对应关系，除去当$m=n$的情况。当$m=n$时，这里只有一种方法可以使n个学生最终排进n个教室，并且每个教室含有一个圆桌，每一个圆桌只有一个学生。和我们预想的一样，当n是偶数时，$|\mathcal{E}|=1$且$|\mathcal{O}|=0$；当n是奇数时，$|\mathcal{E}|=0$且$|\mathcal{O}|=1$。同样，根据预测，$|\mathcal{E}|-|\mathcal{O}|=(-1)^n$。

当$m>n$时，$\mathcal{E}$和$\mathcal{O}$都是空集。当$m<n$时，$\mathcal{E}$（或$\mathcal{O}$）中的每个元素必须有一个有两个学生在其中的教室。现在对于$\mathcal{E}$中的任何一个元素，令a为最小数字的学生，并且此学生不会单独在一个教室中，让b成为下一个在同一个教室中的最小数字的学生。我们采用以下的惯例，将给定房间中有最小元素的一张桌子首先列出。

㊀ 校者注：相同指"不可区分"，英文为indistinguishable。

如果 a 和 b 不在同一张桌子旁，那么我们的教室就可以写为桌子的集合 $\{(a\cdots),(b\cdots),(c\cdots),\cdots\}$，我们把这个转化为 $\{(a\cdots b\cdots),(c\cdots),\cdots\}$ （仅去除两个括号，留下其他每一个在同样序列的列表）。在这个转化的集合中，a 和 b 在同一张桌子旁。这种新的安排方式比原来少了一张桌子，所以在集合 $\mathcal{O}$ 中。相应地，如果 a 和 b 在同一张桌子旁，我们逆转以上变换（仅插入括号），那么他们就会位于不同的桌子，也成了集合 $\mathcal{O}$ 中的元素。

类似地，同样可证明

恒等式 195　若 m，$n\geqslant 0$，则

$$\sum_{k=0}^{n}\left\{{n \atop k}\right\}\left[{k \atop m}\right](-1)^k=(-1)^n\delta_{m,n} \tag{7.3}$$

我们将此证明当作练习留给读者。

7.6　注记

本章的一些资料是以［6］为基础，并由大学生 Greg Preston 扩展的。恒等式 185 的证明首次由 Robert Beals［2］呈现给我们。［28］中列出的恒等式 198 到 210 是有用的 Stiring 恒等式。最后的练习由大学生 David Gaebler 和 Robert Gaebler 提出。我们还要感谢 Greg Levin 为我们画了漫画。

7.7　练习

1. 此为定理 11 的另一种证明方法，它基于 $H_n=H_{n-1}+\dfrac{1}{n}$。将 H_n 写成 $H_n=\dfrac{a_n}{n!}$的形式，然后通过证明它们满足相同的递归关系和初始条件，从而证明 $a_n=\left\{{n+1 \atop 2}\right\}$。

2. 修改恒等式 190 的证明，证明下列恒等式。

恒等式 196　若 m，$n\geqslant 0$，则 $\displaystyle\sum_{k=m}^{n}\left[{n \atop k}\right]\binom{k}{m}=\left[{n+1 \atop m+1}\right]$。

恒等式 197　若 m，$n\geqslant 0$，则 $\displaystyle\sum_{k=m}^{n}\left[{n \atop k}\right]2^k=(n+1)!$。

用组合的方法证明下列恒等式。

恒等式 198　若 $m,\ n\geqslant 0$，则 $\sum_{k=m}^{n}\binom{n}{k}\left\{{k \atop m}\right\}=\left\{{n+1 \atop m+1}\right\}$。

恒等式 199　若 $m,\ n\geqslant 0$，则 $\sum_{k=0}^{m}k\left\{{n+k \atop k}\right\}=\left\{{m+n+1 \atop m}\right\}$。

恒等式 200　若 $m,\ n\geqslant 0$，则 $\sum_{k=0}^{m}(n+k)\left[{n+k \atop k}\right]=\left[{m+n+1 \atop m}\right]$。

恒等式 201　若 $m,\ n\geqslant 0$，则 $\sum_{k=0}^{n}\left\{{k \atop m}\right\}(m+1)^{n-k}=\left\{{n+1 \atop m+1}\right\}$。

恒等式 202　若 $m,\ n\geqslant 0$，则 $\sum_{k=m}^{n}\left[{k \atop m}\right]n!/k!=\left[{n+1 \atop m+1}\right]$。

恒等式 203　若 $1\leqslant m\leqslant n$，则 $\sum_{k=m}^{n}\left[{n \atop k}\right]\left\{{k \atop m}\right\}=\binom{n}{m}(n-1)!/(m-1)!$。

恒等式 204　若 $l,\ m,\ n\geqslant 0$，则 $\sum_{k=0}^{n}\binom{n}{k}\left\{{k \atop l}\right\}\left\{{n-k \atop m}\right\}=\left\{{n \atop l+m}\right\}\binom{l+m}{l}$。

恒等式 205　若 $l,\ m,\ n\geqslant 0$，则 $\sum_{k=0}^{n}\binom{n}{k}\left[{k \atop l}\right]\left[{n-k \atop m}\right]=\left[{n \atop l+m}\right]\binom{l+m}{l}$。

恒等式 206　若 $m,\ n\geqslant 0$，则 $\sum_{k=m}^{n}\left\{{n+1 \atop k+1}\right\}\left[{k \atop m}\right](-1)^{k}=(-1)^{m}\binom{n}{m}$。

以下的恒等式可以通过寻找奇数集与偶数集之间的几乎一一对应关系来证明。

恒等式 207　若 $0\leqslant m\leqslant n$，则 $\sum_{k=m}^{n}\left[{n+1 \atop k+1}\right]\left\{{k \atop m}\right\}(-1)^{k}=n!/m!$。

恒等式 208　若 $0\leqslant m\leqslant n$，则 $\sum_{k=m}^{n}\binom{n}{k}\left\{{k+1 \atop m+1}\right\}(-1)^{k}=(-1)^{n}\left\{{n \atop m}\right\}$。

恒等式 209　若 $0\leqslant m\leqslant n$，则 $\sum_{k=m}^{n}\left[{n+1 \atop k+1}\right]\binom{k}{m}(-1)^{k}=(-1)^{m}\left[{n \atop m}\right]$。

恒等式 210　若 $m,\ n\geqslant 0$，则 $\sum_{k=0}^{m}\binom{m}{k}k^{n}(-1)^{k}=(-1)^{m}m!\left\{{n \atop m}\right\}$。

挑战练习　康威（Conway）和盖伊（Guy）定义了 r-调和数，如下：当 $r<0$ 或 $n\leqslant 0$ 时，$H_n^r=0$；当 $n\geqslant 1$ 时，$H_n^0=\frac{1}{n}$；当 $r,\ n\geqslant 1$ 时，令 $H_n^r=\sum_{i=1}^{n}H_i^{r-1}$。注意到，$H_n^1$ 为一般的调和数 H_n。布罗德（Broder）［16］定义

了r-斯特林数$\left[{n \atop k}\right]_r$，即 n 个元素置于 k 个循环的排列数，其中元素 1 到 r 必须位于不同的循环。

证明下面定理 11 的推广形式 $H_n^r = \dfrac{\left[{n+r \atop r+1}\right]_r}{n!}$。

第 8 章

数　论

在本章中，我们收集了一些关于算术，代数学及数论的恒等式。

8.1 算术恒等式

有什么比求出前 n 项和更简单的呢？你可能已经知道第一个恒等式了，它实际上就是第 5 章中恒等式 135 的一个特例，即

$$\sum_{k=1}^{n} k = \binom{n+1}{2} = \frac{n(n+1)}{2}。$$

从组合角度来看，公式可被改写并用两种不同的方式来解释，接下来的恒等式及其证明依赖于：将 $\frac{n(n+1)}{2}$ 改写为 $\binom{n+1}{2}$，即无重复选取；或者改写为 $\left(\binom{n}{2}\right)$，即有重复选取。

恒等式 211　对于 $n \geqslant 0$，有 $\sum_{k=1}^{n} k = \binom{n+1}{2} = \frac{n(n+1)}{2}$。

问　从集合 $\{0, 1, 2, \cdots, n\}$ 中任意选取两个不同的数，有多少种方法？

答 1　由定义知，有 $\binom{n+1}{2}$ 种。

答 2　考量被选择的两个数中较大的。如果较大数是 k，则较小数就可以从 $\{0, 1, \cdots, k-1\}$ 这 k 个数中选择任何一个。因此，选择的总数为 $\sum_{k=1}^{n} k$。

下一个恒等式用 $\left(\binom{n}{2}\right)$ 的形式代替了 $\frac{n(n+1)}{2}$，即选择允许重复。因此，问题将涉及从一个不同的集合中选择元素。

恒等式 212　对于 $n \geqslant 0$，有 $\sum_{k=1}^{n} k = \left(\binom{n}{2}\right)$。

问 从集合 $\{1, 2, \cdots, n\}$ 中选出允许重复的两个数字，有多少种方法？

答1 由定义知，有 $\left(\binom{n}{2}\right)$ 种。

答2 考量被选择的两个数中较大的。如果较大数是 k，较小数就可以从 $\{1, \cdots, k\}$ 这 k 个数中选择任何一个。因此，选择的总数为 $\sum_{k=1}^{n} k$。

以下美丽的事实，即前 n 个数的立方和可以用前 n 个数和的平方来表示也可以用两种方式证明。在不同的情况下，我们建立集合 $\mathcal{S}$ 与集合 $\mathcal{T}$ 之间的一一对应关系，其中 $|\mathcal{S}| = \sum_{k=1}^{n} k^3$，$|\mathcal{T}| = \left[\frac{n(n+1)}{2}\right]^2$。

恒等式213 若 $n \geqslant 0$，则

$$\sum_{k=1}^{n} k^3 = \binom{n+1}{2}^2。$$

集合1 令 $\mathcal{S}$ 为一个取值从0到 n 的四元数组，其中最后一个数严格大于之前的数，即

$$\mathcal{S} = \{(h,i,j,k) \mid 0 \leqslant h,i,j < k \leqslant n\}。$$

若 $1 \leqslant k \leqslant n$，对于给定的最后一个数 k，共有 k^3 种方式选择 h，i，j。因此，$|\mathcal{S}| = \sum_{k=1}^{n} k^3$。

集合2 令 $\mathcal{T}$ 为集合 $\{0, 1, 2, \cdots, n\}$ 中元素组成的二元有序子集对，若将子集中的元素按递增的顺序表示，则 $\mathcal{T}$ 可表示为

$$\mathcal{T} = \{(\{x_1, x_2\}, \{x_3, x_4\}) \mid 0 \leqslant x_1 < x_2 \leqslant n, 0 \leqslant x_3 < x_4 \leqslant n\}。$$

显然 $|\mathcal{T}| = \binom{n+1}{2}^2$。

对应关系 为了证明 $\mathcal{S}$ 与 $\mathcal{T}$ 有相同的大小，我们建立 $\mathcal{S}$ 与 $\mathcal{T}$ 之间的一一对应关系 $f: \mathcal{S} \to \mathcal{T}$。具体地，令

$$f((h,i,j,k)) = \begin{cases} (\{h,i\}, \{j,k\}), & 若\ h < i, \\ (\{j,k\}, \{i,h\}), & 若\ h > i, \\ (\{i,k\}, \{j,k\}), & 若\ h = i。\end{cases}$$

例如，

$$f((1,2,3,4)) = (\{1,2\}, \{3,4\}),$$
$$f((2,1,3,4)) = (\{3,4\}, \{1,2\}),$$
$$f((1,1,2,4)) = (\{1,4\}, \{2,4\})。$$

注意，f是可逆的，因为 $h<i$，$h>i$ 和 $h=i$ 的情况被满射到有序数对 $(\{x_1, x_2\}, \{x_3, x_4\})$，这里分别为 $x_2<x_4$，$x_2>x_4$ 和 $x_2=x_4$。

当我们允许重复时，将会出现更简单的对应关系。

恒等式 214 若 $n\geqslant 0$，则

$$\sum_{k=1}^{n} k^3 = \left(\left(\binom{n}{2}\right)\right)^2。$$

集合 1 令 S 表示由数字 1 到 n 组成的四元子集，最后一项大于或等于其他项，即，

$$S=\{(h,i,j,k) \mid 1\leqslant h,i,j\leqslant k\leqslant n\}。$$

对于一个给定的、在 1 和 n 之间的值 k，有 k^3 种方法去选择 h，i 和 j。所以 $|\mathcal{S}| = \sum_{k=1}^{n} k^3$。

集合 2 令 $\mathcal{T}$为集合 $\{1, 2, \cdots, n\}$ 内可重复选择的二元有序数对的集合，即

$$\mathcal{T}=\{(\{x_1,x_2\},\{x_3,x_4\}) \mid 1\leqslant x_1\leqslant x_2\leqslant n, 1\leqslant x_3\leqslant x_4\leqslant n\},$$

且 $|\mathcal{T}| = \left(\left(\binom{n}{2}\right)\right)^2$。

对应关系 我们的双射 g：$S\to T$ 有两种情况：

$$g((h,i,j,k)) = \begin{cases} (\{h,i\},\{j,k\}), & 若 h\leqslant i, \\ (\{j,k\},\{i,h-1\}), & 若 h>i。\end{cases}$$

例如，

$$g((1,2,3,4)) = (\{1,2\},\{3,4\}),$$
$$g((2,1,3,4)) = (\{3,4\},\{1,1\})。$$

第一种情况满射到 $(\{x_1,x_2\},\{x_3,x_4\})$，其中 $x_2\leqslant x_4$；第二种情况满射到 $(\{x_3, x_4\},\{x_1,x_2\})$，其中 $x_2>x_4$。显然 g 是可逆的。

有关该恒等式的另外一种组合方法可通过我们的第一个证明中的集合 S 证明，参见文献［34］和文献［56］。通过考虑 S 中四元数组里不同元素的个数是 2，3 或 4，有

$$\sum_{k=1}^{n} k^3 = \binom{n+1}{2} + \binom{n+1}{3}6 + \binom{n+1}{4}3!,$$

简化为

$$\frac{n^2(n+1)^2}{4}。$$

我们对恒等式213和恒等式214的证明避免了代数计算，而用单纯的组合方法推导出了 $\binom{n+1}{2}^2$。

另外一个众所周知的恒等式是

$$\sum_{k=1}^{n} k^2 = \frac{n(n+1)(2n+1)}{6} = \frac{1}{4}\binom{2n+2}{3}。$$

通过令 $\mathcal{S} = \{(i,\ j,\ k) \mid 0 \leqslant i,\ j < k \leqslant n\}$，并且考虑 S 的三元数组中两个或三个不同元素的数组数量，我们得到

$$\sum_{k=1}^{n} k^2 = \binom{n+1}{2} + 2\binom{n+1}{3}。$$

它可以简化为 $\frac{n(n+1)(2n+1)}{6}$。下一个恒等式显示了怎样完全避免代数计算的步骤。另一个证明，即用“不可重复选择”代替“可重复选择”，将会在练习中给出。

恒等式215　对于 $n \geqslant 0$

$$\sum_{k=1}^{n} k^2 = \frac{1}{4}\left(\!\binom{2n}{3}\!\right)。$$

集合1　令 S 表示从1到 n 的整数组成的三元数组，其中最后一个元素大于或等于前两个。即

$$\mathcal{S} = \{(i,j,k) \mid 1 \leqslant i,j \leqslant k \leqslant n\}。$$

于是 $|\mathcal{S}| = \sum_{k=1}^{n} k^2$。

集合2　令 $\mathcal{T}$ 表示从集合 $\{1,\ 2,\ \cdots,\ 2n\}$ 中选出可重复的数组成的三元数组，即

$$\mathcal{T} = \{\{x_1, x_2, x_3\} \mid 1 \leqslant x_1 \leqslant x_2 \leqslant x_3 \leqslant 2n\},$$

则 $|\mathcal{T}| = \left(\!\binom{2n}{3}\!\right)$。

对应关系　创建一个 $\mathcal{S}$ 与 $\mathcal{T}$ 之间一对四的对应关系，即将元素 $(i,\ j,\ k)$ 映射到 $\mathcal{T}$ 中的四个目标。若 $i \leqslant j$，则 $(i,\ j,\ k)$ 可以映射到 $\{2i,\ 2j,\ 2k\}$，$\{2i-1,\ 2j,\ 2k\}$，$\{2i-1,\ 2j-1,\ 2k\}$ 和 $\{2i-1,\ 2j-1,\ 2k-1\}$。如果 $i > j$，$(i,\ j,\ k)$ 可以映射到 $\{2j,\ 2i-1,\ 2k-1\}$，$\{2j,\ 2i-1,\ 2k\}$，$\{2j,\ 2i-2,\ 2k-1\}$ 和 $\{2j-1,\ 2i-2,\ 2k-1\}$。例如 $(1,\ 2,\ 3)$ 可被映射到 $\{2,\ 4,\ 6\}$，$\{1,\ 4,\ 6\}$，$\{1,\ 3,\ 6\}$ 和 $\{1,\ 3,\ 5\}$，而 $(2,\ 1,\ 3)$ 被映射到 $\{2,\ 3,\ 5\}$，$\{2,$

3，6}，{2，2，5} 和 {1，2，5}。通过检测 $\{x_1, x_2, x_3\}$ 中每一个数字的奇偶性可知该映射可逆，如图 8.1 所示。

$$\text{若} i \leqslant j\text{，则}(i, j, k) \to \begin{cases} \{2i, & 2j, & 2k\} & \text{偶偶偶} \\ \{2i-1, & 2j, & 2k\} & \text{奇偶偶} \\ \{2i-1, & 2j-1, & 2k\} & \text{偶偶奇} \\ \{2i-1, & 2j-1, & 2k-1\} & \text{奇奇奇} \end{cases}$$

$$\text{若} i > j\text{，则}(i, j, k) \to \begin{cases} \{2j, & 2i-1, & 2k-1\} & \text{偶奇奇} \\ \{2j, & 2i-1, & 2k\} & \text{偶奇偶} \\ \{2j, & 2i-2, & 2k-1\} & \text{偶偶奇} \\ \{2j-1, & 2i-2, & 2k-1\} & \text{奇偶奇} \end{cases}$$

图 8.1 {1，2，…，n} 组成的最大值为最后一个元素的三元数组，可对应四个唯一的由 {1，2，…，$2n$} 构成的三元数组

另一个有用的恒等式是关于有限几何级数的，即对于任意的（实数或复数）$x \neq 1$ 和任意正整数 n，有

$$1 + x + x^2 + x^3 + \cdots + x^{n-1} = \frac{1 - x^n}{1 - x}。$$

我们下面仅证明 x 为正整数的情况。

恒等式 216 对于 $n \geqslant 1$，有

$$(x-1)(1 + x + x^2 + \cdots + x^{n-1}) = x^n - 1。$$

问 从集合 $\{1, \cdots, x\}$ 中任选 n 个数组成的数列有多少种？不包括全部为 x 的情况。

答 1 $x^n - 1$ 种。

答 2 考虑在序列中第一个非 x 项的位置。若 $0 \leqslant k \leqslant n-1$，第一个非 x 项出现在第 $(n-k)$ 项，那么这一项有 $(x-1)$ 种选择，因此有 x^k 种方法来补完数列。于是共有 $(x-1)x^k$ 种这样的数列。于是，共有 $(x-1)\sum_{k=0}^{n-1} x^k$ 种这样的数列。

注意到恒等式 216 两边都是 n 阶的多项式。两个多项式对多于 $n+1$ 个点成立（因为对所有正整数均成立），因此当 x 为任意实数或复数时，它们仍相等，这对于下一个恒等式也是成立的。

恒等式 217 对于 $n \geqslant 0$，有

$$\sum_{k \geqslant 0} \binom{n}{2k} x^{n-2k} = \frac{1}{2}[(x+1)^n + (x-1)^n]。$$

集合 1 令 S 是从 $\{1, \cdots, x+1\}$ 中选取 n 个数组成数列的集合，其中数

字 $x+1$ 出现偶数次。$x+1$ 出现了 $2k$ 次的数列共有 $\binom{n}{2k}x^{n-2k}$ 种，因为我们首先安排哪些项是 $x+1$，其余的 $n-2k$ 项有 x 种选择方法。

总之，$|\mathcal{S}| = \sum_{k\geqslant 0}\binom{n}{2k}x^{n-2k}$。

集合2 令 $\mathcal{R}$ 是从 $\{1, \cdots, x+1\}$ 中选取 n 个数组成数列的集合，其中的每一个数字被涂上红色。令 $\mathcal{B}$ 是从 $\{1, \cdots, x-1\}$ 中选取 n 个数组成数列的集合，其中的每一个数字被涂上蓝色。因此，$|\mathcal{R}\cup\mathcal{B}| = (x+1)^n + (x-1)^n$。

对应关系 我们建立 $\mathcal{S}$ 和 $\mathcal{R}\cup\mathcal{B}$ 之间1对2的对应关系。令 $X\in\mathcal{S}$，然后我们把 X 与 $\mathcal{R}\cup\mathcal{B}$ 中的元素 X' 和 X'' 联系起来，其中 X' 与 X 相同，只是被涂成红色。所以，X' 在集合 $\mathcal{R}$ 中，且包含偶数个 $x+1$。X'' 取决于 x 或 $x+1$ 是否出现在 X 中。如果这些数字均不出现在 X 中，则 X'' 中与 X 一样，只是被涂上蓝色。这里 X'' 在集合 $\mathcal{B}$ 中。否则的话，X 中至少有一个元素等于 x 或 $x+1$。令 X'' 中与 X 一样只是被涂上红色，且首先出现的 x 或 $x+1$ 被其余数字所取代。因此 X'' 在集合 $\mathcal{R}$ 中，包含奇数个 $x+1$。

下一个恒等式可由望远镜级数的部分和[⊖] $\sum_{k=2}^{n}\frac{1}{k(k-1)} = 1 - \frac{1}{n}$ 证明，通过乘以 $n!$ 我们可得到一个排列恒等式，它可用恒等式182证明中的座位方式证明。

恒等式218 若 $n\geqslant 1$，则

$$\sum_{k=2}^{n}\frac{n!}{k(k-1)} = n! - (n-1)!。$$

问 包含两个或多个循环的由1到 n 组成的排列有多少种？

答1 因为仅一个循环的排列有 $(n-1)!$ 种，所以一共有 $n! - (n-1)!$ 种这样的排列。

答2 考量第二个循环的第一个元素。对于 $2\leqslant k\leqslant n$，以数字 k 作为第二个循环的第一个元素的排列有多少种？使用102页约定的循环符号，第一个循环从1开始而且必须包含数字2到 $k-1$。一次插入一个元素，则在第一个循环中数字2到 $k-1$ 有 $(k-2)!$ 种排列方式。数字 k 必须是第二个循环的第一个元

⊖ 校者注："望远镜级数"原文为 telescoping series 读者可以想成在这种级数的部分和中，很容易看到遥远的最后一项，故名。

素。于是数字$k+1$能够被插入到$k+1$个位置：在任何已存在k个元素的右边或者由$k+1$开启一个新的循环。相似地，数字$k+2$能够被插入到$k+2$个位置等。因此，类似的排列方式有$(k-2)!(k+1)(k+2)\cdot\cdots\cdot n=\frac{n!}{k(k-1)}$种。总之，有两个或以上循环的排列方式有$\sum_{k=2}^{n}\frac{n!}{k(k-1)}$个。

8.2 代数与数论

计数证明可以有效地应用于抽象代数学与数论，一些书就是以此为主题的（例如，参考文献[24]）。接下来我们只是简单地看看能用这些方法做什么。

定理 13 如果p是素数，则对于$0<k<p$，p整除$\binom{p}{k}$。

证 1 由第5章恒等式130可知$k\binom{p}{k}=p\binom{p-1}{k-1}$，是$p$的倍数。因此当$p$为素数，它与$k$无公共素因子，因此$p$必须整除$\binom{p}{k}$。

对于这一定理的第二种证明与以下证明类似：

定义 令S为一个集合，g为一个从S到S的函数。对于S中的每一个x，x的轨迹为集合$\{x, g(x), g^{(2)}(x), g^{(3)}(x), \cdots\}$。其中$g^{(k)}(x)$为元素$g(g(g(\cdots g(x))))$，表示函数$g$被运算了$k$次。如果存在$m\geqslant1$使$g^{(m)}(x)=x$成立，则$x$的轨迹为$\{x,g(x),\cdots,g^{m-1}(x)\}$。如果$g(x)=x$，则$x$被称为$g$的不动点，轨迹为$\{x\}$。

引理 14 设g为S到S的函数，且x为S中的元素。假设对于一些整数$n\geqslant1$，$g^{(n)}(x)=x$，且m是满足$g^{(m)}(x)=x$的最小正整数，则m整除n。

证 令$n=qm+r$，其中$0\leqslant r<m$，则

$$\begin{aligned}x&=g^{(n)}(x)=g^{(r+qm)}(x)\\&=g^{(r+m+m+\cdots+m)}(x)\\&=g^{(r)}(g^{(m)}(g^{(m)}(\cdots g^{(m)}(x)\cdots)))\\&=g^{(r)}(x),\end{aligned}$$

因为$0\leqslant r<m$，由于m是极小值，必有$r=0$。因此，m整除n。

推论 15 令S为一个有限集，g为S到S的函数，若对于S中的所有x，均

有 $g^{(n)}(x)=x$，其中 n 为整数，则每一条轨迹的大小均整除 n。

注意，在这个推论的条件下，轨迹将 S 分成了不相交的子集。于是集合 S 的大小就是每一个轨迹的大小之和。当 n 为素数时，情况变得更简单了。

推论 16 令 S 为一个有限集，且对于 S 中的所有 x，存在一个素数 p，使得 $g^{(p)}(x)=x$。于是，每个轨迹的大小或者为 1 或者为 p。进一步，若 F 是 g 的不动点集，则

$$|S| \equiv |F| \pmod p。$$

作为第一个应用，我们有定理 13 的证法 2。

证 令 S 为 $\{1, \cdots, p\}$ 的 k 元子集，对于 S 中的 X，即

$X=\{x_1, x_2, \cdots, x_k\}$ 定义 $g(X)=\{x_1+1, x_2+1, \cdots, x_k+1\}$，其中所有的和模 p 最简。则对于所有的 X，$g^{(p)}(X)=X$，且 S 中不含 g 的不动点集（为什么?），于是由推论 16，$|S| \equiv 0 \pmod p$，得证。

下一个定理是数论中最重要的定理之一。

定理 17 （费马小定理）若 p 为素数，则对于任意整数 a，p 整除 a^p-a。

证法 1 这个经典的证明方法应用了二项式理论（恒等式 133）、定理 13 以及对 a 的数学归纳法。若 p 整除 a^p-a（当 $a=0$ 或 $a=1$ 时显然成立），则因为 $(a+1)^p=\sum_{k=0}^{p}\binom{p}{k}a^k=1+a^p+\sum_{k=1}^{p-1}\binom{p}{k}a^k \equiv 1+a^p+0 \equiv a+1 \pmod p$，它必整除 $(a+1)^p-(a+1)$。

证法 2 这个证明在思路上更组合化。

问 将 $\{1, \cdots, p\}$ 中的每个数字赋予 a 种颜色中的一种，有多少种方法，其中不能只用一种颜色涂所有的数字。

答 1 将 a 种单色的情况除去，共有 a^p-a 种方法。

答 2 当 $0 \leqslant j < p$ 时，对每一个着色方式将颜色向右移动 j（模 p）个位置，则可以得到原着色的一个等价类。例如当 $p=5$ 时，着色方式（蓝、红、红、黄、蓝）可生成图 8.2 所示的等价类。通过定理 13 的证法 2，同一个等价类中的着色是不同的（对于任一使用过的颜色，使用过该颜色的数字的子集中的其他数字必须使用不同的颜色）。因此，着色的集合可以被分成不同的等价类，每一个等价类的大小为 p，则着色的总方式数为 p 与等价类个数的乘积。因为 p 为答 2 的因子，则它必整除答 1 的结果。因此，p 整除 a^p-a。

欧拉证明了更普遍的情况。对于正整数 n，欧拉函数 $\varphi(n)$ 指的是 $\{1, \cdots,$

数字	1	2	3	4	5
初始着色	蓝	红	红	黄	蓝
等价着色	蓝	蓝	红	红	黄
等价着色	黄	蓝	蓝	红	红
等价着色	红	黄	蓝	蓝	红
等价着色	红	红	黄	蓝	蓝

图 8.2　若数字 1、2、3、4、5 分别被安排蓝、红、红、黄、蓝，等价着色可以通过循环移动得到

$n\}$ 中与 n 互素（即无公共素因子）的整数的个数。欧拉定理说的是若 a 与 n 互素，则

$$a^{\varphi(n)} \equiv 1 (\bmod n)。$$

虽然我们还不能对这个定理进行组合证明，但是我们乐见其成！即使如此，我们还可以组合地证明有关 $\varphi(n)$ 的一些定理。

定理 18　若 $n = p_1^{e_1} \cdot p_2^{e_2} \cdot \cdots \cdot p_t^{e_t}$，其中所有的 p_i 互素，且所有的指数均为正整数，则

$$\varphi(n) = n\left(1 - \frac{1}{p_1}\right)\left(1 - \frac{1}{p_2}\right) \cdot \cdots \cdot \left(1 - \frac{1}{p_t}\right)。$$

这个定理非常直观，因为在 n 个数 1，2，…，n 之中，$1/p_1$ 个数有素因子 p_1。将 p_1 的倍数减去之后，这一集合的大小为 $n\left(1 - \frac{1}{p_1}\right)$。类似地，我们会认为余下数字中的 $1/p_2$ 个数应该被 p_2 整除。于是，排除这些之后，余下的集合的大小为

$$n\left(1 - \frac{1}{p_1}\right)\left(1 - \frac{1}{p_2}\right)。$$

由此类推，这些数字的子集不能被 n 的任意一个素数因子整除的大小为

$$n\left(1 - \frac{1}{p_1}\right)\left(1 - \frac{1}{p_2}\right)\cdots\left(1 - \frac{1}{p_t}\right)。$$

使用容斥原理，可以得到一个更严密的组合证明方法。

问　在 $\{1, \cdots, n\}$ 中，有多少个元素与 n 互素？

答 1　由定义知有 $\varphi(n)$ 个。

答 2　由容斥原理：首先从集合 $\{1, \cdots, n\}$ 中减去 p_1 的 n/p_1 倍，p_2 的 n/p_2 倍，…，p_t 的 n/p_t 倍；然后加上能被 p_1 和 p_2 整除的 n/p_1p_2 个数，能被 p_1 和 p_3 整除的 n/p_1p_3 个数，以此类推；再减去能被 p_1、p_2 和 p_3 整除的 $n/p_1p_2p_3$ 个

数等。最后，互素因子的 $\{1, \cdots, n\}$ 的子集的大小为

$$n-\left(\frac{n}{p_1}+\frac{n}{p_2}+\frac{n}{p_3}+\cdots\right)+\left(\frac{n}{p_1p_2}+\frac{n}{p_1p_3}+\cdots\right)-\left(\frac{n}{p_1p_2p_3}+\cdots\right)+\cdots+(-1)^t\frac{n}{p_1p_2\cdots p_t},$$

简化为

$$n-\left(1-\frac{1}{p_1}\right)\left(1-\frac{1}{p_2}\right)\cdots\left(1-\frac{1}{p_t}\right)。$$

下面的推论当作练习。

推论 19 若 x 和 y 为无公共素因子的整数，则 $\varphi(xy)=\varphi(x)\varphi(y)$。

下一个恒等式将对 n 的所有正因子求和。

恒等式 219 $\sum_{d\mid n}\varphi(d)=n$。

问 集合 $\left\{\frac{1}{n}, \frac{2}{n}, \cdots, \frac{n}{n}\right\}$ 中有多少个数？

答 1 显然有 n 个。

答 2 每个表达式都可以写成最低项 $\frac{c}{d}$ 的形式，其中 d 整除 n，c 与 d 互素。对于每一个分母 d，有 $\varphi(d)$ 个互素分子，对表达式求和为 $\sum_{d\mid n}\varphi(d)$。

下一个定理为数论的另一个基本定理。

恒等式 220 （威尔逊定理）若 p 为素数，则 $(p-1)!\equiv p-1 \pmod p$。

问 将 $\{0, 1, \cdots, p-1\}$ 排列且只有一个循环，有多少种排列方式？

答 1 $(p-1)!$种。

答 2 令 S 为将 $\{0, 1, \cdots, p-1\}$ 排列成一个循环的排列方式的集合。定义 S 的函数关系 g 如下：对于 S 中的任意排列 $\pi=(0, a_1, a_2, \cdots, a_{p-1})$，定义 $g(\pi)=(1, a_1+1, a_2+1, \cdots, a_{p-1}+1)$，其中所有的和式模 p 最简。显然，$g(\pi)$ 属于 S（虽然它不是以 0 开始的标准形式）且 $g^{(p)}(\pi)=\pi$。由推论 16，$|S|$ 与 g 中不动点的个数模 p 相等。仍需证 S 有 g 的 $p-1$ 个不动点，即“等差级数”排列 $(0, a, 2a, 3a, \cdots, (p-1)a)$，其中 $1\leqslant a\leqslant p-1$，并且所有项均模 p 同余最简。类似的排列均是 g 的不动点（每一项全部加 1 不会影响等差级数性质）。另一方面，若 $\pi=(0, a_1, a_2, \cdots, a_{p-1})$ 为 g 的不动点，则

$$(0,a_1,a_2,a_3,\cdots,a_{p-1})=\pi=g^{(a_1)}(\pi)=(a_1,2a_1,a_2+a_1,\cdots,a_{p-1}+a_1)。$$

式子左侧，$\pi(a_1)=a_2$。式子右侧 $\pi(a_1)=2a_1$。因此 $a_2=2a_1$。继续，式子左侧 $\pi(a_2)=a_3$，式子右侧 $\pi(a_2)=a_2+a_1=3a_1$。于是，$a_3=3a_1$，一般地 $a_k=ka_1$。因此，g 有 $p-1$ 个不动点，得证。

拉格朗日定理是有限群中最重要的定理。它规定如果含有 n 个元素的群 G 有一个含有 d 个元素的子群 H，那么 d 一定是 n 的一个因数。这个定理的逆定理是错误的。也就是如果 d 整除 n，群 G 不一定存在 d 个元素的子群；但是如果 d 是素数，则逆定理成立。

定理 20 如果群 G 是 n 阶群，并且素数 p 整除 n，那么群 G 有 p 阶子群。

证 假设群 G 有 n 个元素，并且 n 能被 p 整除，定义

$$S=\{(x_1,\ x_2,\ \cdots,\ x_p)\mid x_i\in G,x_1\cdot x_2\cdot\cdots\cdot x_p=e\},$$

其中 e 是群 G 的单位元素。

问 S 有多少个元素？

答 1 S 中有 n^{p-1} 个元素，因为我们可以任意选取 x_1，x_2，…，x_{p-1}（每一项都有 n 种选择），且必有 $x_p=(x_1x_2\cdots x_{p-1})^{-1}$。

答 2 注意如果 $s_1=(x_1,\ x_2,\ \cdots,\ x_p)\in S$，则我们得到 $x_2x_3\cdots x_p=x_1^{-1}$，这表明 $x_2x_3\cdot\cdots\cdot x_px_1=e$。这说明 $s_2=(x_2,\ x_3,\ \cdots,\ x_p,\ x_1)$ 也在 S 中。以此类推，$s_3=(x_3,\ x_4,\ \cdots,\ x_p,\ x_1,\ x_2)$，$s_4=(x_4,\ x_5,\ \cdots,\ x_p,\ x_1,\ x_2,\ x_3)$，…，$s_p=(x_p,\ x_1,\ \cdots,\ x_{p-1})$ 均属于 S。由于 p 是素数，所以元素 s_1，s_2，…，s_p 必不相同，除非 $x_1=x_2=\cdots=x_p$。因此 $|\mathcal{S}|=|\mathcal{S}_1|+|\mathcal{S}_2|$。其中，$\mathcal{S}_1$ 是以（x，x，…，x）的形式出现的 S 中元素的集合，$\mathcal{S}_2$ 包含了 S 中的其他所有元素。由于它的元素可以被分割为长度 p 的循环移位，所以 $\mathcal{S}_2$ 的大小是 p 的倍数。因此 $|\mathcal{S}_1|=n^{p-1}-pk$，其中 k 是整数。由于 p 整除 n，我们得到 $|\mathcal{S}_1|$ 是 p 的倍数。更进一步，因为（e，e，…，e）是 $\mathcal{S}_1$ 的元素，则 $\mathcal{S}_1$ 的大小必为非零。于是 G 至少有 $p-1$ 个非单元元素 x，其中 $x^p=e$，对于这样的 x，集合 $H=\{e,\ x,\ x^2,\ \cdots,\ x^{p-1}\}$ 都是 G 的一个含有 p 个元素的循环子群。

8.3 重提最大公因数

在第 1 章，我们证明了传统的斐波那契数（$F_0=0$，$F_1=1$，$F_n=F_{n-1}+$

F_{n-2}）的最大公因数满足性质

$$\gcd(F_n,F_m)=F_{\gcd(n,m)}。$$

我们接着证明这种现象对第一类卢卡斯数列也是正确的。

定理 21 令 s、t 为非负互素的整数，数列 $U_0=0$，$U_1=1$，且当 $n\geqslant 2$ 时 $U_n=sU_{n-1}+tU_{n-2}$，则 $\gcd(U_n, U_m)=U_{\gcd(n,m)}$。

为了方便起见，我们定义当 $n\geqslant 0$ 时，$u_n=U_{n+1}$，结合组合定理 4，它表示的是用 s 种颜色的方砖和 t 种颜色的多米诺砖平铺长为 n 的木板的方式数，在第 3 章我们已经得到了要证明如下引理所需的恒等式。

引理 22 对于所有 $m\geqslant 1$，有 U_m 与 tU_{m-1} 互素。

证 首先我们说明 U_m 与 t 互素。用代数的方法易知这是正确的，因为对所有的 $m\geqslant 1$，$U_m=sU_{m-1}+tU_{m-2}\equiv sU_{m-1}\pmod t$。于是由欧几里得算法，$\gcd(U_m,t)=\gcd(t, s^{m-1})=1$。从纯粹的组合的角度，我们可以考虑最后一块着色多米诺砖的位置（如果存在）。由恒等式 75（令 $c=s$，然后重新标号）

$$U_m=s^{m-1}+t\sum_{j=1}^{m-2}s^{j-1}U_{m-1-j}。$$

于是，如果 $d>1$ 是 U_m 和 t 的一个因子，则 d 必整除 s^{m-1}。但这是不可能的，因为 s 与 t 互素。

接下来我们说明 U_m 和 U_{m-1} 互素。这由恒等式 87 可得，因为如果 $d>1$ 整除 U_m 和 U_{m-1}，则 d 必整除 t^{m-1}。这也是不可能的，因为 U_m 和 t 互素。

于是由 $\gcd(U_m,t)=1$ 和 $\gcd(U_m,U_{m-1})=1$，可知 $\gcd(U_m,tU_{m-1})=1$，得证。

为了证明定理 21，我们需要另一个恒等式，由欧几里得求最大公因数的算法启发。恒等式 221 乍一看令人畏惧，但是从组合的角度看却是行得通的。

恒等式 221 若 $n=qm+r$，其中 $0\leqslant r<m$，则

$$U_n=(tU_{m-1})^qU_r+U_m\sum_{j=1}^{q}(tU_{m-1})^{j-1}U_{(q-j)m+r+1}。$$

问 存在多少个着色 $(qm+r-1)$-平铺？

答 1 $u_{qm+r-1}=U_{qm+r}=U_n$。

答 2 首先我们考虑所有在第 $jm-1$ 个单元格不可分的着色平铺，其中 $1\leqslant j\leqslant q$。这样的平铺必含有一块着色多米诺砖覆盖单元格 $m-1$，$2m-1$，…，$qm-1$。这样的多米诺砖有 t^q 种选择方式。这些多米诺砖的前面是任意 $(m-2)$-平铺，有 u_{m-2} 种选择方式。最后单元格 $qm+1$，…，$qm+r-1$ 有 u_{r-1} 种平铺方

式。如图 8.3 所示。于是在所有 $jm-1$ 不可分的着色平铺的方法数有 $t^q(u_{m-2})^q u_{r-1}=(tU_{m-1})^q U_r$ 种。

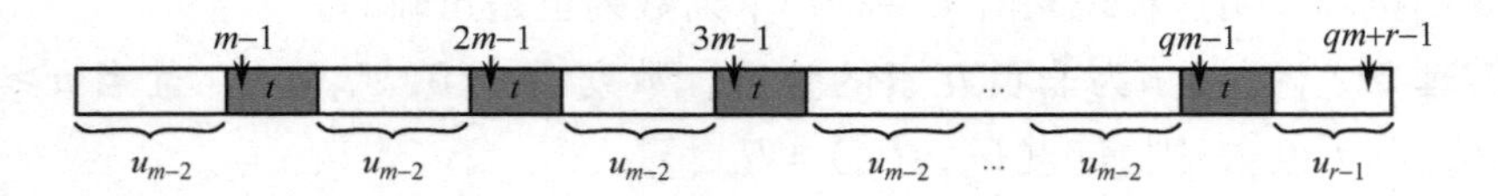

图 8.3　在每一个形如 $jm-1$ 的单元格不可分的着色 $(qm+r-1)$-平铺有 $(tU_{m-1})^q U_r$ 种，其中 $1\leqslant j\leqslant q$

接下来，我们按第一个可分的形如 $jm-1$，$1\leqslant j\leqslant q$ 的单元格划分剩余的着色平铺，与之前的方法类似，这样有 $(tU_{m-1})^{j-1}U_m U_{(q-j)m+r+1}$ 种方式。如图 8.4 所示，共有 $(tU_{m-1})^q U_r+U_m\sum_{j=1}^{q}(tU_{m-1})^{j-1}U_{(q-j)m+r+1}$ 种着色平铺。

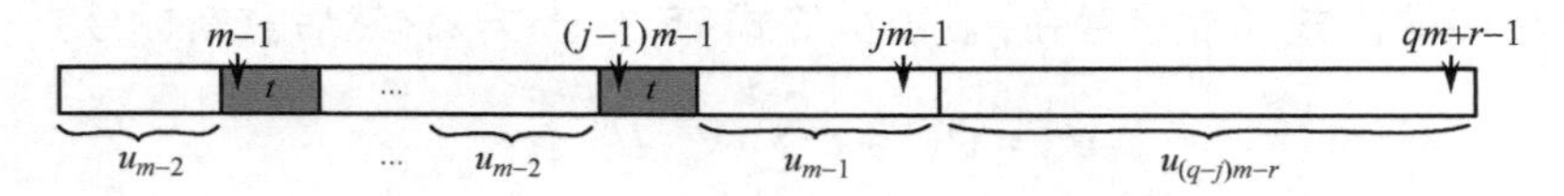

图 8.4　在单元格 $jm-1$ 处可分但在 $im-1$，$1\leqslant i\leqslant j$ 处不可分的着色 $(qm+r-1)$-平铺有 $(tU_{m-1})^{j-1}U_m U_{(q-j)m+r+1}$ 种

前面的恒等式证明了 U_n 是 U_m 和 U_r 的整数线性组合，因此 d 是 U_n 和 U_m 的公约数，当且仅当 d 整除 U_m 和 $(tU_{m-1})^q U_r$。但是通过引理 22，因为 U_m 与 tU_{m-1} 互素，d 必定是 U_m 和 U_r 的公因数，因此 U_n 和 U_m 有相同的公因数（和相同的最大公因数）与 U_m 和 U_{r-1} 的公因数相同。另一方面，

推论 23　若 $n=qm+r$，其中 $0\leqslant r<m$，则 $\gcd(U_n, U_m)=\gcd(U_m, U_r)$。

但等一等！这个推论与欧几里得算法一致，只是每一项都插入了 U。这个那么通过与欧几里得算法相同的步骤可以证明定理 21。$\gcd(U_n, U_m)$ 最终可简化为 $\gcd(U_g, U_0)=(U_g, 0)=U_g$，其中 g 是 m 和 n 的最大公因数。

8.4　卢卡斯定理

在第五章 5.5 节，我们得到了一个独创性的方法来确定 $\binom{n}{k}$ 取值的奇偶性，

并证明了对于固定的 n，$\binom{n}{k}$取值为奇数的个数为2的（n的二进制展开式中1的个数）次方。例如，$82=64+16+2=(1010010)_2$，因此$\binom{82}{k}$有2^3种取值为奇数的情况。在这里我们提出另一种方法来证明这个事实，并且把它推广到模任意素数的情况，这个令人惊异的模素数理论归功于以卢卡斯数闻名的爱德华·卢卡斯。

我们以定理13对素数幂的推广开始。

定理24 令 p 为素数，对于任意的 $\alpha\geqslant1$ 和 $0<k<p^\alpha$，有

$$\binom{p^\alpha}{k}\equiv0(\bmod p)。$$

证 又一次由第5章的恒等式130，我们知道 $k\binom{p^\alpha}{k}=p^\alpha\binom{p^\alpha-1}{k-1}$。

因为 $0<k<p^\alpha$，所以 p 整除 k 的最大次幂最多为 $p^{\alpha-1}$。因此 p 整除 $\binom{p^\alpha}{k}$。

我们讨论过整系数多项式

$$f(x)=\sum_{n\geqslant0}a_nx^n \text{ 和 } g(x)=\sum_{n\geqslant0}b_nx^n,$$

模 p 同余，若它们多项式中的每一项均模 p 同余。具体来说，若对所有的 $n\geqslant0$，$a_n\equiv b_n(\bmod p)$，则 $f(x)\equiv g(x)(\bmod p)$。例如，

$$x^4+4x^3+6x^2+4x+1\equiv x^4+1(\bmod 2)。$$

下一个引理通常被笑称为“新生二项式定理”[⊖]

引理25 p 为素数，$\alpha\geqslant0$，则

$$(1+x)^{p^\alpha}\equiv1+x^{p^\alpha}(\bmod p)。$$

证 由定理17的证明，真的二项式定理和模数运算给出

$$(1+x)^{p^\alpha}=\sum_{k=0}^{p^\alpha}\binom{p^\alpha}{k}x^k\equiv1+x^{p^\alpha}(\bmod p),$$

除了 $k=0$ 和 $k=p^\alpha$ 的情况，其余的项均模 p 为0。

为了确定$\binom{82}{k}$的奇偶性，将其写为 $82=64+16+2$，令 $p=2$，应用引理25，

⊖ 校者注：新生常会犯的一个错误是把 $(a+b)^2$ 误写成 a^2+b^2 故名。

$$\sum_{k=0}^{82}\binom{82}{k}x^k=(1+x)^{82}$$
$$=(1+x)^{64}(1+x)^{16}(1+x)^2$$
$$\equiv(1+x^{64})(1+x^{16})(1+x^2)\pmod 2$$
$$\equiv 1+x^2+x^{16}+x^{18}+x^{64}+x^{66}+x^{80}+x^{82}\pmod 2。$$

因此，$\binom{82}{k}$与最后一个表达式中 x^k 的系数奇偶性相同。例如，$\binom{82}{18}\equiv 1 \pmod 2$ 为奇数，$\binom{82}{20}\equiv 0 \pmod 2$ 为偶数。使得$\binom{82}{k}$取值为奇数的 k 即可表示为 $64a+16b+2c$ 的形式，其中 a，b，$c\in\{0，1\}$。因此有 $2^3=8$ 种$\binom{82}{k}$取值为奇数的情况。推广这个例子，若 n 的二进制展开为 $\sum_{i=0}^{t}b_i2^i$，其中 $b_i=0$ 或 1，则$\binom{n}{k}$中取值为奇数的个数为 $\prod_{i=0}^{t}(1+b_i)=2^{(n\text{的二进制展开中1的个数})}$。

现在我们准备好陈述并证明卢卡斯定理了。

定理 26 （卢卡斯定理）对于任意素数 p，我们可以从 n 和 k 的 p 进制的展开式中确定$\binom{n}{k}\pmod p$。具体来说，若 $n=\sum_{i=0}^{t}b_ip^i$ 和 $k=\sum_{i=0}^{t}c_ip^i$，其中 $0\leqslant b_i$，$c_i<p$，则

$$\binom{n}{k}\equiv\prod_{i=0}^{t}\binom{b_i}{c_i}\pmod p。$$

例如，当 $n=97$，$k=35$ 时，对于 $p=5$，

$$97=3\cdot 5^2+4\cdot 5+2=(3\ 4\ 2)_5，$$
$$35=1\cdot 5^2+2\cdot 5+0=(1\ 2\ 0)_5。$$

于是，由卢卡斯定理，得

$$\binom{97}{35}\equiv\binom{3}{1}\binom{4}{2}\binom{2}{0}=18\equiv 3\pmod 5。$$

因为

$$38=(1\ 2\ 3)_5，$$
$$\binom{97}{38}\equiv\binom{3}{1}\binom{4}{2}\binom{2}{3}=0\pmod 5。$$

卢卡斯定理指出当 $n=\sum_{i=0}^{t}b_ip^i$ 且 $k=\sum_{i=0}^{t}c_ip^i$ 时，$\binom{n}{k}$ 为 p 的倍数，当且仅当对于某些 $0\leqslant i\leqslant t$，$c_i>b_i$。于是为了避免 $\binom{n}{k}$ 成为 p 的倍数，我们必须对于每一个 i，要求 $c_i\in\{0,1,\cdots,b_i\}$。最终，对于 k 值有 $\prod_{i=0}^{t}(1+b_i)$ 种选择，使，$\binom{n}{k}$ 不是 p 的倍数。

我们举一个例子来说明卢卡斯定理的证明。当 $n=97$ 和 $p=5$ 时，按如下的方法来确定 $\binom{97}{k}\pmod 5$。由二项式定理，$\binom{97}{k}$ 是 $(1+x)^{97}$ 中 x^k 的系数。由引理 25，当 $p=5$ 时，有

$$\begin{aligned}(1+x)^{97}&=(1+x)^{3\cdot 25}(1+x)^{4\cdot 5}(1+x)^{2\cdot 1}\\&=(1+x)^{25}(1+x)^{25}(1+x)^{25}(1+x)^{5}(1+x)^{5}\times\\&\quad(1+x)^{5}(1+x)^{5}(1+x)(1+x)\\&\equiv(1+x^{25})(1+x^{25})(1+x^{25})(1+x^{5})(1+x^{5})\times\\&\quad(1+x^{5})(1+x^{5})(1+x^{1})(1+x^{1})\pmod p。\end{aligned}$$

因此，$\binom{97}{k}$ 与最后一个表达式中 x^k 的系数模 5 同余。例如，在最后一个表达式中 x^{35} 项的系数可表示为从 3 个不同的 25 分，4 个不同的 5 分，2 个不同的 1 分中得到 35 分的方法数。因为 35 分可从 1 个 25 分，2 个 5 分，0 个 1 分中得到，因此有 $\binom{3}{1}\binom{4}{2}\binom{2}{0}$ 种组合方式。因此 $\binom{97}{35}\equiv\binom{3}{1}\binom{4}{2}\binom{2}{0}\pmod 5$，得证。同理，因为没有足够的一分，因此不可能得到 38 分，于是可得 $\binom{97}{38}\equiv 0\pmod 5$。

证明卢卡斯定理的另一种方法，即对定理 26 中证明方法的推广将在练习中概述。

8.5 注记

费马小定理的第二种证明见 J. Peterson 在 Dickson 的《数论的历史》(*History of the Theory of Numbers*) 一书。拉格朗日定理的部分逆命题是柯西证得的；我们提供的组合学证明是 McKay 证得的。

我们仅看到了组合同余的表面。更多信息可参考 Stanley [51] 的第 1 章以及

Rota 和 Sagan [47], Gessel [26], Sagan [49] 和 Smith [50] 的论文。我们还可以参考 Erdös 和 Graham [24] 以及 Pomerance 和 Sárközy [42] 的综述文章。

8.6 练习

直接用组合的方法证明下列恒等式和定理。

恒等式 222 若 $n \geqslant 0$, $\sum_{k=1}^{n} k^4 = \binom{n+1}{2} + 14\binom{n+1}{3} + 36\binom{n+1}{4} + 24\binom{n+1}{5}$。

恒等式 223 若 $n \geqslant 1$, $\sum_{k=1}^{n-1} k^2 = \frac{1}{4}\binom{2n}{3}$。

恒等式 224 若 $0 \leqslant r, s \leqslant 1$, 且 $n \geqslant 0$, $\binom{2n+r}{2k+s} \equiv \binom{n}{k}\binom{r}{s} \pmod 2$。

通过计算回文二进制字符串来证明恒等式 224，由字符串的长度和其中 1 的个数可分为如下四种情况：

1. $\binom{2n}{2k} \equiv \binom{n}{k} \pmod 2$。

2. $\binom{2n+1}{2k+1} \equiv \binom{n}{k} \pmod 2$。

3. $\binom{2n+1}{2k} \equiv \binom{n}{k} \pmod 2$。

4. $\binom{2n}{2k+1} \equiv 0 \pmod 2$。

恒等式 225 若 n, $k \geqslant 0$, 且 p 为素数, 则 $\binom{pn}{pk} \equiv \binom{n}{k} \pmod p$。

恒等式 226 若 $0 \leqslant k \leqslant n$, $0 \leqslant s \leqslant r$, 且 p 为素数, 则 $\binom{pn+r}{nk+s} \equiv \binom{n}{k}\binom{r}{s}$ $\pmod p$。

从恒等式 225，226 可推导出卢卡斯定理。

恒等式 227 若 $0 \leqslant k \leqslant n$, 且 p 为素数, 则 $\binom{pn}{pk} \equiv \binom{n}{k} \pmod{p^2}$。

恒等式 228 若 p 为素数, 则 p 阶卢卡斯数满足 $L_p \equiv 1 \pmod p$。

恒等式 229 若 p 为素数, 则 $L_{2p} = 3 \pmod p$。

恒等式 230 若 p, q 为互异的素数, 则 $L_{pq} \equiv 1 + (L_q - 1)q \pmod p$。

定理 27 若 m 整除 n，则 U_m 整除 U_n。

定理 28 L_m 整除 F_{2km}。

定理 29 L_m 整除 $L_{(2k+1)m}$。

还未证明的恒等式（至 2003 年）

下列恒等式还没有组合证明。

1. 若 p 为素数，则 $\binom{pn}{pk} \equiv \binom{n}{k} \pmod{p^3}$。

2. 若 m，n 为奇整数，且 $\gcd(m, n)=g$，则 $\gcd(L_m, L_n)=L_g$。

3. $\gcd(L_m, L_n) = \begin{cases} L_g, & a=b, \\ 2, & a \neq b \text{ 且 } 3 \mid g, \\ 1, & \text{其他}. \end{cases}$

4. $\gcd(F_m, L_n) = \begin{cases} L_g, & a>b, \\ 2, & a \leqslant b \text{ 且 } 3 \mid g, \\ 1, & \text{其他}. \end{cases}$

第 9 章

进阶斐波那契和卢卡斯恒等式

9.1 更多斐波那契和卢卡斯恒等式

我们首尾呼应，通过研究更多的斐波那契和卢卡斯恒等式（卢卡斯或许会说我们已经“转了一整圈”了！）来结束这本书的学习，正如我们开始学习它时一样。我们展示一些格外具有挑战性的证明。作为一个高潮，我们引入概率来得到比内公式的组合学证明

$$F_n=\frac{1}{\sqrt{5}}\left[\left(\frac{1+\sqrt{5}}{2}\right)^n-\left(\frac{1-\sqrt{5}}{2}\right)^n\right]\text{和}L_n=\left(\frac{1+\sqrt{5}}{2}\right)^n+\left(\frac{1-\sqrt{5}}{2}\right)^n。$$

我们以一些著名的定理结束，到目前为止，我们还没有见过它们的组合学解释。

回忆组合定理 1，f_n 表示一个由方砖和多米诺砖平铺长为 n 的平铺方法数。第一个恒等式算是一个热身，可帮助我们回忆起这些斐波那契平铺的作用。

恒等式 231 若 n，$m\geqslant 2$，则 $f_nf_m-f_{n-2}f_{m-2}=f_{n+m-1}$。

集合 1 当 A 是一个 n-平铺，B 是一个 m-平铺并且 A 或 B 必须有一个以方砖为结尾，这样组合成了有序对集合（A，B）。当 A 和 B 都以多米诺砖结尾时，舍去这样的平铺，于是这种平铺有 $f_nf_m-f_{n-2}f_{m-2}$ 种。

集合 2 $(n+m-1)$-平铺的集合，它的大小为 f_{n+m-1}。

对应关系 如图 9.1 所给出的例子，我们来考虑两种情况。如果 A 以方砖结束，则在拿走 A 的最后一块方砖后，把 B 接在后面，这就构造了一个在 $n-1$ 处可分的 $(n+m-1)$-平铺。否则，A 必须以多米诺砖结束，B 必须以方砖结束。这里，当最后一块方砖移去时，我们把 B 接到 A 后，此时就构造了一个在 $n-1$ 处不可分的 $(n+m-1)$-平铺。

下面的恒等式更复杂一些，但是它跟上面恒等式的证明有着相似的逻辑。

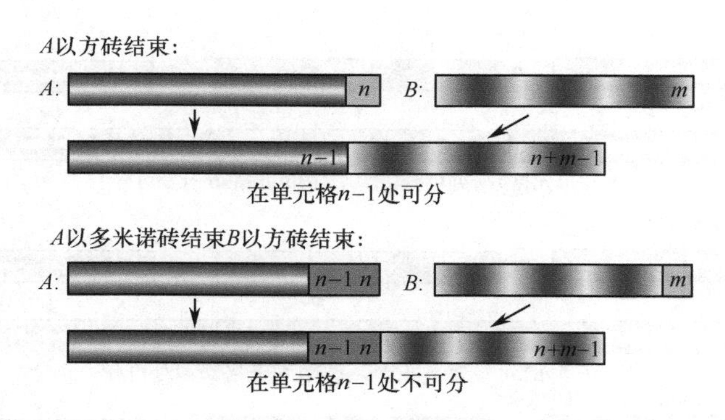

图9.1　一个由 n- 平铺，m- 平铺组成的平铺对，其中至少有一个平铺是以方砖结尾，对应于一个单一的（$n+m-1$）- 平铺

恒等式 232　$f_{n-1}^3+f_n^3-f_{n-2}^3=f_{3n-1}$。

集合 1　当 A，B，C 均为一个（$n-1$）- 平铺或 A，B，C 均为 n- 平铺，并且它们之中至少有一个平铺以方砖结尾时，这样有由三个部分组合而成的有序集合（A，B，C）。舍去 n- 平铺 A，B，C 都以多米诺砖结尾的有序集，可得集合的大小为 $f_{n-1}^3+f_n^3-f_{n-2}^3$。

集合 2　（$3n-1$）- 平铺的集合。有 f_{3n-1} 种平铺方式。

对应关系　如图 9.2 所给出的例子，这一次我们需要考虑四种情况。对于前三种情况，我们假定（A，B，C）是由 n- 平铺组成的。如果 A 以方砖结束，则在拿走 A 的最后一块方砖后，把 B 和 C 接在后面，这就构造了一个在 $n-1$ 单元格和 $2n-1$ 单元格可分的（$3n-1$）- 平铺。如果 A、B 分别以多米诺砖、方砖结尾，再拿走 B 的最后一块方砖并把 B 然后 C 附加到 A 后，这就构造了在 $n-1$ 处不可分且在 $2n-1$ 处可分的（$3n-1$）- 平铺。如果 A 和 B 都以多米诺砖结尾，C 以方砖结尾，重复前面相同的工作，但是需要拿走 C 的最后一块方砖，这就构造了在 $n-1$ 和 $2n-1$ 单元格处不可分的（$3n-1$）- 平铺。对于第四种情况，（A，B，C）均为（$n-1$）- 平铺，我们需要得到一个（$3n-1$）- 平铺，它在单元格 $n-1$ 处是可分的，在单元格（$2n-1$）处是不可分的。我们把 B 和 C 附加到 A 后，并另加一块多米诺插入 B、C 之间。

作为热身，对于接下来更有难度的恒等式，我们首先来看一个能说明主要思想的较为简单的恒等式。

恒等式 233　$f_n^2+2(f_0^2+f_1^2+\cdots+f_{n-1}^2)=f_{2n+1}$。

问　用方砖和多米诺砖平铺一个（$2n+1$）- 板，有多少种方法？

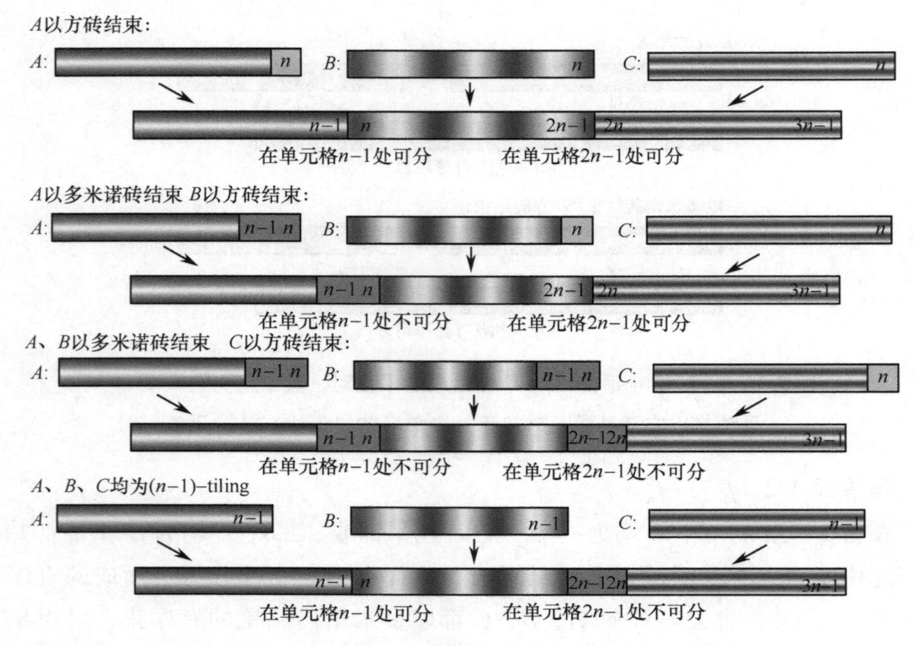

图 9.2　由三个部分组成的平铺：$f_{n-1}^3+f_n^3-f_{n-2}^3=f_{3n-1}$

答 1　有 f_{2n+1} 种。

答 2　考量"最中间"方砖的位置，即最接近 $n+1$ 处平铺中心的方砖。因为 $2n+1$ 为奇数，故至少有一个最中间的方砖存在。事实上，最中间的方砖是唯一的，因为对于 $k\geqslant1$，若在 $n+1-k$ 以及 $n+1+k$ 处均为方砖，那么，一个更近的方砖必须在它们之间的 $2k-1$ 个单元格中出现。因此在 $n+1$ 处为最中间那块方砖的平铺有 f_n^2 种。参照图 9.3，对于 $1\leqslant j\leqslant n$，当最中间的方砖出现在 j 处时，从 $j+1$ 到 $2n+2-j$ 处必须被多米诺砖所覆盖，余下的地方被平铺的方法数是 f_{j-1}^2。相似地，对于 $1\leqslant j\leqslant n$，当最中间的方砖出现在 $2n+2-j$ 处时，有 f_{j-1}^2 种平铺。总之，我们共得到 $f_n^2+2\sum_{j=1}^{n}f_{j-1}^2$ 种平铺。

恒等式 234　$5(f_0^2+f_2^2+\cdots+f_{2n-2}^2)=f_{4n-1}+2n$。

集合 1　对于 $0\leqslant j\leqslant n-1$，当 A 和 B 的长度均为 $2j$ 时，令 $\mathcal{S}$ 表示平铺对 (A, B) 的集合，显然 $|\mathcal{S}|=\sum_{j=0}^{n-1}f_{2j}^2$。

集合 2　令 $\mathcal{T}$ 表示 $(4n-1)$-平铺的集合，则 $|\mathcal{T}|=f_{4n-1}$。

对应关系　我们在集合 $\mathcal{S}$ 和 $\mathcal{T}$ 之间建立一个 1 到 5 的几乎一一对应，具体

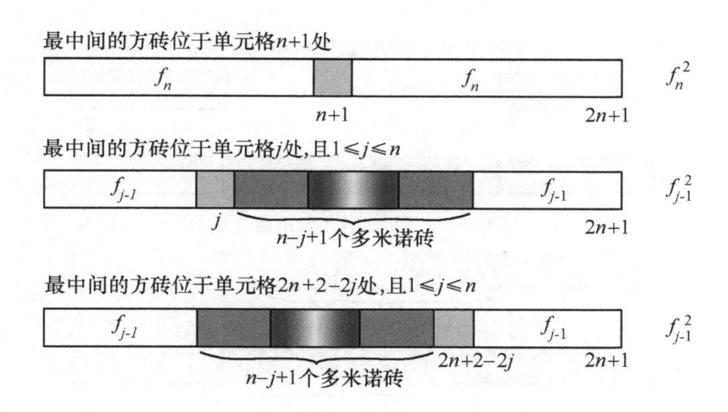

图9.3　以考量“最中间”的方砖来证明

$$f_n^2+2\left(f_0^2+\cdots+f_{n-1}^2\right)=f_{2n+1}$$

地，对于集合 $\mathcal{S}$ 的平铺对（A，B），除了那些全由 j 个多米诺砖组成的外，（其中 $0\leqslant j\leqslant n-1$）。我们对应集合 $\mathcal{T}$ 中的五种平铺。在 n 种特殊的情形中，我们对应集合 $\mathcal{T}$ 中的三种平铺，这就解释了差异为 $2n$ 的原因。根据前面证明中所定义的“最中间的方砖”，我们的对应是可逆的。

对于 $\mathcal{S}$ 中的每一个平铺对（A，B），通过插入方砖 s 和 k 个连续的多米诺砖序列 d^k，可得到 $\mathcal{T}$ 中 T_1、T_2、T_3 3 种平铺方式，如图 9.4 所示。于是有 $T_1=Asd^{2n-2j-1}B$. 其中 T_1 以 A 为开端，之后是一块单一的方砖，紧接着是 $2n-2j-1$ 多米诺砖，最后为平铺 B。T_1 的“中间部分”由最中间的方砖和紧接着它的奇数块多米诺砖组成。运用相同的标记，$T_2=Ad^{2n-2j-1}sB$，它的中间部分是奇数个多米诺砖，并且以最中间的方砖结尾。我们暂停，注意到 T_1 和 T_2 都是 $\mathcal{T}$ 中如下的平铺：它们中间的部分都为奇数块多米诺砖（或等价地，偶数个单元格的在“左侧部分”以及“右侧部分”）。接下来，$T_3=sAsd^{2n-2j-2}sB$，它的中间部分是由偶数多米诺砖紧跟着最中间的方砖组成，并且它的左、右两部分（必定有相同的奇数长度）都以方砖为开端。

平铺 T_4、T_5 通过 S 中不全是多米诺砖的平铺对（A，B）构造得到的，由第 1 章所介绍的尾部交换技巧，我们可知如果对于某些 $j\geqslant 1$，A 和 B 都是（$2j$）-平铺（不是全由多米诺砖组成），我们可以把它与平铺对（A'，B'）联系起来。这里 A'是一个（$2j$）-平铺，B'是一个（$2j+1$）-平铺，定义 $T_4=dA'sd^{2n-2j-2}B'$，当左侧部分以多米诺砖为开端时，中间部分是由偶数多米诺砖紧跟着的最中间的

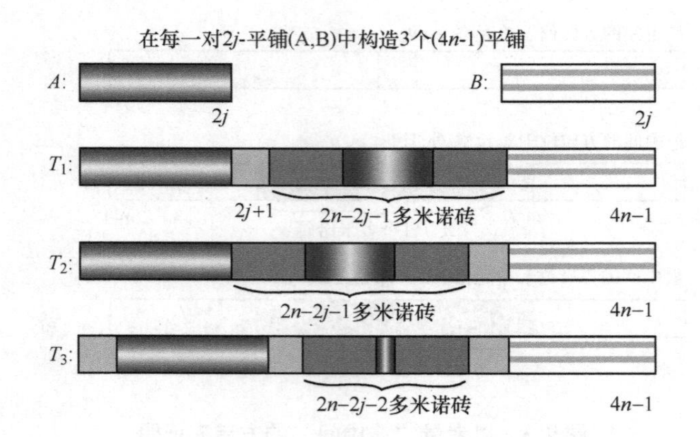

图 9.4　平铺 T_1，T_2，T_3

方砖组成的。如图 9.5 所示。我们还需要构造以下形式的 $(4n-1)$-平铺。
左侧部分以方砖为开端，中间部分以最中间的方砖为开端紧跟着是偶数多米诺砖，右侧部分以多米诺砖为开端。

中间部分以最中间的方砖结尾，在偶数多米诺砖之后。

如图 9.6 所示，T_5 将会是两种类型之一，这取决于 B 以方砖还是多米诺砖为开端。特别地，若 B 以方砖为开端，即 $B=sB^*$，那么 $T_5=sAsd^{2n-2j-2}dB^*$。注意到左侧部分 sA 以及右侧部分 dB^* 都有 $2j+1$ 个单元格，为奇数。若 B 以多米诺砖为开端，即 $B=dB^{**}$，那么因为 A 和 B 都不只含有多米诺砖，我们可以用 B^{**} 将 A 进行尾部交换去得到均为 $2j-1$ 的平铺 A'、B'，于是 $T_5=A'd^{2n-2j}sB'$ 就是我们想要得到的形式。

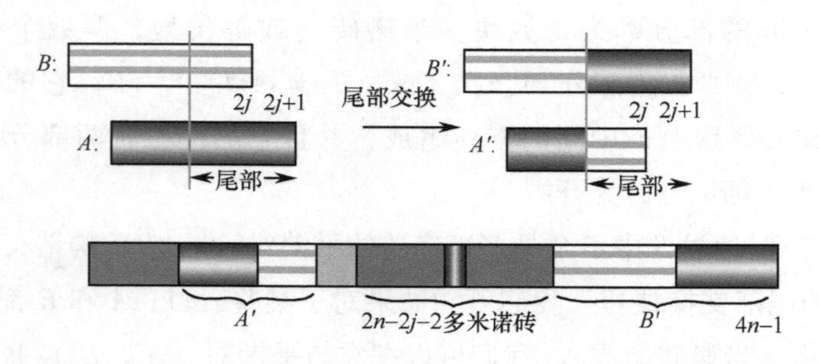

图 9.5　T_4 平铺由包含至少一个方砖的平铺对（A，B）得到

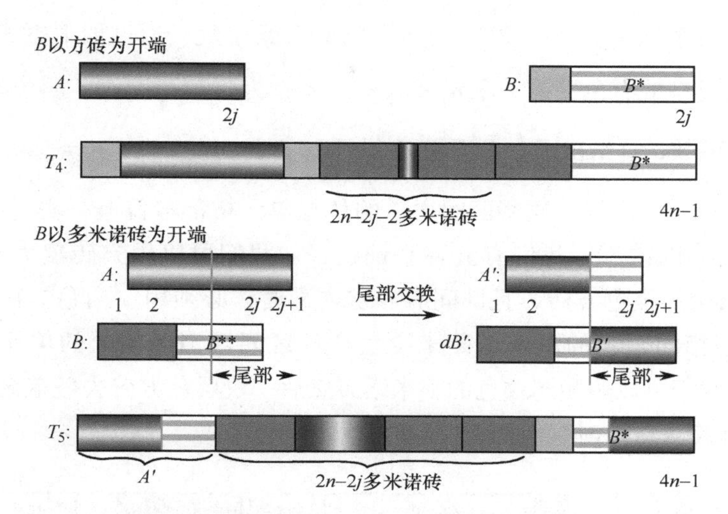

图 9.6　T_4 平铺只能由包含至少一个方砖的平铺对（A，B）得到，得到的（$4n-1$）- 平铺取决于 B 是以方砖还是以多米诺砖为开端

9.2　着色恒等式

在这一节中，有关恒等式组合学的证明或许是本书中最有挑战性的部分。对于这些恒等式，我们需要对 2^nf_n 进行组合学解释。我们有 2^nf_n 种方法对，一个 n- 板的，一些单元格标记“X”，然后用透明的方砖和多米诺砖平铺。透过透明的平铺，我们看到两种类型的方砖，称为黑或白，以及四种类型的多米诺砖，称为红、黄、绿和紫。如图 9.7 所示。

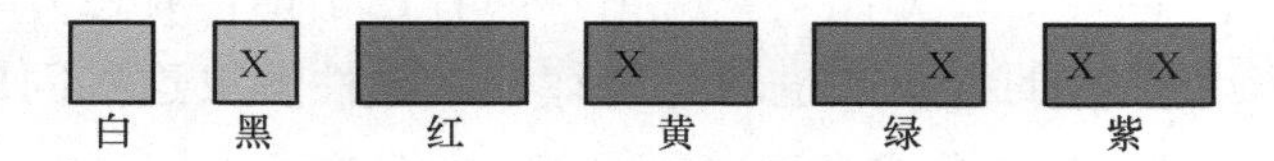

图 9.7　以 n- 板中的某些单元格有“X”标记之后用透明的方砖和多米诺砖平铺板，得到六种着色砖

恒等式 235　$\sum_{t=0}^{n}\binom{n}{t}5^{\frac{t}{2}}=2^nf_n$。

问　用两种类型的着色方砖和四种类型的着色多米诺砖平铺一个 n- 板，有多少种方法？

答 1　由上一段可知有 2^nf_n 种此类平铺。

答2 对于每一个 $\{1, 2, \cdots, n\}$ 的 t-元素子集，通过如下方式，可得到 $5^{\lfloor\frac{t}{2}\rfloor}$ 种不同类型的有色平铺。令 $a_1<a_2<\cdots<a_t$ 为 $\{1, 2, \cdots, n\}$ 的子集，并且假定 t 是偶数，这给出了 $\frac{t}{2}$ 个不相交的区间，$I_1=[a_1, a_2]$，$I_2=[a_3, a_4]$，…，$I_{t/2}=[a_{t-1}, a_t]$。不属于这些区间之一的任意单元格都覆盖上一块白色的方砖。在每一个区间的内部，我们有五种平铺选择。我们可以用方砖覆盖整个区间，区间端点必须用黑色方砖，且区间有非空内部时，必须用“白色方砖”。否则，我们可以用相同颜色的多米诺砖来覆盖全部区间（当区间处的单元格为偶数时），或者我们可以用相同颜色的多米诺砖然后一块黑色方砖去覆盖区间（当区间处的单元格为奇数时），如图 9.8 所示。

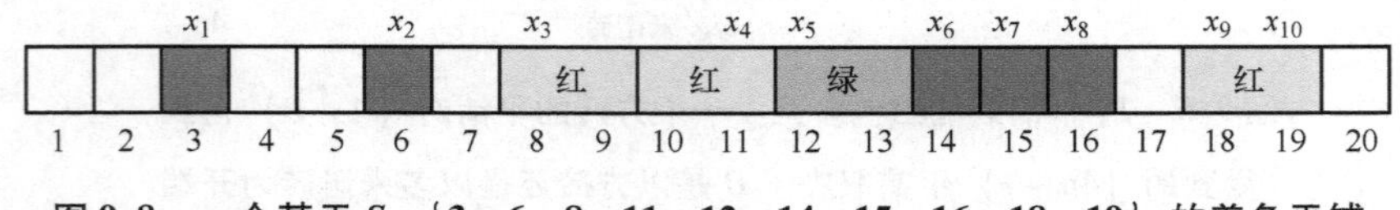

图 9.8 一个基于 $S=\{3, 6, 8, 11, 12, 14, 15, 16, 18, 19\}$ 的着色平铺

当 t 为奇数时，我们构造间隔 $I_1=[a_2, a_3]$，$I_2=[a_3, a_4]$，…，$I_{(t-1)/2}=[a_{t-1}, a_t]$，它们遵循之前相同的着色规律，除了被一块黑色方砖所覆盖的 a_1 单元格，所有在这些间隔之外的单元格被一块白色方砖覆盖着。因为每一种区间允许有五种选择，故子集 $\{a_1, \cdots, a_t\}$ 给出 $5^{\lfloor\frac{1}{2}\rfloor}$ 种方法去构造一个着色平铺。

但是先别着急，以上陈述的着色方式存在着两个缺陷，它们刚好相互补充。第一个问题是两个或多个相同颜色的多米诺砖串可以从更多子集里得来，例如，图 9.8 的着色情况也可以从子集 $\{3, 6, 8, \mathbf{9}, \mathbf{10}, 11, 12, 14, 15, 16, 18, 19\}$ 得到。另一个问题是形如图 9.9 所出现的着色平铺，着色方式没有提供解决方案。我们按照如下的方法改进着色规律，一次性解决这些问题。当长为偶数的区间 $I_j=[a, b]$ 被着色多米诺砖所覆盖，并且在 $I_{j+1}=[c, d]$ 之前出现时（即，$c=b+1$），那么 I_{j+1} 便不能与 I_j 的颜色相同，而我们允许 I_{j+1} 被白色方砖覆盖以及一块黑色方砖结尾。现在，图 9.9 所给出的平铺只能由子集 $\{1, 4, 5, 9\}$ 得到。注意到，改进后的规律依然给予每个区间的五种选择，并且每一个子集 $\{a_1, \cdots, a_t\}$ 会得到 $5^{\lfloor\frac{t}{2}\rfloor}$ 种不同的 n-平铺。

证明每个着色 n-平铺刚好可以由 $\{1, 2, \cdots, n\}$ 的一个子集 S 代表又更需要技巧一些，注意，如果一个平铺中没有多米诺砖，则 S 简单地为由黑色方砖所覆盖的单元格组成的集合。否则，我们可以通过从最后一块多米诺砖倒着进

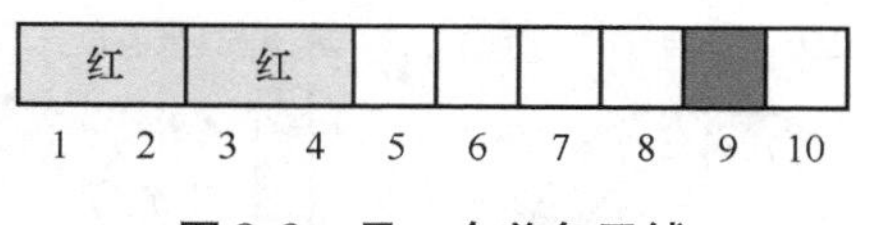

图 9.9　另一个着色平铺

行，并且数出它右侧黑色方砖的数目来唯一确定 S。更多的细节见参考文献 [9]。对于可以得到第一种卢卡斯数列的不同构造方法，见参考文献 [48]。

相同的推理思路还可以应用到接下来的卢卡斯恒等式，用同类型的砖去平铺着色环，共有 2^nL_n 种方法。如同之前所假定的，大小为 0 的有色环排列有 $L_0=2$ 种，一个是同相位，另一个是异相位。

恒等式 236　$2^{n+1}f_n=\sum_{k=0}^{n}2^kL_k$。

集合 1　着色 n- 平铺的集合。它的大小是 2^nf_n。

集合 2　长度至多为 n 的着色环平铺这个集合的大小为 $\sum_{k=0}^{n}2^kL_k$。

对应关系　在集合 1、2 之间建立一个 1 到 2 的一一对应，令 T 为一个 n- 板的着色平铺。如果 T 不是由全部的白色方砖组成，让 k 去标记由非白色砖所覆盖的最后一个单元格（$1\leqslant k\leqslant n$），把单元格 $k+1$ 到 n 移开之后，我们得到了如图 9.10 所举出的两个 k- 环平铺。B_1：同相位 k- 环平铺（以非白色砖结尾），是将单元格 k 和 1 黏合在一起所得到的。B_2：如果单元格 k 被一块黑色方砖覆盖，则 B_2 为一个同相位 k- 环平铺，它是通过用一块白色方砖替代 B_1 的第 k 个单元格所得到的。

如果单元格 k 被一块着色多米诺砖覆盖，则 B_2 为一个异相位 k- 环平铺，它是通过顺时针旋转 B_1 一单元格所得到的。

当 $1\leqslant k\leqslant n$ 时，每一个着色 k- 环平铺都是由这种方式唯一得到的。若 T 全部由白色方砖构成，就可看作为 2 个空环排列。于是，

$$2\cdot 2^nf_n=\sum_{k=0}^{n}2^kL_k。$$

恒等式 237　$2\sum_{t=0}^{\lfloor \frac{n}{2}\rfloor}\binom{n}{2t}5^t=2^nL_n$。

问　存在多少个着色 n- 环平铺？

答 1　由定义可知这里有 2^nL_n 个此种类型的环排列。

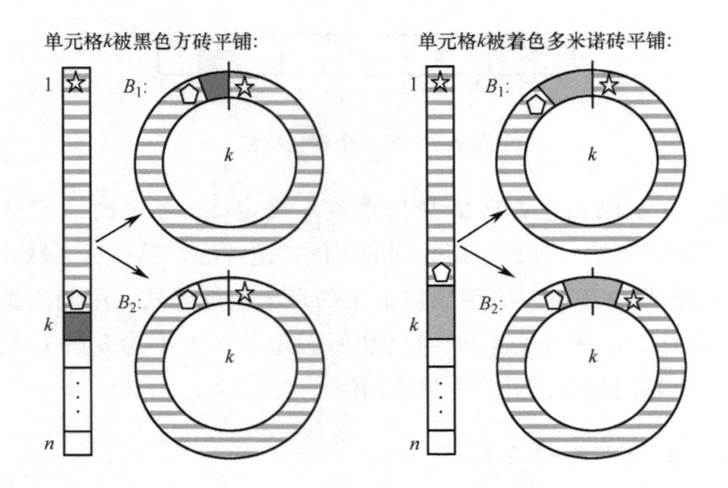

图 9.10 为了证明 $2^{n+1}f_n = \sum_{k=0}^{n} 2^k L_k$，我们画出了取决于单元格 k 的 1 对 2 的对应关系，最后一层单元格被一个非白色平铺所覆盖

答 2 对于 $\{1, 2, \cdots, n\}$ 的每一个偶子集 $\{x_1, x_2, \cdots, x_{2t}\}$，我们应当设计出 $2 \cdot 5^t$ 个着色 n- 环平铺，好比恒等式 235 的证明，建立区间 $I_1 = [x_1, x_2]$，$I_2 = [x_3, x_4]$，$\cdots$，$I_k = [x_{2t-1}, x_{2t}]$，然后用那里所描述的着色方式，一个 n- 板会得到 5^t 种着色平铺。把 k- 板弯成一个 n- 环平铺，这些着色平铺会成为第一块多米诺砖之前有偶数块黑色方砖（或许没有）的同相位环排列。我们说这样的环排列简单的。

通过对恒等式 235 的讨论可知，所有简单的环排列是根据着色方式，令 $2t$ 从 0 到 n 取值得到的。我们说明简单环排列刚好占所有可能的着色环排列的$\frac{1}{2}$来完成这一恒等式。为了看清这点，通过考量简单环平铺的第一个单元格，我们建立由简单环排列到余下环排列的一一对应关系，可参见图 9. 11。

a. 如果第一块砖是方砖，那么改变覆盖单元格 1 的方砖的颜色（造出一个在第一个颜色之前，有奇数块黑色方砖的同相位环排列）。

b. 如果第一块砖是多米诺砖，那么把简单环排列逆时针旋转一个单元格得到一个着色环排列，它是异相位的，所以就会成为非简单环排列。

因此简单的着色环排列和非简单的环排列一样多，故所有着色环排列的数

量为 $2\sum_{t=0}^{\lfloor \frac{n}{2} \rfloor}\binom{n}{2t}5^t$。

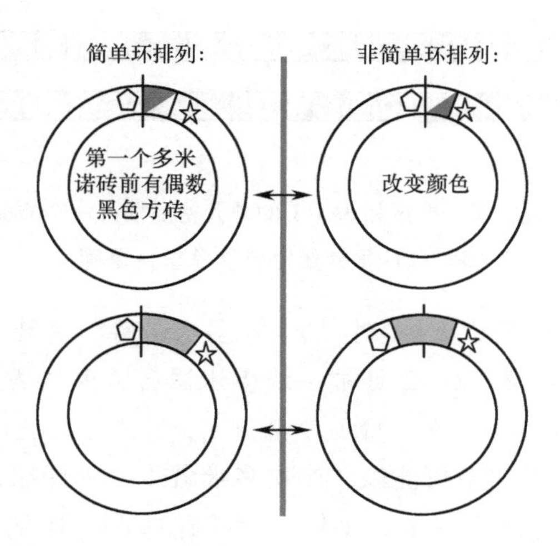

图 9.11 简单环排列（在第一个多米诺砖之前，有偶数块黑色方砖的同相位环排列）**和非简单环排列之间的一一对应**

下面两个恒等式的组合学证明是由 David Gaebler 和 Robert Gaebler 在哈维穆德学院读本科时得到的。虽然它们是恒等式 11 的特殊情况，但是我们认为呈现在此处的有关着色平铺的对应证明足够新颖。我们继续着色，选择两种可能颜色中的一种给方砖着色，四种可能颜色中的一种给多米诺砖着色。为了便于简化阐述，多米诺砖的颜色或是全黑色，或是全白色，或是黑-白色，或是白-黑色。

恒等式 238 若 $n \geqslant 1$，$f_{3n-1}=\sum_{k=1}^{n}\binom{n}{k}2^k f_{k-1}$。

集合 1 $(3n-1)$-平铺的集合的大小为 f_{3n-1}。

集合 2 当 X 是 $\{1, 2, \cdots, n\}$ 的一个非空子集，并且 B 是一个以方砖为开端的着色 j-平铺，其中 $j=|X|$。这样形成集合对 (X, B)。

考量 j，我们有 $\binom{n}{j}$ 种方法挑选 X，f_{j-1} 个以方砖为开端的 j-平铺以及 $2j$ 种方法去给每一个单元格着色，因此共有 $\sum_{j=1}^{n}\binom{n}{j}2^j f_{j-1}$ 种此类平铺。

对应关系 A 是一个 $(3n-1)$-平铺，首先当 $k\in\{1, \cdots, n\}$ 为 A 在$3k-1$

单元格处可分的最小数时，我们将一个方砖插入 $3k-1$ 单元格的右侧，并把新形成的 $(3n)$-平铺叫作 A'，如图 9.12 所示。

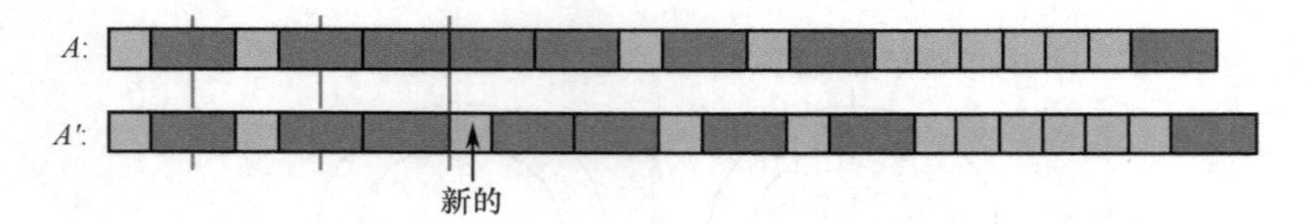

图 9.12　通过在第一个形如 $3k-1$ 的单元格后插入一个方砖可将一个 $(3n-1)$-平铺变为一个 $(3n)$-平铺

由 k 的定义，A'恰好以 $k-1$ 对“方砖-多米诺砖”为开端，并且在 $3k$ 处插入一个新方砖（$3k-1$ 和 $3k-2$ 处被一块多米诺砖或两块方砖覆盖）。接下来，把 A'按每三个单元格为一小节分成 n 个部分 s_1，s_2，…，s_n，这种分隔需要一些真正的切割，因为有些小节可能以“半块多米诺砖”为开端或结尾，通过 2 步，$1 \leqslant j \leqslant n$，我们将它转换为一个 j-平铺。对于这些部分中的每一个小节，根据图 9.13给出的转换，我们将它转化为一块方砖着色或一块半块着色多米诺砖或者删减掉。

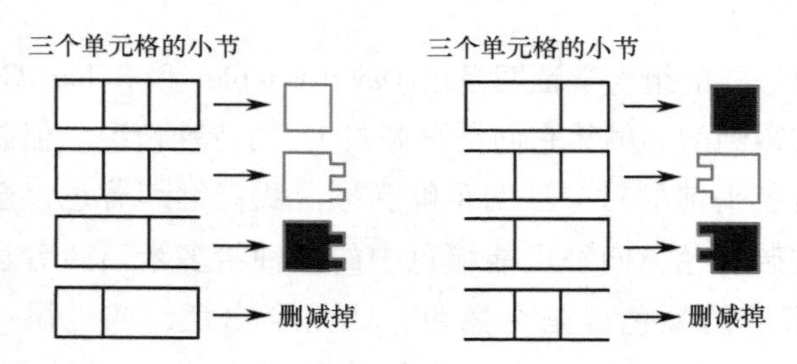

图 9.13　每三个单元格的小节被转化成一块着色方砖或着色半块多米诺砖或被删减掉

如图 9.14 所示，把最终结果的结构称为 B'，B'是由着色方砖和半块多米诺砖组成的，并且占据着一个 n-板的位置，但并不是所有的单元格都需要被覆盖。最后，我们通过“固定”B'构造 B，移去所有的空位置。当 j 是未被删减掉小节的数目时，B 将会成为一个 j-平铺。X 表示 s_i 未被删掉，数字 i 所在集合。注意到我们的转换总会产生一个合理的着色平铺，因为每一个“左半块多米诺砖”总是因一块“右半块多米诺砖”而完整。还应当注意，由 k 的定义，s_1，…，s_{k-1}小节将会被删减掉，因为它们都是“方砖-多米诺砖”的形式，并且 s_k 将会转化成一块白色方砖或一块黑色方砖。于是 B 可以保证以方砖为开端。

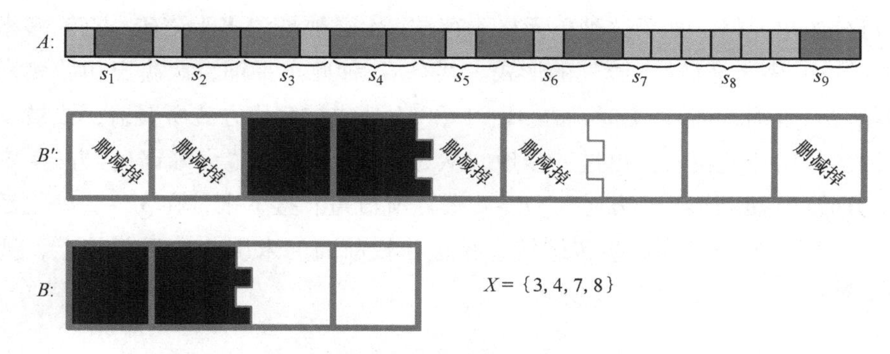

图 9.14 根据图 9.13 的方法，通过转化每一小节，我们将一个 3n- 平铺转化成一个着色 j- 平铺。大小为 j 的子集 X 是 j 个未删减小节的集合

这一过程的逆过程是很简单的。给定一个以一块方砖为开端的着色 j- 平铺 B，以及一个 j- 子集 $X=\{x_1, x_2, \cdots, x_j\}$，我们把每一块方砖和半块多米诺砖通过图 9.13 转化的逆过程扩展成长度为 3 的小节，于是根据 X 的说明，对于 $1\leqslant i\leqslant j$，第 i 小节占据着单元格 $3i-2$，$3i-1$ 以及 $3i$ 处，通过把这些小节放到一块 $(3n)$- 板上，我们可得到 B'，而 B' 未被占据的位置，根据空间隔处在末端是否关闭或开放，以 3 个为一组，被一块“方砖- 多米诺砖”或是一块“半块多米诺砖 - 方砖- 半块多米诺砖”所覆盖。去掉颜色，得到一个 $(3n)$- 平铺 A'。因为 B 以一块着色方砖为开端，A 在 $3x_1$ 处的砖必是一块方砖，将方砖移去得到最初的平铺 A。

下一个恒等式在第 2 章讨论过，它把以上恒等式推广到广义斐波那契数，这个证明过程是相似的，但是有一点“扭动”。

恒等式 239 $G_{3n}=\sum_{j=0}^{n}\binom{n}{j}2^jG_j$。

集合 1 当初始多米诺砖有 G_0 个相位，并且初始方砖有 G_1 个相位时，我们来看有相位 $(3n)$- 平铺的集合，由第二章可知这一集合的大小为 G_{3n}。

集合 2 当 X 是 $\{1, \cdots, n\}$ 的（可能空）子集，且 B 是一个相位着色 j- 平铺，其中 $j=|X|$ 时，我们来看 (X, B) 组成的集合。这里每一个单元格，包括最初的那一个，分配给一种颜色，考量 j，我们有 $\binom{n}{j}$ 种方法去选择 X，G_j 种有相位 j- 平铺，以及 2^j 种方法去给每一个单元格上色，所以这个集合的大小为 $\sum_{j=0}^{n}\binom{n}{j}2^jG_j$。

对应关系 令 A 为有相位 $(3n)$- 平铺，这一次我们找到形为 $3k-2$ 的最后一个可分的单元格。如果这种单元格不存在，A 必须是“多米诺砖-方砖-多米诺砖-方砖-…-多米诺砖-方砖”的形式。共有 G_0 种此类平铺，取决于初始多米诺砖的相位。否则，当 $k\geqslant 1$ 时，在 $3k-1$ 和 $3k$ 处或被两块方砖所覆盖，或被一块单独的多米诺砖所覆盖。更进一步地，从 $3k+1$ 到 $3n$ 被“多米诺砖-方砖-多米诺砖-方砖-…-多米诺砖-方砖”（$n-k$ 次）所覆盖。接下来，在 $3k-2$ 处之后把板的“尾部”砍掉，将这些砖倒转，并且在板前面的末端将它重新接上，把这个新平铺称为 A'，如图 9.15 所示。

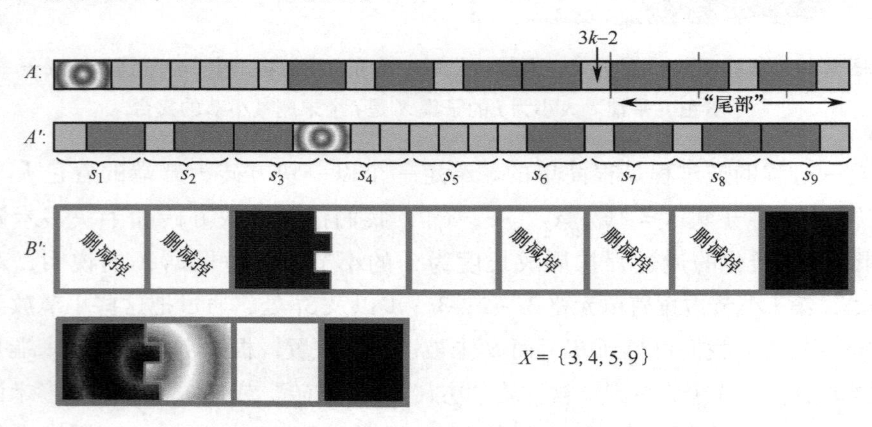

图 9.15　通过一个相似的程序把一个相位（$3n$）-平铺变为一个相位着色 j-平铺（对于一些 $0\leqslant j\leqslant n$）并伴随着一个子集

现在将板拆成三个单元格的 n 个小带，如同之前的证明，并运用图 9.13 的变换，通过把每一个部分转化成一块着色方砖，一块着色半块多米诺砖或者删减掉它，可构造出 B' 的结构，注意通过构造，前 $n-k$ 小节都将会是“方砖-多米诺砖”，并因此删掉它们。下一小节将会以以前占据着 A 的 $3k-1$ 和 $3k$ 的砖为开端，跟着是相位方砖或者半块多米诺砖，它们占据着 A 的第一个单元格。如果 A 的第一个砖为方砖，那么这一部分将会转化成一个着色方砖，并且与 A 具有相同的相位。如果 A 的第一个砖为多米诺砖，那么这一小节将会转化成一个着色多米诺砖，并且与 A 具有相同的相位。由 B' 我们构造出了 j-子集 X 和相位 j 平铺 B。这好比之前的证明过程，很容易被逆转。

因为 Gibonacci 数是斐波那契数的推广，恒等式 239 是恒等式 238 的推广。事实上，通过把 f_{3n-1} 看成是 F_{3n} 以方砖开头的（$3n$）-平铺数，我们可直接证明恒等式 238。最终，所得的着色 n-平铺也将会以一块着色方砖为开端。

9.3 一些“随机”恒等式与黄金分割

在大量的斐波那契恒等式中，我们还未证明可能是其中最重要的一个恒等式，现在我们来补充这种情况。

恒等式 240　（比内公式）[⊖]对于 $n\geqslant 0$，有

$$F_n=\frac{1}{\sqrt{5}}\left[\left(\frac{1+\sqrt{5}}{2}\right)^n-\left(\frac{1-\sqrt{5}}{2}\right)^n\right]。$$

在这里，F_n 是曾简单讨论过的斐波那契数的传统定义，但是我们怎么可能期待能发现类似于$\sqrt{5}$以及 $\varphi=\frac{1+\sqrt{5}}{2}$这种无理恒等式的组合解释的呢？答案是运用概率。

为了证明比内公式，我们通过独立地放置方砖和多米诺砖，一个接一个地平铺一个无限的板。每放一块砖时，方砖的概率是$\frac{1}{\varphi}$、多米诺砖的概率是$\frac{1}{\varphi^2}$，其中 $\varphi=\frac{1+\sqrt{5}}{2}\approx 1.618$。而$\frac{1}{\varphi}+\frac{1}{\varphi^2}=1$。图 9.16 给出了一个随机的例子。在此模型中，以长度 n 为开端的方砖和多米诺砖进行平铺的概率为$\frac{1}{\varphi^n}$。例如，一个随机平铺以图 9.16 开头的概率为$\frac{1}{\varphi^{12}}$。

我们运用这一模型来得到比内公式，因为 $(1-\sqrt{5})/2=-1/\varphi$、$f_n=F_{n+1}$，恒等式 240 是说

$$f_n=\frac{1}{\sqrt{5}}\left[\varphi^{n+1}-\left(\frac{-1}{\varphi}\right)^{n+1}\right] \tag{9.1}$$

■	■■	■	■	■■	■■	■■	■	…
1	2 3	4	5	6 7	8 9	10 11	12	…

图 9.16　方砖和多米诺砖的一个随机平铺

q_n 表示一个随机平铺的、在单元格 n 可分的概率，因为对于开头的 n 个单

⊖ 校者注：Binets formula。

元格，有 f_n 种不同的方法，

$$q_n = \frac{f_n}{\varphi^n} \tag{9.2}$$

对于在单元格 n 是不可分的平铺，在第 $n-1$ 个单元格必须是可分的，并且后面跟着一个多米诺砖。因此，对于 $n \geqslant 1$，$1 - q_n = q_{n-1}/\varphi^2$，或等价地，

$$q_n = 1 - \frac{q_{n-1}}{\varphi^2} \tag{9.3}$$

其中 $q_0 = f_0 = 1$。令 $q = \lim\limits_{n \to \infty} q_n$，假定式（9.3）的极限是存在的我们马上会发现确实如此，则 q 的极限必须满足 $q = 1 - q/\varphi^2$，解 q，我们得到 $q = (1 + q/\varphi^2)^{-1} = \varphi/\sqrt{5}$。

结合式（9.2），我们得到了比内公式的渐近形式

$$f_n \approx \frac{\varphi^{n+1}}{\sqrt{5}}。$$

为了得到比内公式的确切形式，我们只需要再次运用递推式（9.3），并且令初始条件 $q_0 = 1$，我们可得

$$q_n = 1 - \frac{1}{\varphi^2} + \frac{1}{\varphi^4} - \frac{1}{\varphi^6} + \cdots + \left(\frac{-1}{\varphi^2}\right)^n \tag{9.4}$$

这是一个有限几何级数（恒等式 216 来自于第 8 章），它可以简化为

$$q_n = \frac{\varphi}{\sqrt{5}}\left[1 - \left(\frac{-1}{\varphi^2}\right)^{n+1}\right] \tag{9.5}$$

再通过等式（9.2），

$$f_n = \varphi^n q_n = \frac{\varphi^{n+1}}{\sqrt{5}}\left[1 - \left(\frac{-1}{\varphi^2}\right)^{n+1}\right] = \frac{1}{\sqrt{5}}\left[\varphi^{n+1} - \left(\frac{-1}{\varphi}\right)^{n+1}\right],$$

即证。

事实上，比内公式可以简化成如下形式。

推论 30 对于 $n \geqslant 0$，f_n 表示最接近 $\varphi^{n+1}/\sqrt{5}$ 的整数。

证 这一推论等价于 $\left|f_n - \varphi^{n+1}/\sqrt{5}\right| < \frac{1}{2}$，通过比内公式，我们只需证明对于所有的 $n \geqslant 0$，$\sqrt{5}\varphi^{n+1} > 2$，而这是显然的。

比内公式说明斐波那契数以 φ 的倍数增长，更精确地，

推论 31 对于 n，$m \geqslant 0$，

$$\lim_{n\to\infty}\frac{f_{n+m}}{f_n}=\varphi^m。$$

证 我们研究比内公式的推导中 q_n 的极限值，得到对于任意的 $m\geqslant 0$，

$$\varphi/\sqrt{5}=\lim_{n\to\infty}\frac{f_n}{\varphi^n}=\lim_{n\to\infty}\frac{f_{n+m}}{\varphi^{n+m}}。$$

于是，

$$1=\lim_{n\to\infty}\frac{f_{n+m}/\varphi^{n+m}}{f_n/\varphi^n}=\lim_{n\to\infty}\frac{f_{n+m}}{f_n\varphi^m},$$

因此，$\lim\limits_{n\to\infty}f_{n+m}/f_n=\varphi^m$。

其他涉及斐波那契数的恒等式和黄金分割也都可以通过我们的概率方法得到。例如，通过将恒等式（9.2）替代式（9.3），并且乘以 φ^n，我们也证明了

推论 32 对于 $n\geqslant 1$，

$$\varphi^n=f_n+f_{n-1}/\varphi。$$

又因为 $f_n=f_{n-1}+f_{n-2}=f_{n-1}\left(\varphi-\dfrac{1}{\varphi}\right)+f_{n-2}$，我们还可以得到

推论 33 对于 $n\geqslant 1$，

$$\varphi^n=\varphi f_{n-1}+f_{n-2}。$$

通过恒等式（9.4），我们可得

$$q_n-q_{n-1}=(-1/\varphi^2)^n。$$

更为直接的概率证明，见参考文献［5］。现在将上式乘以 φ^n，我们可得

推论 34 对于 $n\geqslant 1$，

$$f_n-\varphi f_{n-1}=\frac{(-1)^n}{\varphi^n}。$$

对于所有的 $n\geqslant 1$，将上式两端同除以 f_{n-1}，

$$f_n/f_{n-1}-\varphi=\frac{(-1)^n}{\varphi^n f_{n-1}},$$

这意味着相邻的波斐那契数之比越来越接近于 φ。

其他运用概率的方法对比内公式和其他斐波那契恒等式的证明见参考文献［5］和文献［4］。

关于卢卡斯数的比内公式的组合证明，我们可以用相同的概率讨论得到。

恒等式 241 对于 $n\geqslant 0$，

$$L_n=\left(\frac{1+\sqrt{5}}{2}\right)^n+\left(\frac{1-\sqrt{5}}{2}\right)^n。$$

这里，我们以单元格 1 为开端，一块砖一块砖地平铺一个无穷长的板。第一块砖，要么是概率为$1/\sqrt{5}$的方砖、同相位概率为$1/(\varphi\sqrt{5})$的多米诺砖，要么是异相位多概率为$1/(\varphi\sqrt{5})$的米诺砖。此后，平铺是按照随机、独立的原则进行挑选的，并且方砖的概率为$1/\varphi$、多米诺砖的概率为$1/\varphi^2$。在此模型中，任何一个长度为 n 的平铺的概率为$1/(\varphi^{n-1}\sqrt{5})$。令 r_n 表示在 $n+1$ 处可分的概率，因此对于$n\geqslant 2$，

$$r_n=\frac{L_n}{\varphi^{n-1}\sqrt{5}}。$$

这里 $r_1=1/\sqrt{5}$。通过与恒等式 240 相似的讨论，对于 $n\geqslant 2$，

$$r_n=1-\frac{r_{n-1}}{\varphi^2},$$

并且

$$r_n=1-\frac{1}{\varphi^2}+\frac{1}{\varphi^4}-\frac{1}{\varphi^6}+\cdots+\left(\frac{-1}{\varphi^2}\right)^{n-2}+\left(\frac{(-1/\varphi^2)^{n-1}}{\sqrt{5}}\right)。$$

计算级数的和，可得到 $r_n=\frac{\varphi}{\sqrt{5}}\left[1+\left(\frac{-1}{\varphi^2}\right)^n\right]$，这与我们之前的恒等式两边同除以 $\varphi^{n-1}\sqrt{5}$是一样的。

与我们研究斐波那契数列一样，我们可以马上得到类似的推论。

推论 35 对于 $n\geqslant 2$，L_n 是最接近于 φ^n 的整数。

注意，如果我们将比内公式改写成$\sqrt{5}F_n=\varphi^n-(-1/\varphi)^n$，并且把它与之前的恒等式 $L_n=\varphi^n+(-1/\varphi)^n$ 相加和相减，我们得到了 deMoivre 定理。

恒等式 242 若 $n\geqslant 0$，$\varphi^n=\frac{\sqrt{5}F_n+L_n}{2}$。

恒等式 243 若 $n\geqslant 0$，$\left(\frac{-1}{\varphi}\right)^n=\frac{L_n-\sqrt{5}F_n}{2}$。

稍微多做一点工作，我们便可得到一个关于广义斐波那契数的类似的比内公式。

恒等式 244 若 $n\geqslant 0$，则 $G_n=\alpha\varphi^n+\beta(-1/\varphi)^n,\alpha=(G_1+G_0/\varphi)/\sqrt{5}$和$\beta=(\varphi G_0-G_1)/\sqrt{5}$。

我们通过一个与之前类似的运用斐波那契数和卢卡斯数的随机平铺模型来

证明它。

考虑平铺一个无限长的板，一次一块砖，并且始于单元格 1。第一次块砖用一个相位方砖或相位多米诺砖，这块砖的随机选择方式在下一段进行描述。在这之后，取方砖出现的概率为 $1/\varphi$，多米诺砖出现的概率为 $1/\varphi^2$，以随机、独立为前提的方法进行平铺，我们对概率的初值取值，使得前 n 个单元格任意平铺的概率为 p_n（只取决于 n）。

为了实现这一目标，令 P_d 和 P_s 分别表示以多米诺砖或方砖为开端的平铺概率。对于以多米诺砖为开端的平铺，它的相位是从 G_0 种可能出现的相位中随机挑选出来的。类似地，以方砖为开端的平铺，它的相位是从 G_1 种可能出现的相位中随机挑选出来的。因此，以具体有相位多米诺砖或方砖为开端的随机平铺的概率分别为 P_d/G_0 和 P_s/G_1。因为我们想要一个有相位方砖后紧接着一个非相位方砖的概率等于一个具体有相位多米诺砖的概率为 p_2。于是，我们必然会得到$\frac{P_s}{G_1}\frac{1}{\varphi}=\frac{P_d}{G_0}$。

结合 $P_d+P_s=1$，紧接着我们会得到 $P_d=\frac{G_0}{G_0+\varphi G_1}$，$P_s=\frac{\varphi G_1}{G_0+\varphi G_1}$。最终，以任何特殊的 n-平铺为开端的概率为

$$p_n=\frac{1}{G_1}P_s\frac{1}{\varphi^{n-1}}=\frac{1}{(G_0+\varphi G_1)\varphi^{n-2}}。$$

如果我们将 r_n 表示一个随机平铺在 n 处可分的概率，可得 $r_n=G_np_n$，换句话说，对于 $n\geqslant 1$，

$$G_n=r_n(G_0+\varphi G_1)\varphi^{n-2} \tag{9.6}$$

接下来，我们可直接计算 r_n，注意 r_n 必须满足对于 $n\geqslant 2$，$1-r_n=r_{n-1}\frac{1}{\varphi^2}$。

一个平铺在单元格 n 不可分，当且仅当在单元格 $n-1$ 处可分，且紧接着为一多米诺砖。

研究这种递推关系，我们得到了

$$\begin{aligned} r_n &= 1-r_{n-1}\frac{1}{\varphi^2} \\ &= 1-\frac{1}{\varphi^2}+\frac{1}{\varphi^4}r_{n-2} \end{aligned}$$

$$=1-\frac{1}{\varphi^2}+\frac{1}{\varphi^4}-\frac{1}{\varphi^6}r_{n-3}$$

$$\vdots$$

$$=1-\frac{1}{\varphi^2}+\frac{1}{\varphi^4}+\frac{1}{\varphi^6}+\cdots+\left(\frac{-1}{\varphi^2}\right)^{n-2}+\left(\frac{-1}{\varphi^2}\right)^{n-1}r_1。$$

因此 $r_1=P_s=\frac{\varphi G_1}{G_0+\varphi G_1}$以及之前的项是一个有限的几何级数的和，我们得到了（做包括 $\varphi^2+1=\varphi\sqrt{5}$的一些代数计算）

$$r_n=\frac{\varphi}{\sqrt{5}}+\frac{(-1)^n}{\varphi^{2n-2}}\cdot\left(\frac{\varphi G_0-G_1}{\sqrt{5}(G_0+\varphi G_1)}\right)=\frac{\varphi}{\sqrt{5}}+\frac{(-1)^n\beta}{\varphi^{2n-1}\sqrt{5}\alpha}。$$

代入等式（9.6）就给出了我们想要得到的恒等式。

事实上，对于更多 K 阶次序递推的类似比内公式可以运用马尔可夫链概率方法得到，可见参考文献［4］。对于其他斐波那契恒等式运用概率证明形如

$$\sum_{n\geqslant 1}\frac{F_n}{2^n}=2,$$

$$\sum_{n\geqslant 1}n\frac{F_n}{2^n}=10,$$

$$\sum_{n\geqslant 1}n^2\frac{F_n}{2^n}=94,$$

见参考文献［5］和文献［7］。

9.4 斐波那契和卢卡斯多项式

另一个关于斐波那契数的自然推广是斐波那契多项式，它根据如下递推公式定义：$f_0(x)=F_1(x)=1$，$f_1(x)=F_2(x)=x$，当 $n\geqslant 2$ 时，$f_n(x)=xf_{n-1}(x)+f_{n-2}(x)$。例如，$f_2(x)=x^2+1$，$f_3(x)=x^3+2x$，$f_4(x)=x^4+3x^2+1$，$f_5(x)=x^5+4x^3+3x$，等等。需要注意当 $x=1$ 时，初始条件和递推刚好可以得到斐波那契数，即$f_n(1)=f_n$。归纳起来，$f_n(x)$ 是 n 阶多项式的第 n 次，因此它的形式为$f_n(x)=\sum_{k=0}^{n}f(n,k)x^k$。

自然地，$f(n, k)$ 必须在计算什么数。通过考量最后一块砖，我们留给读者核实。

组合定理 12 斐波那契多项式为$f_n(x)=\sum_{k=0}^{n}f(n,k)x^k$，其中$f(n,k)$是含有$k$块方砖的$n$-平铺数。

因为刚好有k块方砖所构成的n-平铺必须有$(n-k)/2$块多米诺砖，因此有$(n+k)/2$块砖，所以，$f(n,k)=\binom{(n+k)/2}{k}$若$n$与$k$奇偶性不同，值为0。

许多斐波那契数多项式有与斐波那契多项式类似的恒等式，我们只举出两个例子，并请读者探索更多的例子。

恒等式 245 若m，$n\geqslant 1$，$f_{m+n}(x)=f_m(x)f_n(x)+f_{m-1}(x)f_{n-1}(x)$。

问 对于每一个$k\geqslant 0$，刚好只有k块方砖构成的$(m+n)$-平铺有多少种？

答 1 $f(m+n,k)$种，即$f_{m+n}(x)$中x^k的系数。

答 2 首先我们数那些在m处可分的平铺，这种平铺在覆盖1到m的m-平铺中一定有$0\leqslant j\leqslant m$块方砖，并且覆盖$m+1$到$m+n$的n-平铺中一定有$k-j$块方砖，因此，含有k块方砖的可分平铺数是$\sum_{j=0}^{m}f(m,j)f(n,k-j)$。

通过相似的推理，含有k块方砖的不可分平铺数为

$$\sum_{j=0}^{m-1}f(m-1,j)f(n-1,k-j)。$$

因此对于所有的$k\geqslant 0$，

$$f(m+n,k)=\sum_{j=0}^{m}f(m,j)f(n,k-j)+\sum_{j=0}^{m-1}f(m-1,j)f(n-1,k-j),$$

这刚好是计算$f_m(x)f_n(x)+f_{m-1}(x)f_{n-1}(x)$中$x^k$的系数的方法。

对于下一恒等式，我们观察到我们熟悉的尾部交换技巧，（第一次在利用第1章的恒等式8用到，）保持平铺对中方砖的总数量保持不变，即尾部交换在相同数量的方砖组成的平铺对上提供了一个双射（唯一特例是平铺对中无方砖时）。

恒等式 246 若$n\geqslant 1$，

$$f_n^2(x)-f_{n-1}(x)f_{n+1}(x)=(-1)^n。$$

相似地，可定义卢卡斯多项式为$L_0(x)=2$，$L_1(x)=x$，当$n\geqslant 2$，$L_n(x)=xL_{n-1}(x)+L_{n-2}(x)$，更为普遍地，广义斐波那契多项式可定义为$G_0(x)=G_0$，$G_1(x)=G_1x$，当$n\geqslant 2$，$G_n(x)=xG_{n-1}(x)+G_{n-2}(x)$。正如斐波那契多项式，我们可得

组合定理 13 广义斐波那契多项式$G_n(x)=\sum_{k=0}^{n}G(n,k)x^k$，其中当初始多米

诺砖有 G_0 个相位、初始方砖有 G_1 个相位时，$G(n, k)$ 可看作是刚好由 k 块方砖构成的有相位 n-平铺的个数。

自然地，这些想法可推广到更高阶的递推和着色平铺，请读者来完成对它们的探索。

9.5 负数

本书中几乎所有的恒等式都有两个共同点，我们需要计数的物体有非负整数个，通常伴随着一个非负整数索引。在第 3 章，我们介绍过加权平铺，并用它们研究任意系数和初始条件的线性递推。然而，我们没有研究到“第 −7 个数”，即广义斐波那契数 G_{-7}，即使我们通过任意初始条件 G_0、G_1，和对于所有的整数 n，成立的递推公式 $G_n = G_{n-1} + G_{n-2}$ 计算它。然而，本书中所证明的许多恒等式对于负指数来说依然成立，由归纳法很容易证得

$$F_{-n} = (-1)^{n+1}F_n \quad 或 \quad f_{-n} = (-1)^n f_{n-2},$$

$$L_{-n} = (-1)^n L_n,$$

$$G_{-n} = (-1)^n H_n,$$

其中 H_n 是如下定义的广义斐波那契数列 $H_0 = G_0$，$H_1 = G_0 - G_1$，且对于 $n \geqslant 2$，$H_n = H_{n-1} + H_{n-2}$。对于用负数标号的斐波那契数、卢卡斯数、广义斐波那契数列我们都可以这样定义。Propp [45] 通过在一个 $2 \times n$ 网格计数“带有符号的配对”来研究这些问题。由布鲁克曼和拉比诺维茨 [18] 得出的著名定理，我们知道如果一个恒等式所涉及的数字产生于二阶递推，那么它对所有正数下标成立，则它对负数下标也成立。当 m 或 n 为负数时是否有自然的组合解释来帮助我们理解形如 $G_{m+n} = G_m f_n + G_{m-1} f_{n-1}$ 的恒等式呢？我们把这一问题留到以后考虑。

9.6 开放问题和瓦伊达（Vajda）数据

本章最后我们用一些开放问题来代替练习题，我们希望读者对组合证明的效率和简明性深信不疑，特别是对涉及斐波那契数和由它们推广得到的恒等式。

为了表明我们所提供的方法的效率，我们参考了史蒂文·瓦伊达 [58] 的经典书目 Fibonacci & Lucas Numbers and the Golden Section，它涉及斐波那契、卢卡斯和广义斐波那契的 118 个恒等式，这些恒等式的证明借助了各种代数方法，例

如，归纳法、生成函数法、双曲线函数法等。虽然在本书中没有组合证明，但是我们已经运用平铺解释了这些恒等式中的91个，也许还会有更多。

我们给读者留下了文献［58］中列出的27个恒等式，正如我们所知，它们目前还没有组合解释[⊖]。利用组合的清晰性，一些初始恒等式被改写了（例如，$F_n = f_{n-1}$以及其他重新标号）。

运用 $\varphi - 1/\varphi = 1$ 和 $G_0 + G_1 = G_2$，第一恒等式由初等代数很容易得到，但这里是否存在一个组合（概率）解释？

V57：$(G_0/\varphi + G_1)(G_0\varphi - G_1) = G_0 G_2 - G_1^2$。

Vajda 恒等式 V69 到 V76 看上去非常像，也许只要一个好想法就可以解决所有问题！

V69：

$$\sum_{i=0}^{2n} \binom{2n}{i} f_{2i-1} = 5^n f_{2n-1}。$$

V70：

$$\sum_{i=0}^{2n+1} \binom{2n+1}{i} f_{2i-1} = 5^n L_{2n+1}。$$

V71：

$$\sum_{i=0}^{2n} \binom{2n}{i} L_{2i} = 5^n L_{2n}。$$

V72：

$$\sum_{i=0}^{2n+1} \binom{2n+1}{i} L_{2i} = 5^{n+1} f_{2n}。$$

V73：

$$\sum_{i=0}^{2n} \binom{2n}{i} f_{i-1}^2 = 5^{n-1} L_{2n}。$$

V74：

$$\sum_{i=0}^{2n+1} \binom{2n+1}{i} f_{i-1}^2 = 5^n f_{2n}。$$

V75：

$$\sum_{i=0}^{2n} \binom{2n}{i} L_i^2 = 5^n L_{2n}。$$

V76：

$$\sum_{i=0}^{2n+1} \binom{2n+1}{i} L_i^2 = 5^{n+1} f_{2n}。$$

⊖ 校者注：至2003年为止。

也许下一个可以用概率来解释?

V77:

$$\sum_{i\geqslant 1}\frac{1}{F_{2^i}}=4-\varphi=3-\frac{1}{\varphi}。$$

也许 Vajda 恒等式 V78 到 V88 可以用第 6 章的方法来证明?

V78:

$$L_t^{2k+1}=\sum_{i=0}^{k}\binom{2k+1}{i}(-1)^{it}L_{(2k+1-2i)t}。$$

V79:

$$L_t^{2k}=\binom{2k}{k}(-1)^{tk}+\sum_{i=0}^{k-1}\binom{2k}{i}(-1)^{it}L_{(2k-2i)t}。$$

V80:

$$5^kF_t^{2k+1}=\sum_{i=0}^{k}\binom{2k+1}{i}(-1)^{i(t+1)}F_{(2k+1-2i)t}。$$

V81:

$$5^kf_{t-1}^{2k}=\binom{2k}{k}(-1)^{(t+1)k}+\sum_{i=0}^{k-1}\binom{2k}{i}(-1)^{i(t+1)}L_{(2k-2i)t}。$$

V82:

$$L_{kt}=L_t^k+\sum_{i=1}^{k/2}\frac{k}{i}(-1)^{i(t+1)}L_t^{k-2i}\binom{k-i-1}{i-1}。$$

V83:

$$F_{(2k+1)t}=5^kF_t^{2k+1}+\sum_{i=1}^{k}\frac{2k+1}{i}(-1)^{it}5^{k-i}\binom{2k-i}{i-1}F_t^{2k+1-2i}。$$

V84:

$$L_{2kt}=5^kF_t^{2k}+\sum_{i=1}^{k}\frac{2k}{i}(-1)^{it}5^{k-i}\binom{2k-i-1}{i-1}F_t^{2k-2i}。$$

V85:对于 $k\geqslant 0$,

$$F_{(2k+3)t}=(-1)^{(k+1)t}+F_t\sum_{i=0}^{k}(-1)^{it}L_{(2k+2-2i)t}。$$

V86:对于 $k\geqslant 0$,

$$F_{(2k+2)t}=F_t\sum_{i=0}^{k}(-1)^{it}L_{(2k+1-2i)t}。$$

V87:对于 $k\geqslant 0$,

$$L_{(2k+3)t}=(-1)^{(k+1)(t+1)}+L_t\sum_{i=0}^{k}(-1)^{i(t+1)}L_{(2k+2-2i)t}。$$

V88：对于 $k\geqslant 0$，

$$F_{(2k+2)t}=L_t\sum_{i=0}^{k}(-1)^{i(t+1)}F_{(2k+1-2i)t}。$$

V89：

$$\sum_{i=1}^{n}\frac{(-1)^{2^{i-1}r}}{F_{2^ir}}=\frac{(-1)^rF_{(2^n-1)r}}{F_rF_{2^nr}}。$$

下面的恒等式看起来好像是需要概率解释。

V90：

$$\frac{1}{F_4}+\frac{1}{F_8}+\cdots+\frac{1}{F_{2^n}}=1-\frac{F_{2^n-1}}{F_{2^n}}。$$

V93：

$$5\sum_{i=1}^{n+1}(-1)^{ir}F_{ir}^2=(-1)^{(n+1)r}\frac{F_{(2n+3)r}}{F_r}-2n-3。$$

V94：

$$\sum_{i=1}^{n+1}(-1)^{ir}L_{ir}^2=(-1)^{(n+1)r}\frac{F_{(2n+3)r}}{F_r}+2n+1。$$

也许这个恒等式可以通过概率解释！

V103：

$$\sum_{n\geqslant 0}\frac{(-1)^n}{f_{n+1}f_n}=\frac{1}{\varphi}。$$

最后是一个连分式恒等式。

V106：

$$\frac{F_{(t+1)m}}{F_{tm}}=L_m-\cfrac{(-1)^m}{L_m-\cfrac{(-1)^m}{L_m-\cfrac{(-1)^m}{\ddots-\cfrac{(-1)^m}{L_m}}}},$$

其中，L_m 出现了 t 次。

我们相信上述恒等式终有一天可以用组合的知识证明。你们一定可以做到！

章节练习中部分习题的提示与解法

第1章

恒等式12 考量最后一块方砖的位置。

恒等式13 考量$(2n+2)$-平铺在单元格$(n+1)$处是否可分。

恒等式14 计算n-平铺对的数目，在该平铺对中至少有一个以方砖结束。考量第一个平铺是否以方砖结束。

恒等式15 与恒等式14同样的方法。

恒等式16 每一个n-平铺均可生成大小为$n+1$或$n-2$的两种平铺。第一种形式需要平铺一块方砖构造以方砖结尾的$(n+1)$-平铺。第二种形式取决于最后一块平铺是一块方砖还是一块多米诺砖。

恒等式17 每一个n-平铺均可生成大小为$n+2$或$n-2$的三种平铺。前两种形式需要平铺一块方砖或两块多米诺砖。第三种形式取决于最后一块平铺是一块方砖还是一块多米诺砖。

恒等式18 与恒等式17的证明类似（第四种形式保持不变）。

恒等式19 第二个等式与恒等式14类似，它仍是寻找左右两边式子的对应关系。左边表示平铺4元组(A, B, C, D)或(E, F, G, H)，其中A，B，C，D，E，F，G，H的长度分别为n，n，$n+1$，$n+1$，$n-1$，$n-1$，$n+2$，$n+2$。右边记作(X, Y)，其中X和Y均为$(2n+2)$-平铺。每一组(A, B, C, D)可生成四个平铺对，前三个分别为：(AdB, CD)，(CD, AdB)，(CsA, DsB)。这三个平铺对涵盖了平铺对(X, Y)的所有情况，其中X和Y满足如下条件：要么X或Y（而不是两者都满足）在单元格$n+1$处不可分，要么X和Y均在单元格$n+1$可分，且X和Y均在单元格$n+2$处均被方砖平铺。第四个平铺对由(A, B, C, D)生成，考量C和D的结尾方式，有四种情况。类似的(E, F, G, H)也可生成平铺对，考量G，H的结尾方式，共有四种情况。将步骤颠倒一下，考量覆盖单元格$n+1$和$n+2$的平铺。

我们定义三元数组(a, b, c)，其中$a=x^2-y^2$，$b=2xy$，$c=x^2+y^2$构成勾股数。该恒等式恰是当$a=f_{n+1}$和$b=f_n$时的特殊情况。

恒等式 20 考量前 p 个平铺中多米诺砖的数量。假定最初的 p 个平铺中有 i 块多米诺砖和 $p-i$ 块方砖。$\binom{p}{i}$表示从前 p 个平铺中选择 i 个位置平铺多米诺砖的方法数。最初平铺的长度为 $2i+(p-i)=p+i$，剩下的板的长度为（$n+p$）-（$p+i$）$=n-i$，有 f_n-i 种平铺方式。

恒等式 21 当 n 为偶数时，恒等式 21 可展开为 $f_0+f_2+\cdots+f_n=1+f_{n-1}+f_1+f_3+\cdots+f_{n-1}$，我们将对此进行证明，另外留下 n 为奇数的情况请读者自行证明。

问：若 n 为偶数，那么用方砖和多米诺砖平铺（$n+1$）- 板有多少种方法？

答 1：考量最后一块方砖。因为 $n+1$ 为奇数，则最后一块方砖必出现在奇数单元格上。若 $0\leqslant 2k+1\leqslant n+1$，则最后一块方砖在第 $2k+1$ 个单元格的（$n+1$）- 平铺共有 f_{2k} 种。综合来说，（$n+1$）- 平铺的数量共有 $f_0+f_2+\cdots+f_n$ 种。

答 2：以一块多米诺砖为开端的平铺有 f_{n-1} 种。若平铺以一块方砖开始，则需要考量最后一块方砖。仅包含一块方砖其后的平铺均为多米诺砖的平铺有一种。若 $3\leqslant 2k+1\leqslant n+1$，则以一块方砖开始且最后一块方砖位于单元格 $2k+1$ 的（$n+1$）- 平铺有 f_{2k-1} 种。总计，共有 $f_{n-1}+1+f_1+f_3+\cdots+f_{n-1}$ 种平铺，如图 HS. 1 所示。

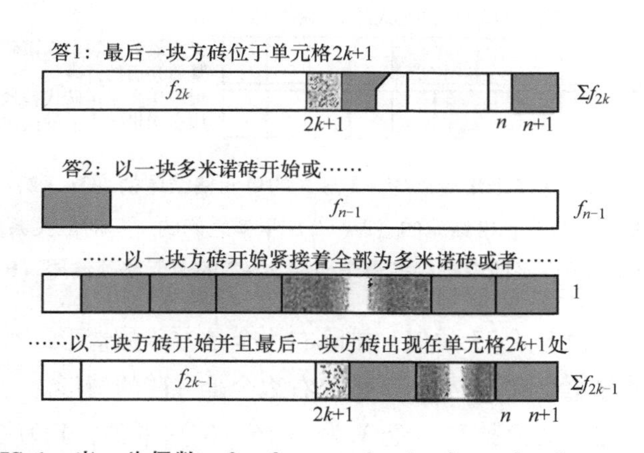

图 HS. 1 当 n 为偶数，$f_0+f_2+\cdots+f_n=1+f_{n-1}+f_1+f_3+\cdots+f_{n-1}$

恒等式 22 将恒等式 21 裂项求和。

恒等式 23 **问：**有多少种（$3n+2$）- 平铺，其最后一块多米诺砖以 $3j+2$（$0\leqslant j\leqslant n$）形式的单元格结束？

答 1：最后一块多米诺砖以 $3j+2$ 单元格结束的平铺始于 f_{3j} 种平铺中的一种，

紧跟一块多米诺砖，其余所有的均为方砖。因为 j 的变化范围为 0 到 n，所以共有 $f_0+f_3+f_6+\cdots+f_{3n}$ 种平铺。

答 2：我们论证两个集合之间一一对应的关系，其中一个集合为最后一块多米诺砖以 $3j+2$ 形式的单元格结尾的 $(3n+2)$-平铺，另一个集合为最后一块多米诺砖以 $3j$ 或 $3j+1$ 形式的单元格结尾的 $(3n+2)$-平铺。当 $0\leqslant j\leqslant n$ 时，若最后一块多米诺砖以 $3j+2$ 形式的单元格结尾，其前为一块方砖，则交换方砖和多米诺砖，则最后一块多米诺砖变成了以 $3j+1$ 形式的单元格结尾。若最后一块多米诺砖以 $3j+2$ 形式的单元格结尾，但其前并不是一块方砖（例如其前为一块多米诺砖或其本身占单元格 1 和单元格 2），则将多米诺砖转化成两块方砖，构成的新的平铺中，最后一块多米诺砖以 $3j$ 形式的单元格结尾。如图 HS. 2 所示，此过程完全可逆。于是最后一块多米诺砖以 $3j+2$ $(0\leqslant j\leqslant n)$ 形式的单元格结尾的个数为 f_{3n+2} 种 $(3n+2)$-平铺的一半。

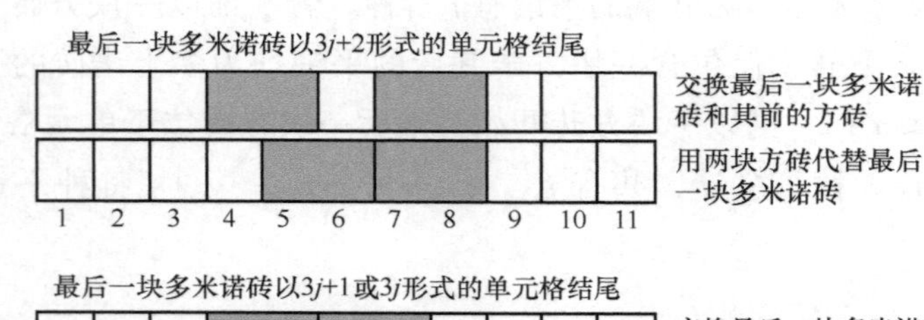

图 HS. 2　最后一块多米诺砖以 $3j+2$ 形式的单元格结尾的 $(3n+2)$-平铺与以 $3j$ 或 $3j+1$ 形式的单元格结尾的 $(3n+2)$-平铺之间的一一对应关系。其中有一半的 $(3n+2)$-平铺中是以多米诺砖在 $3j+2$ 的单元格处结尾 $(0\leqslant j\leqslant n)$

恒等式 24　与恒等式 23 类似，排除右边全是方砖的情形。

恒等式 25　与恒等式 23 类似，排除右边全是方砖的情形。

恒等式 26　尾部交换技巧。令 X 为一个 $(2n)$-平铺，Y 为一个 $(2n+1)$-平铺。若最后一个公共断层发生在偶数单元格，记作 $2j$，则 $X=Ad^{n-j}$，$Y=Bsd^{n-j}$。衍生出 $4j$-平铺 AB，且该平铺在单元格 $2j$ 处可分。否则，若最后一个公共断层发生在奇数单元格，记作 $2j-1$，则 $X=Asd^{n-j}$，$Y=Bd^{n-j+1}$。衍生出 $4j$-平铺 AdB，且该平铺在单元格 $2j$ 处不可分。

恒等式 27　同恒等式 26 使用一样的尾部交换技巧。

恒等式 28 同恒等式 26 使用一样的尾部交换技巧。

恒等式 29 令 X 为覆盖单元格 2 到 $2n$ 的 $(2n-1)$-平铺，Y 为覆盖单元格 1 到 $2n+1$ 的 $(2n+1)$-平铺。继续参照恒等式 26 使用尾部交换技巧。

恒等式 31 等式左边为四组 n-平铺，等式的右边表示（W，X，Y，Z）四维平铺，其中 W，X，Y，Z 的长度分别为 $n+2$，$n-2$，$n+1$，$n-1$，并且它们分别以第 1，3，1，2 个单元格为开端（其中 X 在 W 的正下方，Z 在 Y 的正下方）。

我们首先讨论 n 为偶数的情况。这里平铺对（Y，Z）中必有一个断层。若（W，X）中也有一个断层，则利用尾部交换技巧，构造四维 n-平铺对（W'，X'，Y'，Z'）。当（W，X）没有断层时（当 $W=sd^{n/2}s$，$X=d^{(n-2)/2}$），则生成（Y'，Z'，$d^{n/2}$，$d^{n/2}$）。这样可以构造出除（$d^{n/2}$，$d^{n/2}$，$d^{n/2}$，$d^{n/2}$）之外的所有 4 维 n-平铺对的情况。

当 n 为奇数时，平铺对（W，X）必有一个断层。若（Y，Z）也有一个断层，则类似构造（W'，X'，Y'，Z'）。若（Y，Z）没有断层（即 $Y=d^{(n+1)/2}$，$Z=d^{(n-1)/2}$），则构造（$sd^{(n-1)/2}$，$d^{(n-1)/2}s$，W'，X'）类似的可以构造出除（$sd^{(n-1)/2}$，$d^{(n-1)/2}s$，$sd^{(n-1)/2}$，$d^{(n-1)/2}s$）之外的所有 4 维 n-平铺对的情况。

组合解释

1 对每一个 $(n+1)$-平铺创建 n 元组（b_1，b_2，…，b_n），其中 $b_i=0$，当且仅当平铺在单元格 i 处不可分。

2 若 $1\leqslant i\leqslant n$，则 i 在 S 中当且仅当平铺在单元格 i 处不可分。

3 令 T 为满足题意的平铺。对任意长度 $\ell\geqslant 2$ 的平铺，在 $\ell-2$ 块方砖后加入一块多米诺砖，同时移除第一块多米诺砖。

4 令 T 为满足题意的平铺。对长度为奇数的平铺中的多米诺砖后加入一块方砖，同时移除第一块方砖。

5 对于序列 $a_1a_2\cdots a_n$，创建 n-平铺，其中第 i 个单元格覆盖方砖当且仅当 $a_i=i$。

6 有形如 $2^{a_0}0^{b_0}12^{a_1}0^{b_1}1\cdots 2^{a_i}0^{b_i}1^{c_i}$ 的三元序列，其中 a_i，$b_i\geqslant 0$，$c_i\in\{0, 1\}$。从左向右看，将每一个 2 转换成一块多米诺砖，每一个 1 转换成一块方砖。对 $1\leqslant i\leqslant j$，0^{b_i}转换成 sd^{b_i}，若 $c=1$，将用两块方砖代替一块。

7 令 X 为满足提示要求的 n-平铺。若长为 m 的平铺覆盖单元格 $k+1$ 到 $k+m$，其中单元格 $k+i$ 被突出显示，则在覆盖方砖，即多米诺砖的 $(2n-1)$-平铺

Y 中，从单元格 $2k+1$ 到 $2k+m-1$ 使用 $m-1$ 块多米诺砖和一块方砖，且方砖为单元格 $2i-1$。若此块方砖为 X 中的最后一块方砖，则 Y 中第 $2k+2m$ 个单元格覆盖一块方砖。显然，X 中第 j 个平铺若在单元格 k 处结束当且仅当 Y 中第 $2j$ 块方砖位于单元格 $2k$。

8 X 表示长度任意的 n- 平铺，其中方砖被附与一种颜色：黑或白。Y 表示由方砖和多米诺砖覆盖的 $(2n)$- 平铺。X 中的每一个平铺都可通过如下方式"加倍"。X 中的黑色方砖转换成 Y 中的多米诺砖。对于其他情况，长为 k 的平铺转换成 $sd^{k-1}s$，即一块方砖紧跟 $k-1$ 块多米诺砖，接着紧跟一块方砖。

9 令 $b_0=1$ 和给定的序列 $(b_1, b_2, \cdots, b_n)$，创建 $(n+1)$- 平铺，其中第 i 个单元格覆盖一块方砖，当且仅当 $b_i \neq b_{i-1}$。

第 2 章

恒等式 50 考量覆盖单元格 1 的平铺。

恒等式 51 每种 n- 平铺可以生成两种类型。第二种类型取决于平铺以方砖还是多米诺砖开始。

恒等式 52 每种 n- 平铺可以生成五种长为 n 或 $n+1$ 的环平铺，这些环平铺的情况取决于它是以一块方砖还是以一块多米诺砖为开端。每个 $(n+1)$- 环平铺只能被生成一次，每个 n- 环平铺可以生成两次。对于前三种环平铺，可以创建两种同相位 n- 环平铺和一种以方砖为开端的同相位 $(n+1)$- 环平铺。另外两种环平铺有 n- 平铺生成，它们取决于 n- 平铺以什么形式的砖为开端。

恒等式 53 由 1 抵消 n- 平铺对，接着使用尾部交换（如果可以）创建有序对 (A, B)，其中 A 为一个 $(n+1)$- 平铺，B 为一个 $(n-1)$- 平铺。由此，我们可以创建 5 个 $(n+1)$- 环平铺对，其中前四个为 (A, ssB)，(A, dB)，(A, d^-B)，(d^-B, A)，除去以 d^- 开始的情况，其余的均为同相位环平铺。第五个环平铺的情况取决于 A 和 B 开始的情况。

恒等式 54 该题的证明与恒等式 234 的证明类似。

恒等式 55 该恒等式可改写为 $L_{2n+1}+L_{2n-3}+L_{2n-7}+\cdots=f_{2n+1}+L_{2n-1}+L_{2n-5}+\cdots$。存在多少种长度为奇数，且方式数小于等于 $2n+1$ 的平铺（非环平铺）? 利用公式 $f_m+f_{m-2}=L_m$，例如 $(f_9+f_7)+(f_5+f_3)+f_1=L_9+L_5+f_1=L_9+L_5+L_1$，还有 $f_9+(f_7+f_5)+(f_3+f_1)=f_9+L_7+L_3$。

恒等式 56 这是恒等式 59 的一种特殊情况。

恒等式 57 L_n 表示相位 n-平铺的数量，其中初始多米诺砖既可以是同相位的也可以是异相位的。（我们都可以称它们为 n-环平铺。）对于每一个 n-环平铺，都可以按如下方式生成 $n+1$ 个环平铺对（其长度总和为 n）。对每一个单元格$1 \leqslant j \leqslant n-1$，若 X 在单元格 j 可分，则生成自然 j-环平铺（与 X 同相位）和一个同相位（$n-j$）-环平铺。否则，生成一个自然（$j-1$）-环平铺（与 X 同相位）和一个异相位（$n-j+1$）-环平铺。单元格 n 可以生成两个环平铺对（X，ϕ^+）和（X，ϕ^-）。此过程可以生成除了 $2f_n$ 个之外的所有的环平铺对。缺少的环平铺对为（ϕ^+，Y）和（ϕ^-，Y），其中 Y 为同相位 n-环平铺。

恒等式 58 对于每一个 n-环平铺 X，我们通常可以生成 n 个平铺对，其长总和为 $n-2$。除去 f_{n-1} 种以方砖结尾的相位环平铺的特殊情况之外，我们可以生成 $n-1$ 种平铺对。每一个平铺对可以生成 5 种形式，具体来说，平铺对(A，B)可以由同相位 n-环平铺 AdB 生成两次，由同相位 n-环平铺 $AssB$ 生成一次，由异相位环平铺 dAB 生成一次，其中 d 覆盖单元格 n 和 1。若 A 以一块方砖结尾，则可由同相位 n-环平铺 AdB 生成；若 A 以一块多米诺砖结尾，则可由异相位环平铺 dAB 生成，其中 d 覆盖单元格 n 和 1。我们将其中的细节留给读者来研究。

恒等式 59 继续恒等式 31 的证明，可以利用结论 $G_2G_0-G_1^2=G_3G_0-G_2G_1$。

恒等式 60 **集 1**：有序 n-环平铺对（A，B），该集合大小为 L_n^2。

集 2：有序 n-环平铺对（A'，B'），其中 A'的大小为 $n+1$，B'的大小为 $n-1$。该集合的大小为 $L_{n+1}L_{n-1}$。

对应关系：为证明该恒等式，我们建立集合 1 与集合 2 之间的一一对应关系。确切来说，有五个元素不能匹配，这五个元素或者全部在集合 1 之中，或者全部在集合 2 之中，这取决于 n 的奇偶性。

我们只证明 n 为偶数的情况，将 n 为奇数的情况留给读者证明。令 A 和 B 为 n-环平铺。我们从环平铺对（A，B）中将仅含有多米诺砖的情况除去。由于 A 和 B 的相位，共有四种这样的环平铺对。第五种环平铺对，如图 HS. 3 所示，即 A 以两块方砖开始，其余均为多米诺砖，B 为全部是多米诺砖的异相位环平铺。

对于其他的环平铺对，存在唯一的数 k，$0 \leqslant k \leqslant n/2$，即 A 和 B 的最后 k 块砖均为多米诺砖，A 或 B（或两者）的前面部分包含一块方砖。可能的两种情形，见图 HS. 4 和图 HS. 5。

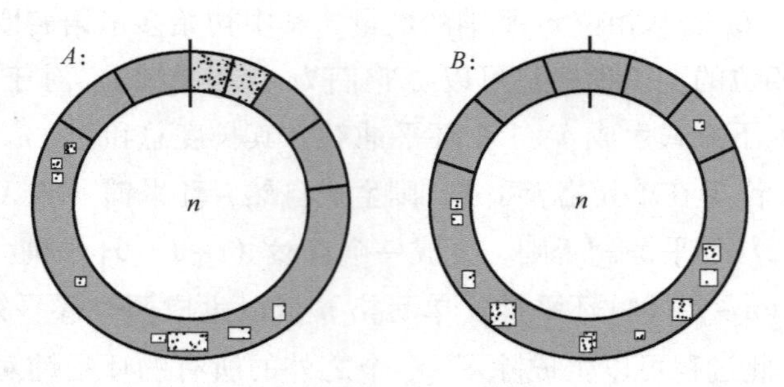

图 HS.3　不确定的第五种环平铺对

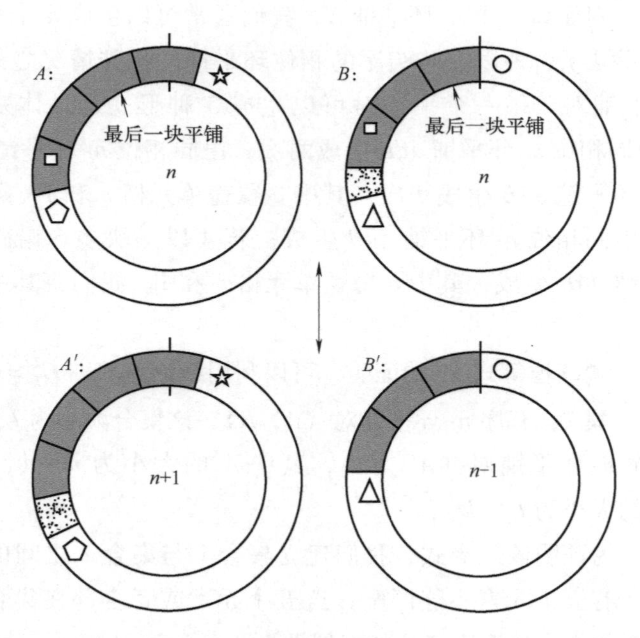

图 HS.4　一增一减的 n- 环平铺对。情况 I：A 和 B 中最后三块平铺均为多米诺砖，B 中倒数第四块砖为方砖

情况 I：B 包含一块方砖（将其定义为 s），该方砖在最后 k 块多米诺砖之前。（若 $k=0$，即 B 以一块方砖结尾）。对于这种情况，我们将 s 从 B 移动到 A，将 s 放于 A 中最后 k 块多米诺砖之前。

情况 II：B 中在最后 k 块多米诺砖之前为一块多米诺砖（记作 d），A 中在最后 k 块多米诺砖之前为一块方砖（记作 s）。此时，我们将 d 和 s 进行简单的尾部交换处理。

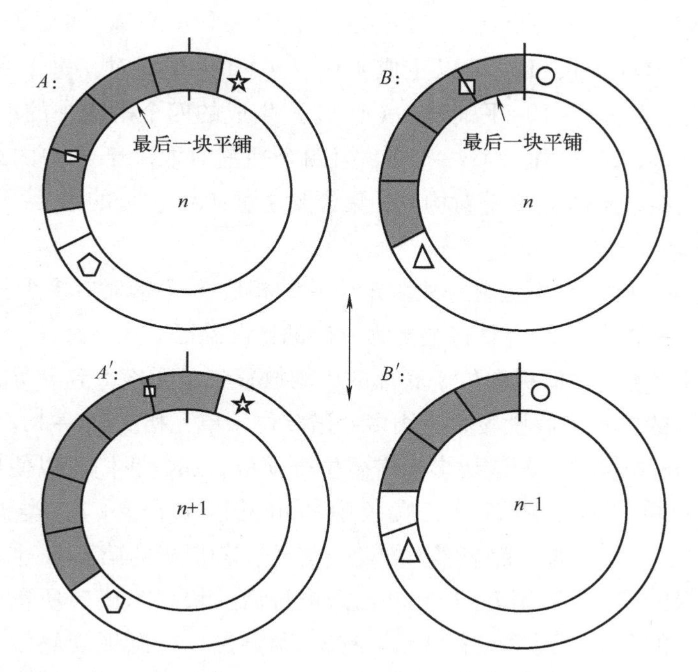

图 HS. 5　一增一减的 n- 环平铺对。情况Ⅱ：A 中最后三块平铺为多米诺砖，B 中最后四块砖为多米诺砖，A 中倒数第四块砖为方砖

按照情况Ⅰ和情况Ⅱ所提到的转换过程，可将平铺对（A，B）转化成（A'，B'），其中 A'的长度为 $n+1$，B'的长度为 $n-1$。注意此时（A'，B'）中 k 的取值不变，同时也要注意到 A'和 B'的相位与 A，B 也是相同的。(如果该过程包含不确定的第五种情况，那么结论有误。当 B 全部为同相位多米诺砖时，其转换结果与得到过程相同)。此过程完全可逆，于是，当 n 为偶数时，$L_n^2=L_{n+1}L_{n-1}+5$。

恒等式 61　问：包含至少一块方砖的相位 $2n$-平铺有多少种?

答 1：有 G_{2n}种相位平铺减去 G_0 种全为多米诺砖的情况。

答 2：由于木板长为 $2n$，则最后一块方砖在偶数单元格上。当$1\leqslant k\leqslant n$ 时，最后一块方砖位于单元格 $2k$ 的相位平铺数为 G_{2k-1}。

恒等式 62　此为上一恒等式长度为奇数的情况。

恒等式 63　与恒等式 11 的证明类似，将平铺分成 $p+1$ 个部分，其中前 p 个部分的长度为 t，而不是 $t+1$。

恒等式 64　参见恒等式 41。

恒等式65 令X为一个$(n-1)$-平铺，Y为一个n-平铺，W、Z为$(n-2)$-平铺。每个平铺对(X, Y)可以生成4个$(n+1)$-平铺对，每个平铺对(X, Y)可以生成一个$(n+1)$-平铺对。(X, Y)生成的四个平铺中的三个分别为：(Xd, Ys)，(Ys, Xd)和(Xss, Ys)。第四个平铺对取决于Y中的最后一个平铺。要完成所有$(n+1)$-平铺对构成的集合要注意(X, Y)的最后一个平铺和平铺对(W, Z)。

恒等式66 问：至少包含一块多米诺砖的相位n-平铺对有多少种？

答1：$G_n^2-G_1^2$种，因为要将全部为方砖的情况除去。

答2：将位于顶部的板和位于底部的板均放置到单元格1到n处，考量最后一块多米诺砖的位置。假设最后一块多米诺砖位于单元格i和$i+1$，其中$1\leqslant i\leqslant n-1$，如图HS.6所示。若该块多米诺砖位于顶板，那么我们可以使用任何方式平铺顶板中的单元格1到$i-1$，底板中的单元格1到$i+1$，类似的平铺有$G_{i-1}G_{i+1}$种方法，剩下的位置全部为方砖。另外，若顶板的第$i+1$个单元格是一块方砖，底板的第i个和第$i+1$个单元格被最后一块多米诺砖所覆盖，那么任意平铺顶板中的第1个到第i个单元格有G_i种方法，任意平铺底板中的第1个到第$i-1$个单元格有G_{i-1}种方法。因此，最后一块多米诺砖位于单元格i和单元格$i+1$的平铺对有$G_{i-1}G_{i+1}+G_iG_{i-1}=G_{i-1}(G_{i+1}+G_i)=G_{i-1}G_{i+2}$种方式。总之，共有$\sum_{i=1}^{n-1}G_{i-1}G_{i+2}$种至少存在一块多米诺砖的相位$n$-平铺对。

图 HS.6 最后一块多米诺砖或者位于顶板，或者位于底板

恒等式67 平铺由一个有相位n-板和一个有相位$(n-1)$-板构成的平铺对，有多少种方法？

答 1：G_nG_{n-1}。

答 2：将顶板覆盖单元格 1 到 n，底板覆盖单元格 1 到 $n-1$。如果存在断层，那么考量最后一个断层。首先，注意无断层平铺或者全部为多米诺砖，或者在顶板或底板中有一块相位方砖，这取决于 n 的奇偶性。如图 HS. 7 所示，这恰好有 G_0G_1 种无断层平铺的情况。否则，在单元格 i 处存在断层，其中 $1\leqslant i\leqslant n-1$。若最后一个断层出现在单元格 i，则平铺两块板的单元格 1 到 i，共有 G_i^2 种方式，断层之后的单元格的平铺只有一种方式，如图 HS. 8 所示。综上，共有 $G_0G_1+\sum_{i=1}^{n-1}G_i^2$ 种平铺方式。

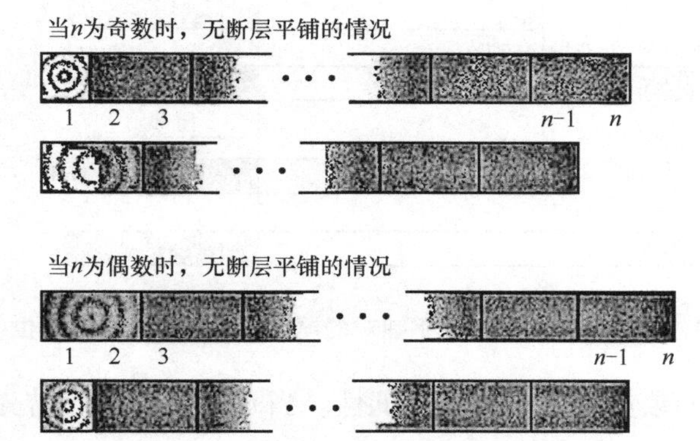

图 HS. 7　两种无断层平铺的情况，取决于 n 的奇偶性

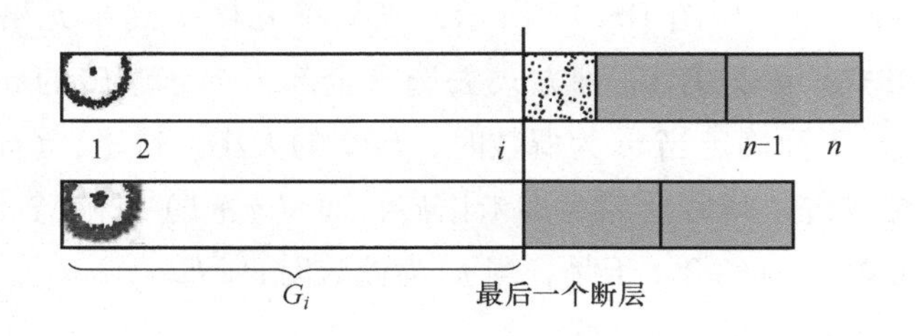

图 HS. 8　若最后一个断层位于单元格 i，共有 G_i^2 种平铺方式

恒等式 68　集 1：由位于顶部的板 m-板和位于底部的板 n-板组成的相位平铺构成的集合，其中 m-板的初始条件为 G_0 和 G_1，n-板的初始条件为 H_0 和 H_1。该集合的大小为 G_mH_n。

集 2：由位于顶部的板 $(m-1)$-板和位于底部的板 $(n+1)$-板组成的相位

平铺构成的集合，其中 $(m-1)$-板的初始条件为 G_0 和 G_1，$(n+1)$-板的初始条件为 H_0 和 H_1。该集合的大小为 $G_{m-1}H_{n+1}$。

对应关系：我们寻找两个集合之间几乎一一对应的关系。更准确地说，我们要寻找集合 1 和集合 2 “断层” 元素之间一一对应的关系，如图 HS. 9 所示，交换顶板和底板的尾部，我们可以得到集合 2 中的一个相位平铺，它与集合 1 有相同的尾部。由于尾部交换的过程可逆（只需将右侧的尾部进行交换即可），于是可得 $G_mH_n - FF1 = G_{m-1}H_{n+1} - FF2$，其中 $FF1$ 和 $FF2$ 分别表示集合 1 和集合 2 中无断层平铺的数量。

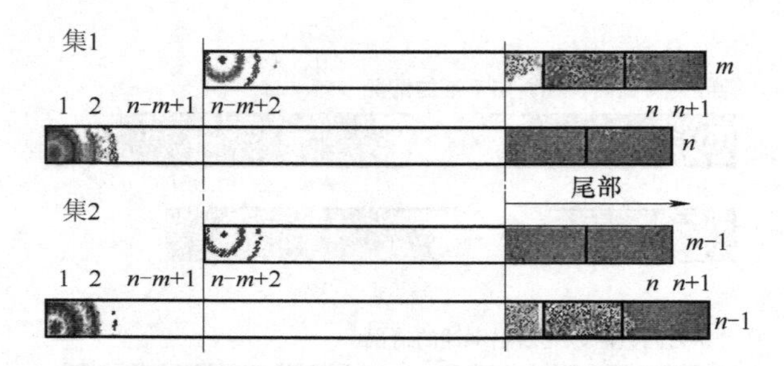

图 HS. 9　交换集合 1 中相位平铺对的尾部，可得集合 2 的相位平铺对

无断层平铺的数量取决于 m 的奇偶性。当 m 为偶数时，首先确定 $FF1$ 的大小。这里，m-平铺全部为多米诺砖（注意，若平铺以方砖为开端，则在其余位置必包含另一块方砖，这样才能与底部的 n-平铺有断层）。n-平铺中的多米诺砖始于单元格 $n-m+3$，如图 HS. 10 所示，则从单元格 1 到单元格 $n-m+2$ 有 H_{n-m+2}种平铺方式。因为有 G_0 种方式去选择全部为多米诺砖的 m-平铺，所以 $FF1 = G_0H_{n-m+2}$。下面确定当 m 为偶数时，$FF2$ 的大小。这里，$(m-1)$-平铺包含一块初始相位方砖，其后全部为多米诺砖，而 $(n+1)$-平铺全部为多米诺砖的情况始于单元格 $n-m+2$。于是，当 m 为偶数时，$FF2 = G_1H_{n-m+1}$。由此可得 $G_mH_n - G_0H_{n-m+2} = G_{m-1}H_{n+1} - G_1H_{n-m+1}$。

若 m 为奇数，$FF1$ 和 $FF2$ 尾部交换的情形如图 HS. 11 所示，此时 $FF1 = G_1H_{n-m+1}$，$FF2 = G_0H_{n-m+2}$。由此可得 $G_mH_n - G_1H_{n-m+1} = G_{m-1}H_{n+1} - G_0H_{n-m+2}$。

恒等式 69　见参考文献 [13]。

恒等式 70　每个 $(n+1)$-平铺对和 $(n+2)$-平铺对可以生成两种类型。令 (X, Y) 为一个 $(n+1)$-平铺对，它可以生成 (Xd, Yd) 和 (Xss, Yd) 两种形式。令 (W, Z) 为一个 $(n+2)$-平铺对，它可以生成 (Ws, Zs) 的形式，

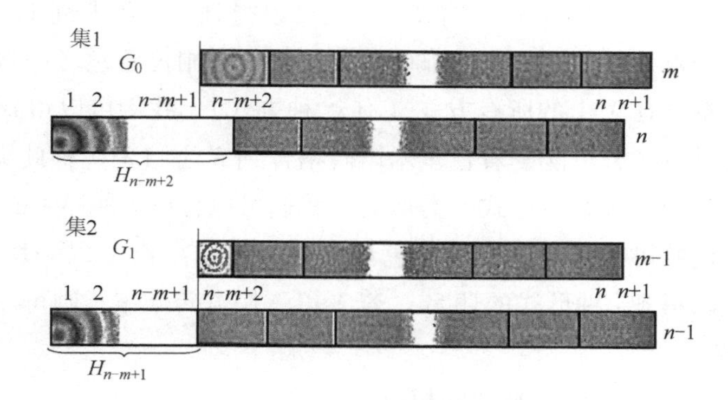

图 HS. 10　当 m 为偶数时，无断层的情形

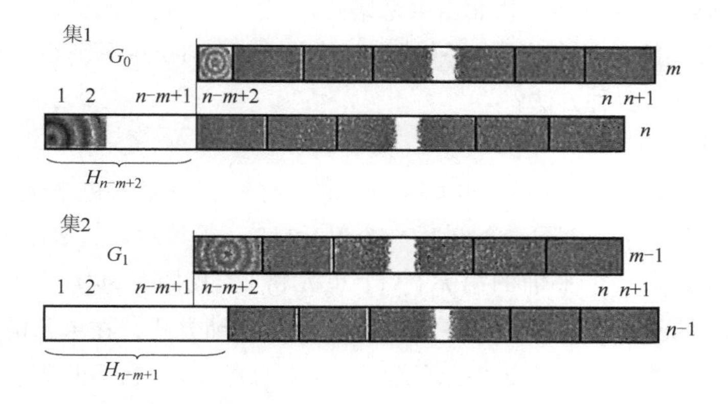

图 HS. 11　当 m 为奇数时，无断层的情形

另一种形式取决于 W 和 Z 中的最后一块平铺。

该定理的斐波那契形式有着完美的几何证明，参见参考文献［17］。

练习 2*a*　给定 n-环平铺，构造二进制序列 b_1，…，b_n，其中 $b_i=1$，当且仅当平铺在单元格 i 处可分。

练习 2*b*　令 X 为 $(n+1)$-平铺，其开始和结束都不是多米诺砖。若 X 以方砖开始，则将该方砖移除，构造同相位 n-环平铺。若 X 以多米诺砖开始（以方砖结束），则移除最后一块方砖，构造异相位 n-环平铺。

第 3 章

恒等式 72　与恒等式 34 的证明类似，只不过这里用到了着色平铺和环平铺。对于每一个 n-平铺来说，我们可以生成 s^2+4t 个长为 n 或 $n+2$ 的着色环平铺。特别地，对给定的着色 n-平铺 X，我们可以得到 t 种环平铺 1。（应用这一结论，对于每个着色平铺 X，我们都可以得到 t 种同相位着色环平铺）。通过将两块着色方砖粘合在 X 上的所有方式（有 s^2 种方式），我们可以得到环 2 的各种着色形式。通过将各种可能的着色多米诺砖粘合到 X 上（有 t 种此类情形），我们可以得到环 3 的各种着色形式。类似的，我们可以得到 t 种环 4 的各种着色形式。因此，我们共可得到 s^2+3t 种着色环平铺。最后，若 X 以一块多米诺砖结尾，则我们可以得到 t 种形式的环 5a。若 X 以一块方砖结尾，则可以得到 t 种环 5b 的着色形式。

恒等式 83　考量着色环平铺的相位。

恒等式 84　考量最后一块非白多米诺砖。

恒等式 85　考量最后一块非白多米诺砖。

恒等式 86　**问：**一个着色 n-平铺和一个着色 $(n+1)$-平铺组成的平铺对，平铺该平铺对有多少种方法？

答 1：$u_n u_{n+1}$。

答 2：对于该问题，我们令 $0 \leqslant k \leqslant n$，那么存在多少个着色平铺对，其中单元格 k 是对于两个平铺都可分的最后一个单元格？（等价地，这表示平铺对中最后一块方砖在其中一个平铺的第 $k+1$ 个单元格）。我们有 $su_k^2t^{n-k}$ 种方法得到，因为创建类似的平铺对，从单元格 1 到 k 有 u_k^2 种平铺方式，在单元格 $k+1$ 的着色方砖有 s 种选择（在 n-平铺中当且仅当 $n-k$ 为奇数），剩下的 $2n-2k$ 个单元格被 $n-k$ 个着色多米诺砖覆盖，有 t^{n-k} 种方式，如图 HS. 12 所示。总而言之，共有 $s\sum_{k=0}^{n} u_k^2 t^{n-k}$ 种满足要求的平铺。

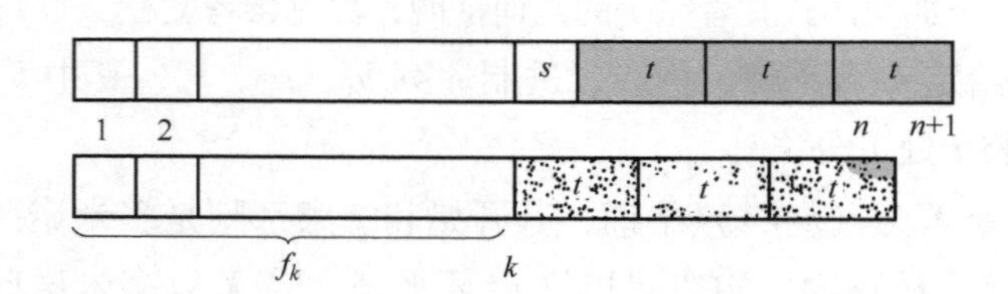

图 HS. 12　一个平铺对，其中最后一个两者都可分的单元格是单元格 k

恒等式 87　**集 1：**两个着色 n-板组成的平铺对（一块板在顶部，一块板在底部）。由定义，该集合的大小为 u_n^2。

集 2：一个着色 $(n+1)$-板和一个着色 $(n-1)$-板组成的平铺对。该集合

大小为 $u_{n+1}u_{n-1}$。

对应关系：首先假设 n 为奇数，则位于顶部和底部的板每块至少包含一块方砖。注意方砖位于第 i 个单元格以确保断层必存在，且位于单元格 i 或 $i-1$ 处。交换两个 n-平铺的尾部，则可得到具有相同尾部的一个（$n+1$）-平铺和一个（$n-1$）-平铺。这就构成了有断层情况下一对 n-平铺和一对大小分别为（$n+1$）和（$n-1$）的平铺之间的一一对应关系。那么大小为（$n+1$）和（$n-1$）的平铺对有没有无断层的情况？当然有，如果全部为着色多米诺砖，则恰好错开了，如图 HS. 13 所示，类似的情况有 t^n 种。因此，当 n 为奇数时，$u_n^2 = u_{n+1}u_{n-1} - t^n$。

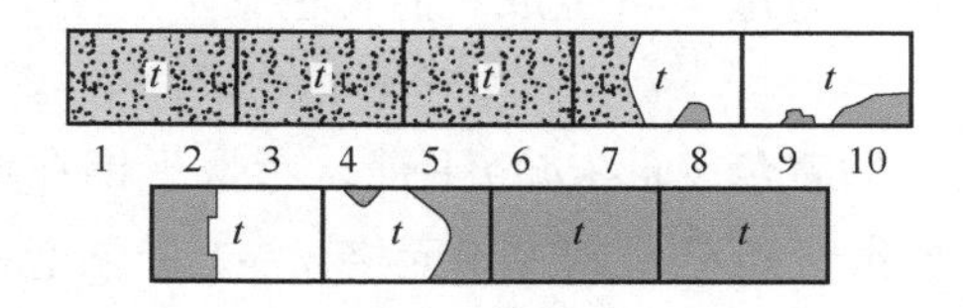

图 HS. 13　当 n 为奇数时，仅有的一种无断层平铺对的情况，该平铺全为多米诺砖

类似的，当 n 为偶数时，将有断层平铺对进行尾部交换，形成一一对应的关系。仅有的无断层平铺对，如图 HS. 14 所示，该平铺全部为多米诺砖。因此，$u_n^2 = u_{n+1}u_{n-1} + t^n$ 综合 n 为奇数和偶数的两种情况，则可以证明该恒等式。

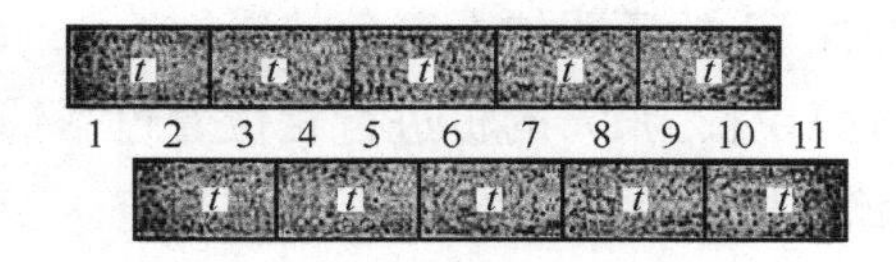

图 HS. 14　当 n 为偶数时，仅有的一种无断层平铺对的情况，该平铺全为多米诺砖

恒等式 88　对着色 n-平铺对在单元格 r 处进行尾部交换。

恒等式 89　考量着色（$m+n$）-平铺在单元格 m 处是否可分。用两种方式解释目标环平铺对下的所有环。

恒等式 90　考量着色（$m+n$）-环平铺的相位，并且考虑其在单元格 m 处是否可分。有多种情况需要考虑。

恒等式 91　将恒等式 53 的证明加上着色的情况。

恒等式 92　将每个着色 n-平铺生成两种类型，在此过程中，每个着色 $(n-1)$-平铺生成 s 次，每个着色 n-环平铺恰好生成一次。令 X 是一个着色 n-平铺。对 X 首先生成一个同相位着色 n-环平铺。第二个环平铺取决于 X 以什么类型的砖为开端。若 X 以多米诺砖为开端，则生成一个异相位着色 n-环平铺。若 X 以方砖开端，则移去该方砖生成一个着色 $(n-1)$-平铺。

恒等式 93　令 X 为一个着色 n-平铺。在 X 的前部加入两块着色方砖，则可生成 s^2 种不同的着色 $(n+2)$-环平铺。在 X 中加入一块同相位多米诺砖或异相位多米诺砖，可以生成 $2t$ 种着色 $(n+2)$-环平铺。同样在 X 中加入一块同相位多米诺砖或异相位多米诺砖，又可以生成 $2t$ 种着色 $(n+2)$-环平铺。令 Y 为一个着色 $(n+1)$-环平铺，通过 Y 可生成 s 种着色 $(n+2)$-环平铺。此类情况不会生成两次。

恒等式 94　对给定的着色 $(m+n)$-平铺，考量平铺在单元格 m 是否可分，可生成两类平铺。若在 m 处可分，则在单元格 $m+1$ 处贴上一块砖。

恒等式 95　将如下的几种方式进行着色。给定一个 $(m+n)$-环平铺 B，我们可以生成两种类型的平铺。若 B 在单元格 m 处可分，则生成一个 m-环平铺和一个 n-环平铺组成的平铺对。第二种环平铺对或平铺对取决于在单元格 1 和单元格 $m+1$ 处所铺砖的种类。若 B 在单元格 m 处不可分，则可以生成两个平铺对（长度分别为 $m-1$ 和 $n-1$），这取决于 B 的相位。按此方式，每一个平铺对可以生成 5 种形式，再考虑着色因素，每一个平铺对可生成 s^2+4t 种形式。

恒等式 96　将恒等式 53 的证明加上着色情况。

恒等式 97　问：将两块长为 $2n$ 的板进行相位着色平铺，有多少种情况，去除全部使用多米诺砖的情况？

答 1：有 $a_{2n}^2-t^{2n}a_0^2$ 种此类情况。因为将每块板平铺共有 a_{2n} 种方式，再除去 $[(ta_0)t^{n-1}]^2$ 种两块板只用多米诺砖平铺的情况。

答 2：将位于顶部的板置于单元格 1 到 $2n$，位于底部的板置于单元格 2 到 $2n+1$，如图 HS. 15 所示。因为相位平铺对中至少含有一块方砖，则在平铺对中至少有一个断层。考量最后一个断层的位置。若最后一个断层位于单元格 i，则有 $st^{2n-i}a_{i-1}a_i$ 种平铺方式。由于 i 的取值不同，结论有所差别，i 的取值或者 $i=1$，或者 i 为偶数，或者 i 为奇数且 $i>1$。若 $i=1$，位于顶部的板有 a_1st^{n-1} 种平铺方式，位于底部（全部为多米诺砖）的板有 $(ta_0)t^{n-1}$ 种平铺方式；因此综上共有 $st^{2n-1}a_1a_0$ 种平铺方式。当 i 为偶数时，位于顶部的板有 $a_it^{(2n-i)/2}$ 种平铺方式，

位于底部的板有 $a_{i-1}st^{(2n-i)/2}$ 种平铺方式，因此共有 $st^{2n-i}a_{i-1}a_i$ 种平铺方式。当 i 为奇数且 $i>1$ 时，顶板和底板分别有 $a_i st^{(2n-i-1)/2}$ 和 $a_{i-1}t^{(2n-i+1)/2}$ 种平铺方式，因此，又是 $st^{2n-i}a_{i-1}a_i$ 种平铺。于是，加在一起，可得至少含有一块方砖的相位着色平铺对有 $s\sum_{i=1}^{2n}t^{2n-i}a_{i-1}a_i$ 种平铺方法。

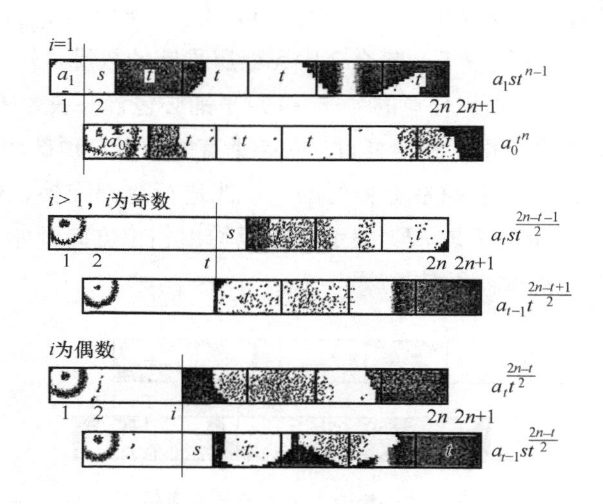

图 HS. 15　一个相位着色平铺对，且最后一个断层出现在单元格 i 处。三种不同的情况得到相同的结论

恒等式 98　集 1：集合由两个 $(2n+1)$-板组成的相位着色平铺对构成。集合的大小为 a_{2n+1}^2。

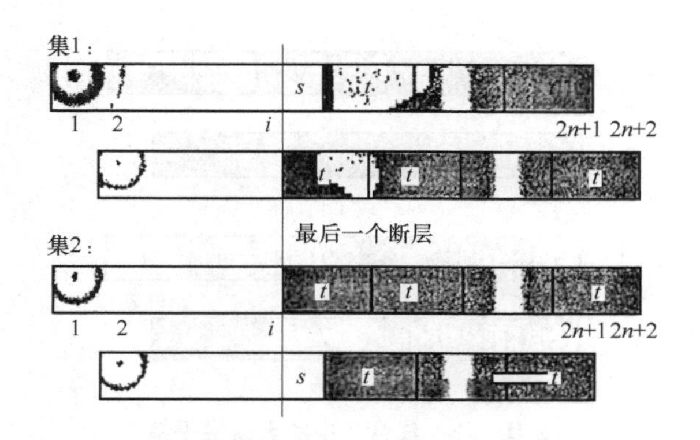

图 HS. 16　将第一个着色相位平铺对进行尾部交换之后，得到第二个着色相位平铺对

集 2：集合由一块 $(2n+2)$-板和一块 $(2n)$-板组成的相位着色平铺构成。集合的大小为 $a_{2n+2}a_{2n}$。

对应关系：我们寻找集合 1 的“断层”元素与集合 2 的“断层”元素之间几乎一一对应的关系，如图 HS. 16 所示。交换顶板和底板的尾部，我们可得到集合 2 中的一个相位平铺，它与集合 1 有相同的尾部。由于尾部交换的过程可逆（只需将右侧的尾部进行交换即可），于是可得 $a_{2n+1}^2 - FF1 = a_{2n+2}a_{2n} - FF2$，其中 $FF1$ 和 $FF2$ 分别表示集合 1 和集合 2 中无断层平铺的数量。

因为 $2n+1$ 为奇数，所以任意的 $(2n+1)$-平铺必包含一块方砖。于是集合 1 中无断层平铺只能在单元格 1 和 2 之间，一条垂直的线贯穿顶部底部两块板的情形。由于底板中的第一个平铺是有相位的，不能进行尾部交换，则该种情况无断层，如图 HS. 17 所示。于是 $FF1$ 表示两块板均以相位方砖开始，接着是 n 块多米诺砖的平铺对的数量。于是，$FF1 = (a_1t^n)^2$。

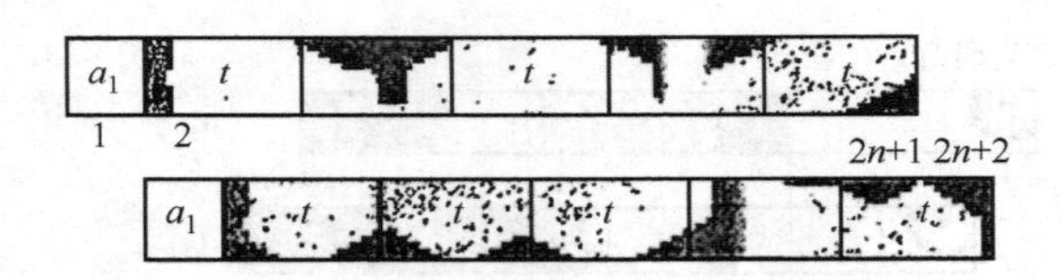

图 HS. 17　集合 1 中的无断层平铺

集合 2 中的无断层平铺的情形可能为：一个是以一块相位多米诺砖为开端，其余均为多米诺砖的 $(2n)$-板；另一个是以相位多米诺砖为开端或者以一块相位方砖为开端，接着是一块着色方砖，其余均为多米诺砖的 $(2n+2)$-板，如图 HS. 18所示。于是有 $FF2 = (ta_0)(t^{n-1})(ta_0 + a_1s)t^n = a_0^2t^{2n+1} + a_0a_1st^{2n}$。

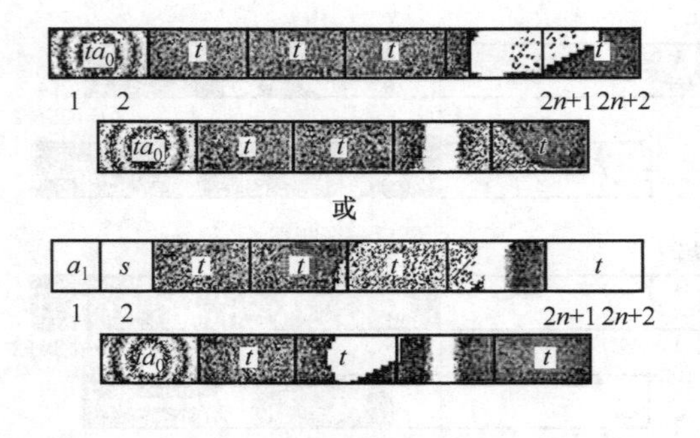

图 HS. 18　集合 2 中的无断层平铺

恒等式 99　问：至少有一块多米诺砖的相位着色 $(n+2)$-平铺有多少种?

答 1：有 a_{n+2} 种类似的平铺减去全由方砖构成的 $s^{n+1}a_1$ 种平铺。

答 2：考量最后一块多米诺砖的位置。若 $0\leqslant k\leqslant n$，共有 $a_k ts^{n-k}$ 种平铺方式，其中最后一块多米诺砖覆盖单元格 $k+1$ 和 $k+2$，如图 HS. 19 所示。

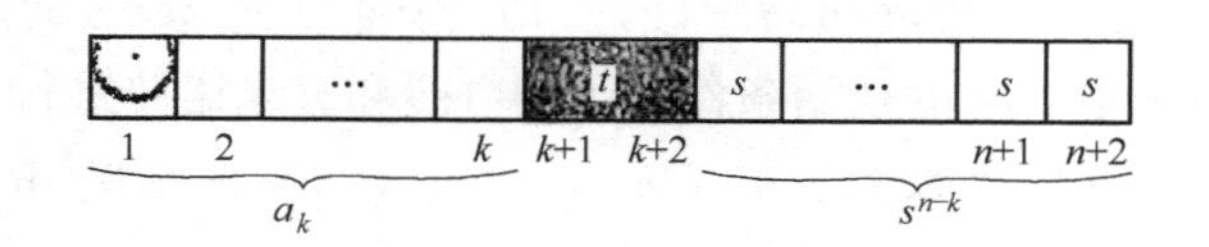

图 HS. 19　考量最后一块多米诺砖

恒等式 100　考量最后一块多米诺砖的位置。

问：存在多少种相位着色 $(2n+1)$-平铺?

答 1：a_{2n+1}。

答 2：由于板的长度为奇数，则必存在“最后一块”方砖，且该方砖占据奇数单元格，其后全部为多米诺砖。仅有一块方砖且该方砖位于初始相位的相位着色平铺有 a_1t^n 种。另外，当 $1\leqslant k\leqslant n$ 时，最后一块方砖占据第 $2k+1$ 个单元格的相位平铺有 $a_{2k}st^{n-k}$ 种，如图 HS. 20 所示。

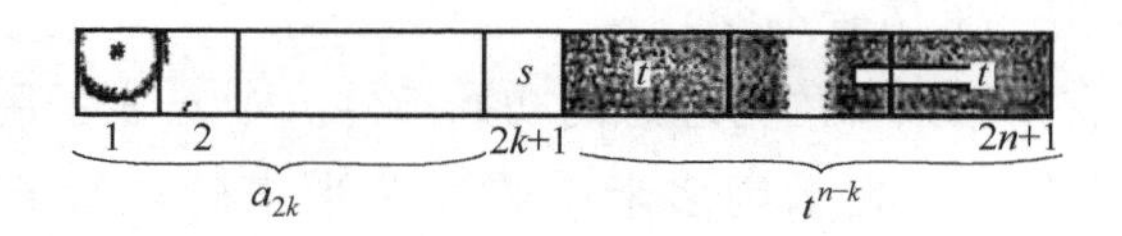

图 HS. 20　一个 $(2n+1)$-平铺中，最后一块方砖必须占据一个奇数单元格

恒等式 101　如果有方砖，考量最后一块方砖的位置。

恒等式 102　考量最后一块砖不是黑色多米诺砖的情况。

恒等式 104　a_n 表示用着色方砖，多米诺砖和三米诺砖平铺 n- 板的方法数，其中平铺长度为 i 的非初始平铺有 c_i 种方法。初始方砖有 $p_1=a_1$ 个相位，初始多米诺砖有 $p_2=a_2-c_1a_1$ 个相位，初始三米诺砖有 $p_3=a_3-c_1a_2-c_2a_1=c_3a_0$ 个相位。右端表示以一块多米诺砖或三米诺砖结尾的，长为 $2n+2$ 的板的平铺方式数。考量最后一块非多米诺砖，如果存在的话。如果平铺从单元格 i 开始，那么单元格 $2i$，$2i+1$，$2i+2$ 或者被一块三米诺平铺（c_3 种选择）或者被一块方砖加一块多米诺砖平铺（c_1c_2 种选择）。

恒等式 105　与上一练习类似，但平铺长度为奇数。

更多的练习

练习 3.2 若 $j>k$，$V_j=c_1V_{j-1}+c_2V_{j-2}+\cdots+c_kV_{j-k}$选定初始条件 V_1，V_2，$\cdots$，V_k，则长度为 i 的相位平铺有 $p_i=ic_i$种方法。也就是$V_1=c_1$，当$2\leqslant j\leqslant k$ 时，$V_j=c_1V_{j-1}+c_2V_{j-2}+\cdots+c_{j-1}V_1+c_jj$（也可以令 $V_0=k$）。

练习 3.3 u_n有着理想的初始条件，当 $n\geqslant0$ 时，u_n表示用多米诺和三米诺砖平铺 n-板的方式数。w_n的初始条件表示用方砖和五米诺砖进行平铺的方式数，但初始平铺是什么呢？在这里，$p_1=w_1=1$，$p_2=w_2-w_1=0$，$p_3=w_3-w_2=1$，$p_4=w_4-w_3=0$，$p_5=w_0=1$。由此可见，初始平铺可以是一块方砖，一块三米诺砖或者一块五米诺砖。令 V 表示用方砖和五米诺砖覆盖的长度为 n 的平铺。在 V 的后面加上两块方砖，得到长度为 $n+2$ 的新的平铺 V'。根据 V'的结尾不同，我们按如下方式将 V'转化成一个多米诺-三米诺平铺。若 V'以 $2k$ 块方砖结尾，其中 $k\geqslant1$，则将方砖转化成 k 块多米诺砖（记作 $1^{2k}\to2^k$）。若 V'以 $2k+1$ 块方砖结尾，则 $1^{2k+1}\to2^{k-1}3$ 表示平铺以三米诺砖结尾。向左移动，我们得到五米诺砖紧随 m 块方砖之后的形式，其中 $m\geqslant0$，（记作 1^m5）。如果 m 为偶数，我们将 $1^{2k}5\to2^{k+1}3$；如果 m 为奇数，我们将 $1^{2k+1}\to2^k3^2$。继续同样的方法讨论每一块五米诺砖前方砖数量的奇偶性，直到我们到达平铺的开端。如果平铺以一块三米诺砖为开端，则保持三米诺砖不变。

练习 3.4 所有初始条件均为理想的初始条件。令 g_n表示用方砖和三米诺砖进行 n-平铺的方式数，h_n表示用多米诺砖和三米诺砖进行 n-平铺的方式数，t_n表示用方砖、多米诺砖和三米诺砖进行 n-平铺的方式数。(4a) 表示可以用方砖、多米诺砖和三米诺砖进行平铺的 $(n+3)$-平铺。不包含三米诺砖的平铺有 f_{n+3}种。另外还需考量第一块三米诺砖的位置。类似的，对于 (4b) 和 (4c)，分别考量第一块多米诺砖和第一块方砖的位置。

练习 3.5 若 $1\leqslant i\leqslant k-1$，我们仅需计算一块相位平铺的数目。若$i\geqslant k$，考量最后一个平铺的长度。

第 4 章

练习 4.2 $[a_0,(b_1,a_1),(b_2,a_2),\cdots,(b_n,a_n)]=[G_1,(G_0,1),(1,1),\cdots,(1,1)]=G_{n+1}/f_n$。

恒等式 113 平铺一块方砖或者打开堆叠的两块方砖。

恒等式 114 若平铺满足高度条件 $[a_0,\ \cdots,\ a_n,\ m]$ 且在单元格$n+1$ 上堆

叠 m 块方砖作为结尾，则在单元格 $n+1$ 和 $n+2$ 处取代为可堆叠的多米诺砖。否则，在单元格 $n+2$ 处平铺方砖。

恒等式 115 分母显然为 f_n。对于分子，给定一个 $(n+1)$-平铺 T，此平铺以多米诺砖或者以可以堆叠到二层的方砖为开端，我们可以按如下方式构造一个 $(n+2)$-环平铺。若 T 以一块多米诺砖或一块单独的方砖为开端，则构造 sT；若 T 以两块堆叠的方砖为开端，则打开第一个平铺，构造以多米诺砖为开端的相位环平铺；若 T 以三层堆叠的方砖为开端，则将先前的环平铺向左移动一个单元格，构造一个非相位环平铺。

恒等式 116 对于分子，修改最后一个恒等式的结论或者应用它的逆定理。分母的证明同分子类似，只是少了一个单元格。

恒等式 117 分母表示可堆叠 n-平铺 T 的数目，除了最后一块方砖可以最多堆叠到 3 层外，剩下所有的方砖可以堆叠到 4 层。基本思路：对于给定的 T，每一个平铺都可以增加到 3 倍，依照如下方法，创建一个 $(3n)$-平铺 U。若 T 的第 i 个单元格包含一块、两块或者三块方砖，则 U 在单元格 $3i$ 处可分；四块方砖，则 U 在单元格 $3i$ 处不可分；一块多米诺砖，则当且仅当多米诺砖以单元格 i 结尾时，U 在单元格 $3i$ 处可分。特殊的，若对于某些 $k \geqslant 0$，T 以 k 块可以堆叠到四层的方砖为开端，然后是高度为 1 的方砖（记作 4^k1），则 U 开始于 $s^2(ds)^ks$，即在单元格 3，6，9，…，$3k$ 处不可分，但在单元格 $3(k+1)$ 处可分。类似的，4^k2 衍生出 $d(ds)^ks$，4^k3 衍生出 $s(sd)^kd$，4^kd 衍生出 $d\ (ds)^kd^2$，它在单元格 3，6，…，$3k+3$ 处不可分，但在单元格 $3k+6$ 处可分。按照此方法，可得到 T。

恒等式 118 如上同样的转化过程，只不过将 T 中最后 4^kx（其中 x 可以为 1，2，3，4 或者 d）串的后面在贴上一块方砖，于是 4^k4 可衍生为 $s^2(ds)^kd$，4^k5可衍生为 $d(ds)^kd$。

恒等式 119 上式中的分数不是最简分式。若所有的方砖被涂上四种颜色中的一种，类似的着色 n-平铺的数量为 $f_{3n+2}/2$。为了证明这一结论，我们将证明每一个满足 [4，4，…，4] 的 n-平铺 X 可以得到两个非着色 $(3n+2)$-平铺。若 X 满足 [4，4，…，3]，则可以利用一块多米诺砖或两块方砖将 X 转化为一个 $(3n)$-平铺 Y。否则，则可以得到两个在单元格 $3n$ 处不可分的 $(3n+2)$-平铺。照这样做，我们将最后 4^k4 串转化成了 $ss(ds)^ks$ 或者 $d(ds)^ks$。

恒等式 120 对分母，利用问题 117 即可。令 T 是满足高度条件为 [2，4，…,4，3] 的平铺。考量 T 的第一个平铺。若 T 满足形式 $1T'$（T'之后为单独的一块方砖）或 $2T'$（T'之后为两块堆叠的方砖）或 dT''（T''之后为一块多米诺砖），由问题 117，T'和 T''可分别被看作是普通的（$3n$）- 平铺或（$3n-3$）- 平铺。现在，$1T'$很容易转化成一个以一块方砖为开端的（$3n+1$）- 环平铺。若 T'以一块方砖为开端，则 $2T'$就转化为以一块多米诺砖为开端的相位（$3n+1$）- 环平铺。若 T'以一块多米诺砖为开端，则 $2T'$就转化为以 ds 为开端的非相位（$3n+1$）- 环平铺。若 T 以一块多米诺砖为开端，则 dT''就转化为以两块多米诺砖为开端的非相位（$3n+1$）- 环平铺。

恒等式 121 对问题 118 使用问题 120 中同样的方法。

恒等式 122 考量最后一块平铺。

恒等式 123 分母表示一个 n- 平铺中有 s 块着色方砖和 t 块着色多米诺砖的个数，记作 u_n。

恒等式 124 分母表示一个 n- 环平铺中有 s 块着色方砖和 t 块着色多米诺砖的个数，记作 u_n。

第 5 章

恒等式 151 选出一个大小为 k 的小组，且该小组有一名监工。

恒等式 152 选出一个小组，该小组有一名组长和一名副组长。

恒等式 153 选出一个小组，该小组有三名不同的组长。

恒等式 154 从不重复元素对中任意选取两个，每一个都包含三或四个元素。

恒等式 155 选择一个大组，并且使之包含一个大小为 m 的小组。

恒等式 156 考量选择一个大小为偶数的大组，并且使之包含一个大小为 m 的小组。

恒等式 157 从由 m 个男生，n 个女生构成的班级中选取一个大小为 n 的小组，该小组需从男生中选择 k 人，则女生有 k 人未被选择。

恒等式 158 创建高矮不同的两所房子，两所房子有 m 个不同的元素。

恒等式 159 令 $m=n$，方法同练习 5.1。

恒等式 160 当从 1 到 $2n$ 中选取 n 个数时，选取的奇数的个数等于未被选取的偶数的个数，为什么？

恒等式 161 若大小为 n 的子集包含 k 个“互补对”（即若 x 与 $2n+1-x$ 都出现在子集中，则取值为 x），则它必包含 $n-2k$ 个单值，因此有 k 个互补对不在子集中出现。

恒等式 162 使用二项式系数的解释考量不包含在内的最大的元素。使用多项式系数的解释考量元素 $n+2$ 被使用的次数。

恒等式 163 计算按次序的 n 相位 t-平铺的集合，其中前 c 个以相位方砖开始，剩下的 $n-t$ 个以相位方砖或相位多米诺砖开始。在和中，x_i 表示平铺单元格 i 和 $i+1$ 的多米诺砖的数目。

恒等式 164 考量中间元素，由归纳法，考量从小开始的第 r 个元素。

恒等式 165 对一个 $2n$-平铺来说，至少平铺 n 块砖，至多平铺 $2n$ 块砖。若平铺了 $n+k$ 块砖，则其中多米诺砖为 $2n-(n+k)=n-k$ 块，方砖为 $2k$ 块。

恒等式 166 对一个 $(2n-1)$-平铺来说，至少平铺 n 块砖，至多平铺 $(2n-1)$ 块砖。若平铺了 $n+k$ 块砖，则其中多米诺砖为 $2n-1-(n+k)=n-k-1$ 块，方砖为 $2k+1$ 块。

练习 5.1 计算从第一小组选出大组领导，有多少种可能？

练习 5.2 从点 $(0,0)$ 到点 (a,b) 的路径包含 $a+b$ 步，其中向右走的步数有 $\binom{a+b}{a}$ 种选择。

练习 5.3

3a）考量第一步；

3b）每一路径必须经过下列点之一 $(a,0)$，$(a-1,1)$，$(a-2,2)$，…，$(0,a)$；

3c）路径经过点 $(s,0)$，$(s-1,1)$，$(s-2,2)$，…，$(0,s)$；

3d）到达 $(a+1,b)$ 的路径，考量最后水平走的一步；

3e）考量从 $x=s$ 到 $x=s+1$ 水平走的一步；

3f）关于该恒等式的解法和历史，参见参考文献［57］。

练习 5.4 有多少条经过对角线的路径？我们在线 $(x,x+1)$ 上到达的第一个点进行“尾部交换”，即每一步水平移动转化为垂直移动，每一步垂直移动转化为水平移动，这样就得到了一条从点 $(0,0)$ 到点 $(n-1,n+1)$ 的路。于是有 $\binom{2n}{n-1}$ 条经过对角线的路。因此有 $\binom{2n}{n}-\binom{2n}{n-1}=\frac{1}{n+1}\binom{2n}{n}$ 条不经过对角线的路。参见参考文献［52］中第 6 章练习 19 给出了 66 种卡特兰数的组合等价公式（更多公式可以参看该书的网址）。

练习 5.5 转换从点（0，0）到点（a，b）的路径的分隔。

练习 5.6 一种 n 的有序分隔可以被看作是一种长度为 n 的平铺方式，其中 n 为任意正数。类似的平铺完全取决于在哪些单元格可分。

第 6 章

练习 5 考量有序对（S，T）构成的集合，其中 $S\subseteq\{1, \cdots, n\}$ 表示一组被明令禁止不能当领导的学生（也许是嗓子的问题），T 表示可以当领导超过 m 天的人，T 中的元素不会取自 S。令 $\mathcal{E}$ 和 $\mathcal{O}$ 分别表示当 S 分别为偶数和奇数时，满足条件（S，T）的集合。对于一个给定的（S，T），令 x 为不能当领导的人员 $\{1, \cdots, n\}$ 中的最大元素。若 x 存在，我们就得到了一个双射（S，T）→（$S\oplus x$，T）。

恒等式 175 考量平铺砖数的奇偶性。

恒等式 177 不包含多米诺砖，且方砖全部为同一颜色（黑或白）的着色 n-环平铺有多少种？令 A_i 表示不包含多米诺砖的着色环平铺构成的集合，其中单元格 i 和 $i+1$ 分别为一块白色方砖和一块黑色方砖。

练习 9 包含奇数/偶数块多米诺砖的着色 n-环平铺（多米诺砖有一种颜色，方砖有两种颜色），通过将多米诺砖转换成白-黑方砖改变其奇偶性，反之亦然。有两种情况需要单独列出：全部为黑色方砖或全部为白色方砖。

第 7 章

恒等式 195 将 n 个元素分成若干个子集，并将这些子集置于 m 个循环之中。除去 $m=n$ 的情况之外，每个元素必有属于自己的子集和循环，因此必存在最小的元素。通过该元素改变子集个数的奇偶性。

恒等式 198 考量不包含元素 $n+1$ 的子集中的元素的数量。

恒等式 199 若集合中元素的个数大于一个，则考量其中的最大元素。

恒等式 200 若集合中元素的个数大于一个，则考量其中的最大元素。

恒等式 201 考量最后一个子集中的最小元素 $k+1$。

恒等式 202 考量最后一个子集中的最小元素 $k+1$。

恒等式 203 等式的右侧表示从 $\{1, \cdots, n\}$ 中选取 m 个不相交的有序子列构成的集合，然后以增序的形式进行排列，选取第一个元素。等式的左侧表示 $\{1, \cdots, n\}$ 构成的序列，将循环置于（无特殊的顺序）m 个没有区别的房间之中。确切地讲，在房间里安排一个以首元素降序排列的循环之后，安排以首元素升序排列的房间。

恒等式 204 等式的右侧表示将 n 个学生分配到 $\ell+m$ 个无区别的教室之中的方式数，除去其中的 ℓ 个教室被漆成薰衣草色和 m 个教室被漆成淡紫色的情况。

恒等式 205 将数字 1，2，…，n 放于 l 个红色循环，m 个绿色循环之中，有多少种方法？

恒等式 206 将 $n+1$ 个元素至少分成 $m+1$ 个子集。除去包含元素 $n+1$ 的子集，将其余的子集置于 m 个循环之中。继续之前恒等式的过程。这其中不包括有 m 个不包含元素 $n+1$ 的子集，且每个子集仅有一个元素的情况。

恒等式 207 结合恒等式 194 和 206 的证明方法。

恒等式 208 由 $\{1, \cdots, n\}$ 的学生构成的子集注册成班级。连同学生 0 在内，他们被分配到 $m+1$ 个无区别（非空）的教室之中。令 x 为既未被注册又与 0 在相同的教室的最小的非零元素，于是将 x 在 0 的教室中进行添加或删除。当 0 单独出现或所有 n 名学生都已经注册，该过程仅有的一次机会不一定会发生。这将会发生$\left\{ n \atop m \right\}$次。

恒等式 209 $\{0, 1, \cdots, n\}$ 中的学生被安排到至少 $m+1$ 个桌子旁坐下。再从中选取 m 个桌子（从 0 开始）获得奖励。令 x 为最小正数的学生，他要么在 0 号桌，要么在其他未被奖励的桌。如果 x 在 0 号桌，则将其他所有元素移至 x 的右边形成一个未获得奖励的桌。否则，通过在 0 号桌循环的末端加入 x 所在的桌，使两桌合并。当 0 号桌为空和确实有 m 个其他的桌已经被装满，该过程均可被定义，共有$\left[n \atop m \right]$种方式。

恒等式 210 有 m 个人想去竞选城市委员会，他们之中一些人的名字出现在选票上，接着将在这 n 个不同的竞选者之间进行选举。令 x 表示原来 m 个候选人获得 0 张选票的，其中被标记最大数字的人。

注：通过标记和交换 m 和 n 的角色，仍可通过容斥原理得到结论。见第 6 章练习 1。为什么从 $\{1, \cdots, n\}$ 到 $\{1, \cdots, m\}$ 的映射函数有 $m!\left\{ n \atop m \right\}$种？

更多的练习，参见参考文献 [3]。

第8章

恒等式222 计算5维数组（g，h，i，j，k）的数量，其中$0\leqslant g$，h，i，$j<k\leqslant n$，考量使用了多少个不同数字的情况。

恒等式223 令集合1为$\{(i,j,k)\mid 1\leqslant i,j<k\leqslant n\}$，集合2为$\{(x_1,x_2,x_3)\mid 1\leqslant x_1<x_2<x_3\leqslant n'$，其中$i$，$j$，$k\in\{1, 1', 2, 2', \cdots, n, n'\}\}$。基于$i<j$或$i>j$或$i=j$几种情况，建立集合1与集合2之间一对四的对应关系。例如，当$i<j$时，（i，j，k）可被映射为（i，j，k），（i'，j，k），（i，j'，k），（i'，j'，k）。

恒等式224 第一部分：对于长度为$2n$且包含$2k$个“1”的二进制回文（正着读反着读一样）字符串，它的前半部分必有k个“1”，共有$\binom{n}{k}$种选择，后半部分与之对称。每一个非回文字符串都可以与它的反向字符串配对。

第二部分：一个回文字符串在第$k+1$处必为1，余下的有$\binom{n}{k}$种选择方式。

第三部分：与第二部分类似。

第四部分：所有的长为$2n$的且包含奇数个“1”的二进制字符串必是非回文的。

恒等式225 计算长为pn的二进制向量的数量，其中包含pk个不能改变的“1”。然后将所有数据向右移动p个单位。

恒等式226 同恒等式225，但是不能移动数据$pn+1$，$pn+2$，$\cdots$，$pn+r$。

恒等式227 考量$pn+r$的以p为基数的扩张$(a_j, \cdots, a_1, r)_p$。其中$(a_j, \cdots, a_1)$是n的以p为基数的扩张。接着从维数为p的矩阵n中挑出pk个方阵。参见参考文献［51］，第1章问题6。

恒等式228 L_p表示长为p的环平铺的数量。除去s^p，其余平铺的轨迹大小为p。

恒等式229 s^{2p}有一条大小为1的轨迹，$\pm d^p$有一条大小为2的轨迹，xx形式的环平铺其中x表示一个p-环平铺，它的轨迹的大小为p。其余环平铺的轨迹大小为$2p$。

恒等式230 s^{pq}有一条大小为1的轨迹，x^p有一条大小为q的轨迹（其中x表示不全为方砖的q-环平铺）；x^q有一条大小为p的轨迹（其中x表示不全为方砖的p-环平铺）。其余环平铺的轨迹大小为pq。

定理27 在恒等式221中，当m整除n时，我们可以得到$r=0$，又因为

$U_0=0$，即 U_m 整除 U_n。

定理 28 快速证明：$L_m f_{m-1}=f_{2m-1}$整除$f_{2km-1}=F_{2km}=F_n$。

慢速证明：考量第一个可分的 $2jm-1$ 单元格，计算（$2km-1$）- 平铺的数量。可以得到

$$F_n=f_{2km-1}=\sum_{j=1}^{k} f_{2m-2}^{j-1} f_{2m-1} f_{2m(k-j)}=F_{2m}\sum_{j=1}^{k} f_{2m-2}^{j-1} f_{2m(k-j)}=L_m f_{m-1}\sum_{j=1}^{k} f_{2m-2}^{j-1} f_{2m(k-j)}。$$

定理 29 在长为（$2k+1$）m 的卢卡斯平铺中，考量以（$2j+1$）m 形式出现的第一个可分单元格。于是有

$$L_{(2k+1)m}=L_m f_{2km}+f_{2m-1}\sum_{j=1}^{k} L_{m-1}(f_{2m-2})^{j-1} f_{2(k-j)m}$$

利用事实$f_{2m-1}=f_{m-1}L_m$。

参 考 文 献

[1] S.L. Basin and V.E. Hoggatt, Jr., A Primer on the Fibonacci Sequence, Part I, *Fibonacci Quarterly*, **1.1** (1963) 65–72.

[2] Robert Beals, personal correspondence, 1986.

[3] A.T. Benjamin, D.J. Gaebler, and R.P. Gaebler, A Combinatorial Approach to Hyperharmonic Numbers, *INTEGERS: The Electronic Journal of Combinatorial Number Theory,* **3**, #A15, (2003) 1–9.

[4] A.T. Benjamin, C.R.H. Hanusa, F.E. Su, Linear Recurrences through Tilings and Markov Chains, *Utilitas Mathematica*, **64** (2003) 3–17.

[5] A.T. Benjamin, G.M. Levin, K. Mahlburg, and J.J. Quinn, Random Approaches to Fibonacci Identities, *American Math. Monthly*, **107.6** (2000) 511–516.

[6] A.T. Benjamin, G.O. Preston, and J.J. Quinn, A Stirling En**coun**ter with the Harmonic Numbers, *Mathematics Magazine*, **75.2** (2002) 95–103.

[7] A.T. Benjamin, J.D. Neer, D.E. Otero, and J.A. Sellars, A Probabilistic View of Certain Weighted Fibonacci Sums, *Fibonacci Quarterly*, **41.4** (2003) 360–364.

[8] A.T. Benjamin and J.J. Quinn, Recounting Fibonacci and Lucas Identities, *College Math. J.*, **30.5** (1999) 359–366.

[9] A.T. Benjamin and J.J. Quinn, Fibonacci and Lucas Identities through Colored Tilings, *Utilitas Mathematica*, **56** (1999) 137–142.

[10] A.T. Benjamin and J.J. Quinn, The Fibonacci Numbers – Exposed More Discretely, *Mathematics Magazine*, **76.3** (2003) 182–192.

[11] A.T. Benjamin, J.J. Quinn, and J.A. Rouse, "Fibinomial Identities," in *Applications of Fibonacci Numbers*, Vol. 9, Kluwer Academic Publishers, 2003.

[12] A.T. Benjamin, J.J. Quinn, and F.E. Su, Counting on Continued Fractions, *Mathematics Magazine*, **73.2** (2000) 98–104.

[13] A.T. Benjamin, J.J. Quinn, and F.E. Su, Generalized Fibonacci Identities through Phased Tilings, *The Fibonacci Quarterly*, **38.3** (2000) 282–288.

[14] A.T. Benjamin and J.A. Rouse, "Recounting Binomial Fibonacci Identities," in *Applications of Fibonacci Numbers*, Vol. 9, Kluwer Academic Publishers, 2003.

[15] R.C. Brigham, R.M. Caron, P.Z. Chinn, and R.P. Grimaldi, A tiling scheme for the Fibonacci numbers, *J. Recreational Math.,* **28.1** (1996–97) 10–16.

[16] A.Z. Broder, The r-Stirling Numbers, *Discrete Mathematics* **49** (1984) 241–259.

[17] A. Brousseau, Fibonacci Numbers and Geometry, *The Fibonacci Quarterly* **10.3** (1972) 303–318.

[18] P.S. Bruckman, Solution to problem H-487 (proposed by S. Rabinowitz), *The Fibonacci Quarterly* **33.4** (1995) 382.

[19] L. Carlitz, The Characteristic Polynomial of a Certain Matrix of Binomial Coefficients, *The Fibonacci Quarterly* **3.2** (1965) 81–89.

[20] L. Comtet, *Advanced Combinatorics: The Art of Finite and Infinite Expansions*, D. Reidel Publishing Co., Dordrecht, Holland, 1974.

[21] J.H. Conway and R.K. Guy, *The Book of Numbers*, Springer-Verlag, Inc., New York, 1996.

[22] Duane DeTemple, Combinatorial Proofs via Flagpole Arrangements, *College Math. J.*, **35.2** (2004) 129–133.

[23] L.E. Dickson, *History of the Theory of Numbers, Vol. 1*, Carnegie Institution of Washington, 1919.

[24] P. Erdös and R.L. Graham, *Combinatorial Number Theory*, Monographs L'Enseignegnent Mathématique 28, Université de Genève, Geneva, 1980.

[25] A.M. Garsia and S.C. Milne, A Rogers-Ramanujan Bijection, *J. Combinatorial Theory Ser. A* **31** (1981) 289–339.

[26] I.M. Gessel, "Combinatorial Proofs of Congruences," in *Enumeration and Design* ed. D.M. Jackson and S.A. Vanstone, Academic Press, Toronto, 1984.

[27] I.P. Goulden and D.M. Jackson, *Combinatorial Enumeration*, John Wiley & Sons, Inc., New York, 1983.

[28] R.L. Graham, D.E. Knuth, and O. Patashnik, *Concrete Mathematics: A Foundation for Computer Science*, Addison Wesley Professional, New York, 1994.

[29] R.J. Hendel, Approaches to the Formula for the nth Fibonacci Number, *College Math. J.*, **25.2** (1994) 139–142.

[30] D. Kalman and R.A. Mena, The Fibonacci Numbers—Exposed, *Mathematics Magazine*, **76.3** (2003) 167–181.

[31] A. Ya. Khinchin, *Continued Fractions*, University of Chicago Press, 1964.

[32] R. D. Knott, Fibonacci Numbers and the Golden Section, http: //www.mcs.surrey.ac.uk/Personal/R.Knott/Fibonacci/fib.html, last updated January 17, 2003, last accessed May 2, 2003.

[33] T. Koshy, *Fibonacci and Lucas Numbers with Applications*, John Wiley & Sons, Inc., New York, 2001.

[34] G. Mackiw, A Combinatorial Approach to Sums of Integer Powers, *Mathematics Magazine*, **73** (2000) 44–46.

[35] J.H. McKay, Another Proof of Cauchy's Group Theorem, *American Math. Monthly*, **66.2** (1959) 119.

[36] J.W. Mellor, *Higher Mathematics for Students of Chemistry and Physics*, Dover Publications, New York 1955, p.184.

[37] R.B. Nelsen, *Proof Without Words: Exercises in Visual Thinking*, Classroom Resource Materials, No. 1, MAA, Washington, D.C., 1993.

[38] R.B. Nelsen, *Proof Without Words II: More Exercises in Visual Thinking*, Classroom Resource Materials, MAA, Washington, D.C., 2000.

[39] I. Niven, H.S. Zuckerman, and H.L. Montgomery, *An Introduction to the Theory of Numbers*, John Wiley & Sons, Inc., New York, 1991.

[40] O. Perron, *Die Lehre von den Kettenbrüchen*, Chelsea Publishing Co., 1929.

[41] G. Pólya, R.E. Tarjan, and D.R. Woods, *Notes on Introductory Combinatorics*, Birkhauser, Boston, 1983.

[42] C. Pomerance and A. Sárközy, "Combinatorial Number Theory," in *Handbook of Combinatorics* Vol. 1, Elsevier, Amsterdam, 1995, 967–1018.

[43] Greg Preston, *A Combinatorial Approach to Harmonic Numbers*, Senior Thesis, Harvey Mudd College, Claremont, CA, 2001.

[44] H. Prodinger and R.F. Tichy, Fibonacci Numbers of Graphs, *Fibonacci Quarterly*, **20** (1982) 16–21.

[45] J. Propp, A Reciprocity Theorem for Domino Tilings, *Electron. J. Combin.* **8.1** (2001) R18, 9 pp.

[46] J. Riordan, *Combinatorial Identities*, John Wiley & Sons, Inc., New York, 1968.

[47] G.-C. Rota and B.E. Sagan, Congruences Derived from Group Action, *European J. Combin.* **1** (1980) 67–76.

[48] J. Rouse, *Combinatorial Proof of Congruences*, Senior Thesis, Harvey Mudd College, Claremont, CA, 2003.

[49] B.E. Sagan, Congruences via Abelian Groups, *J. Number Theory* **20.2** (1985) 210–237.

[50] J.H. Smith, Combinatorial Congruences from p-subgroups of the Symmetric Group, *Graphs Combin.* **9.3** (1993) 293–304.

[51] R. Stanley, *Enumerative Combinatorics Vol. 1*, Cambridge University Press, 1997.

[52] R. Stanley, *Enumerative Combinatorics Vol. 2*, Cambridge University Press, 1999.

[53] D. Stanton and D. White, *Constructive Combinatorics*, Springer-Verlag, Inc., New York, 1986.

[54] W. Staton and C. Wingard, Independent Sets and the Golden Ratio, *College Math. J.*, **26.4** (1995) 292–296.

[55] M. Sved, Tales from the "County Club", *Lecture Notes in Mathematics # 829, Combinatorial Mathematics VII*, Springer-Verlag, Inc., New York, 1980.

[56] M. Sved, Counting and Recounting, *Mathematical Intelligencer* **5** (1983) 21–26.

[57] M. Sved, Counting and Recounting: The Aftermath, *The Mathematical Intelligencer*, **6** (1984) 44–45.

[58] S. Vajda, *Fibonacci & Lucas Numbers, and the Golden Section: Theory and Applications*, John Wiley & Sons, Inc., New York, 1989.

[59] M.E. Waddill, "Using Matrix Techniques to Establish Properties of a Generalized Tribonacci Sequence," in *Applications of Fibonacci Numbers*, Vol. 4, Kluwer Academic Publishers, 1991, 299–308.

[60] M. Werman and D. Zeilberger, A Bijective Proof of Cassini's Fibonacci Identity, *Discrete Math.*, **58** (1986) 109.

[61] H. Wilf, *generatingfunctionology*, Elsevier Academic Press, Amsterdam, 1994.

[62] R.M. Young, *Excursions in Calculus: An Interplay of the Continuous and the Discrete*, Dolciani Math. Exp. 13., MAA, Washington, D.C., 1992, Chapter 3.

[63] D. Zeilberger, Garsia and Milne's Bijective Proof of the Inclusion-Exclusion Principle, *Discrete Math.*, **51** (1984) 109–110.

[1] R. Stanley, Enumerative Combinatorics, Vol. 1, Cambridge University Press, 1997.

[2] R. Stanley, Enumerative Combinatorics, Vol. 2, Cambridge University Press, 1999.

[3] D. Stanton and D. White, Constructive Combinatorics, Springer-Verlag, Inc., New York, 1986.

[4] [illegible] and C. Vinsant, [illegible] the Golden Ratio, College Math. J. [illegible] 302-306.

[5] [illegible] Tales from the "[illegible]" [illegible] Mathematics [illegible] Springer-Verlag, Inc., New York, 1986.

[6] M. Sved, Counting and Recounting, Mathematical Intelligencer 5 (1983) 21-26.

[7] M. Sved, Counting and Recounting: The Aftermath, The Mathematical Intelligencer, 6 (1984) 44-45.

[8] S. Vajda, Fibonacci & Lucas Numbers, and the Golden Section: Theory and Applications, John Wiley & Sons, Inc., New York, 1989.

[9] [illegible] and [illegible], Using Matrix Techniques to Establish Properties of a Generalized Tribonacci Sequence, in Applications of Fibonacci Numbers, Vol. 4, Kluwer Academic Publishers, 1991, 299-308.

[10] M. Werman and D. Zeilberger, A Bijective Proof of Cassini's Fibonacci Identity, Discrete Math. 58 (1986) 109.

[11] H. S. Wilf, generatingfunctionology, Elsevier, Academic Press, Amsterdam, 1994.

[12] R. M. Young, Excursions in Calculus: An Interplay of the Continuous and the Discrete, Dolciani Math. Exp. 13, MAA, Washington, D.C., 1992, Chap. 1.

[13] D. Zeilberger, Garsia and Milne's Bijective Proof of the Inclusion-Exclusion Principle, Discrete Math. 51 (1984) 109-110.